U0274422

航天科技图书出版基金资助出版

战术弹道导弹贮存延寿工程基础

祝学军　管　飞　王洪波　赵长见　洪东跑 著

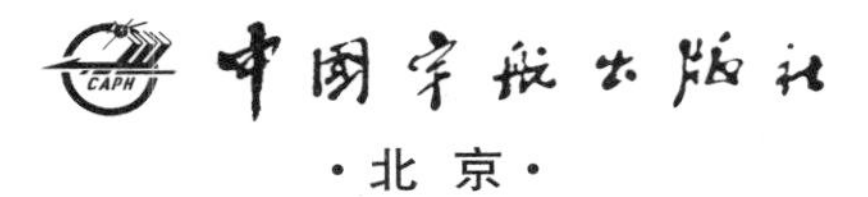

·北 京·

版权所有 侵权必究

图书在版编目（CIP）数据

战术弹道导弹贮存延寿工程基础 /祝学军等著. --北京:中国宇航出版社,2015.3

ISBN 978-7-5159-0897-7

Ⅰ.①战… Ⅱ.①祝… Ⅲ.①战术导弹—弹道导弹—导弹贮存 Ⅳ.①TJ761

中国版本图书馆 CIP 数据核字（2015）第 044478 号

责任编辑 彭晨光
责任校对 祝延萍 **封面设计** 文道思

出版发行	中国宇航出版社		
社址	北京市阜成路 8 号	**邮编**	100830
	(010)60286808		(010)68768548
网址	www.caphbook.com		
经销	新华书店		
发行部	(010)60286888		(010)68371900
	(010)60286887		(010)60286804(传真)
零售店	读者服务部		
	(010)68371105		
承印	北京画中画印刷有限公司		
版次	2015 年 3 月第 1 版		2015 年 3 月第 1 次印刷
规格	880×1230	**开本**	1/32
印张	11.375	**字数**	307 千字
书号	ISBN 978-7-5159-0897-7		
定价	100.00 元		

本书如有印装质量问题，可与发行部联系调换

航天科技图书出版基金简介

航天科技图书出版基金是由中国航天科技集团公司于2007年设立的，旨在鼓励航天科技人员著书立说，不断积累和传承航天科技知识，为航天事业提供知识储备和技术支持，繁荣航天科技图书出版工作，促进航天事业又好又快地发展。基金资助项目由航天科技图书出版基金评审委员会审定，由中国宇航出版社出版。

申请出版基金资助的项目包括航天基础理论著作，航天工程技术著作，航天科技工具书，航天型号管理经验与管理思想集萃，世界航天各学科前沿技术发展译著以及有代表性的科研生产、经营管理译著，向社会公众普及航天知识、宣传航天文化的优秀读物等。出版基金每年评审1～2次，资助10～20项。

欢迎广大作者积极申请航天科技图书出版基金。可以登录中国宇航出版社网站，点击“出版基金”专栏查询详情并下载基金申请表；也可以通过电话、信函索取申报指南和基金申请表。

网址：http：//www.caphbook.com

电话：(010) 68767205，68768904

前　言

战术弹道导弹武器系统具有毁伤威力大、飞行速度快、打击精度高、生存能力强以及使用机动灵活等特点，在多次局部战争中发挥了重要作用，日益受到世界各国的重视。近年来，国际上多次局部战争表明，战术弹道导弹武器系统已成为现代战争的“杀手锏”武器，在一定程度上左右了战场态势，影响了战争胜负。特别是在当前日益复杂的国际斗争形式下，战术弹道导弹武器系统俨然成为影响世界政治格局的重要因素之一。

战术弹道导弹武器系统具有“长期贮存、一次使用”的特点，为了完成作战使命，要求导弹武器系统不仅要贮存后可用，而且还要具备完成规定作战要求的能力。特别是导弹到达规定贮存期后，能否继续使用、能继续使用多久等问题，是军方制定采购计划和作战计划的重要依据，贮存延寿问题越来越受到关注。国内外几十年的实践证明，开展贮存延寿工作是保持导弹武器系统战备完好性、提高导弹作战效能、增强部队作战实力和大幅减少导弹武器系统保障费用的有效途径。

导弹贮存延寿是指在全寿命周期中，以保持战备完好性和提升作战效能为基础，以提高导弹贮存可靠性、延长导弹贮存寿命为目标，围绕指标论证、方案设计、产品研制、使用保障、试验评价、寿命延长和整修改制，从管理、设计、分析、试验、评估和措施采取等多方面开展工作。树立现代质量观，持续提高导弹武器系统贮存寿命与可靠性水平，已成为导弹武器装备建设与国防科技发展中的共识。实践经验表明开展贮存延寿工作符合导弹武器装备发展规律。提高贮存可靠性、延长贮存寿命已成为导弹武器系统研制、生产、贮存和使用中的基本要求，贮存延寿工程活动已全面进入导弹武器系统全寿命周期各阶段，为提高导弹武器系统的效能、降低全寿命周期费用发挥了十分重要的作用。

随着高新技术的引入，战术弹道导弹武器系统的系统集成化程度越来越高，作战任务剖面和使用环境条件日益复杂，对贮存寿命与可靠性提出了更高的要求，使得贮存延寿工作面临严峻的挑战。贮存延寿是一项系统工程，在指导思想上，要适应导弹武器装备建设发展的需求，把握导弹武器装备建设的特点，遵循导弹武器装备研制的客观规律，全面领会全系统全特性全过程的内涵，才能应对贮存延寿面临的严峻挑战。在导弹武器装备发展需求的牵引下，导弹贮存延寿工程朝着涵盖多领域、多学科的综合专业发展，具体以提升实战效能为中心、以新型战术导弹武器装备为对象、以全寿命周期过程为主线、以贮存延寿专业技术创新为支撑、以装备特性综合设计为基础。

本书面向战术弹道导弹武器系统贮存延寿工程的现实需求，在国内外导弹贮存延寿的相关研究成果的基础上，总结了在战术弹道导弹武器系统贮存延寿工程和贮存延寿共性技术研究过程中积累的实践经验和学术成果，可为开展战术弹道导弹武器系统贮存延寿工程提供技术支撑。本书结合战术导弹贮存延寿工程实际，重点围绕贮存延寿的总体思路、技术途径和工程实践中涉及的贮存延寿核心技术，从管理、设计、分析、试验、评估及措施采取等方面详细阐述了贮存延寿的理论和方法。本书通过查找国内外资料，总结工程实践和技术研究中的前沿技术，将理论创新和工程应用相结合，提出了建立导弹贮存延寿工程体系的思路和多项导弹贮存试验与评价方法，试图为推动贮存延寿技术的发展尽绵薄之力。

本书适用于从事导弹贮存延寿技术研究和应用的工程技术和管理人员，也可以作为高等院校、科研院所的教学参考书。

本书以在研和在役战术弹道导弹为对象，从管理、技术和产品角度出发，系统总结了在贮存延寿工程实践与技术研究过程中积累的经验和理论方法。本书共分为14章，由祝学军、管飞、王洪波、赵长见和洪东跑共同撰写。全书由祝学军负责审核定稿。马晓东为本书撰写做了许多文献查阅、素材收集、试验总结和章节修改等工作，王靖、王亮和金晶等为本书部分章节进行了修改完善，张晓赛为本书插图制作及出版事宜做了许多工作，在此一并致谢。

对于战术弹道导弹贮存延寿技术的探索是一项长期的工作，限于作者水平，书中难免存在错误和不足之处，敬请读者批评指正。

作者

2015年1月

目　录

第 1 章　绪论

1.1　战术弹道导弹概况

弹道导弹的传统定义是指除了在飞行起始段为有动力飞行并进行制导外，其余飞行段按惯性弹道飞行的导弹。随着技术的发展，为提高导弹命中精度、提升突防和生存能力，弹道导弹在纯惯性弹道的基础上发展了机动变轨、滑翔、巡航等一系列新技术。目前，新型弹道导弹逐渐发展为“惯性＋再入机动”以及“助推＋滑翔”等弹道模式的导弹[1]，一般也将此类导弹称之为（广义的）弹道导弹。

弹道导弹种类繁多，按照作战使命不同，可分为战略弹道导弹和战术弹道导弹；按照部署和发射方式可分为陆基导弹、海基导弹和空基导弹；按主发动机所使用的推进剂可分为固体导弹和液体导弹；按照射程可分为洲际导弹、远程导弹、中程导弹和近程导弹[2]。

战略弹道导弹通常用来打击军事和工业基地、政治和经济中心、核武器库、交通枢纽等各类战略目标，一般携带核弹头，也可携带常规弹头。而战术弹道导弹以装备各种常规弹头为主，主要用于支援战场作战、压制和消灭敌方战役战术纵深目标等。打击目标覆盖了地面、地下、水下、空中等多维空间，普遍装备于陆、海、空三军。战术弹道导弹相比战略弹道导弹具有较低的成本、较简单的使用维护性能和相对灵活的作战方式。随着计算机、制导、雷达、光学、战斗部等技术的发展，战术弹道导弹武器系统正在向精确打击方向快速发展。

从 20 世纪 90 年代开始，战术弹道导弹在区域性战争中得到了广泛使用，已然成为了重要的战场或战区纵深打击武器。战术弹道导弹具有射程远、威力大、飞行速度快、打击精度高、生存能力强以及机动灵活，能在短时间内形成密集火力等特点，在海湾战争和伊拉克战争等多次现代局部战争中得到了实战检验，显示出巨大的优越性。

鉴于战术弹道导弹具有的这些优点，战术弹道导弹在全世界范围内得到了广泛的发展。目前，世界上约 30 多个国家和地区拥有战术弹道导弹，例如美国、俄罗斯和法国等导弹大国，以及中国、印度、以色列和巴西等发展中国家。从 20 世纪 50 年代以来，以美、苏（俄）为代表的军事大国已先后发展了四代战术弹道导弹[3]。50 年代开始装备第一代战术弹道导弹，典型代表有美国红石导弹和苏联飞毛腿 A 导弹，都采用液体推进剂，系统复杂，反应时间长，射程短，命中精度低。60 年代发展了第二代战术弹道导弹，包括美国的潘兴Ⅰ导弹、苏联的飞毛腿 B 导弹和法国的普吕东导弹，采用预装可贮存液体推进剂或固体推进剂，反应时间短，命中精度提高。70 年代发展了第三代战术弹道导弹，包括美国的潘兴Ⅱ导弹、陆军战术导弹系统（ATACMS)，苏联的圣甲虫导弹及法国的哈德斯导弹，具有射程远、命中精度高、采用先进的固体推进剂、机动性好、反应速度快、抗干扰、全天候和生存能力强等特点。90 年代，俄罗斯开始了第四代战术弹道导弹研制，典型代表为伊斯坎德尔导弹，在第三代战术弹道导弹基础上，极大提高了导弹的生存能力和突防能力。近年来，随着末制导技术的发展，战术弹道导弹采用了可见光、红外、雷达等末制导技术，命中精度 CEP 已达 10 米以内，使得战术弹道导弹实现了对部分战略目标的精确打击。

美国潘兴导弹（如图 1－1 所示）是美国陆军固体机动地地战术弹道导弹，对战区进行快速支援或对前线部队进行一般性支援。该导弹是依照机动、可靠和便于维护使用等原则设计的，整个导弹系统装在四辆履带车上运输和发射，也可用直升机和飞机空运。潘兴

Ⅱ导弹在《中导条约》后销毁。

图1-1 潘兴导弹

美国陆军战术导弹系统（如图1-2所示）是一种单级固体近程地地战术弹道导弹系统，采用车载越野机动、倾斜发射的方式，可在各种天气情况下，昼夜、快速、精确地打击战术纵深的高价值目标。它已经取代长矛导弹系统，成为美国陆军21世纪的主要战术火力支援武器。

图1-2 美国陆军战术导弹系统（ATACMS）

苏联圣甲虫导弹（如图1-3所示）是单级固体战术弹道导弹，主要用来攻击战役战术纵深内的单个重要目标和大面积目标，如导弹发射装置、地面侦察与攻击装备、防空兵指挥所、机场等。

伊斯坎德尔导弹系统是俄罗斯研制的最新一代单级固体近程弹道导弹系统。该导弹（如图1-4所示）不做纯弹道式飞行，可通过气体发生器、动力控制轮叶和气动面的共同作用改变飞行弹道。导弹在刚发射时和末段机动躲避过载时可达20～30 g。

我国的战术弹道导弹研制起步较早，从20世纪60年代开始，就已经从事地空、海防等战术导弹的研制工作。但到20世纪80年

图 1-3　圣甲虫导弹

图 1-4　伊斯坎德尔导弹

代才开始地地战术弹道导弹研制，通过 30 多年的研制，具备了一定的规模和实战能力，如图 1-5 所示。战术弹道导弹担负着保卫国家安全和领土完整的历史使命。随着国际、国内形势的变化，战术弹道导弹肩负的使命更加神圣，面临挑战日益严峻。由于研制起点较高，目前我国战术导弹已达到了国际上的先进水平，特别是弹道导弹，正朝着引领国际战术弹道导弹发展的方向快速发展。

当前，世界新军事变革正在更大范围和更深层次上加速发展，这种变革促使新军事能力和优势的不断形成，并引导着未来军事高新技术的发展，也赋予了战术弹道导弹新的作战使命。在高新技术发展和作战使命变化牵引下，战术弹道导弹武器系统正朝着精确制导、高超声速、打击敏感目标和深埋目标、通用化系列化等趋势发展，进一步提高了战术弹道导弹武器系统在现代战争中的地位和作用。

图 1-5　国内地地战术弹道导弹

1.2　战术弹道导弹系统组成

由于作战使命不同，不同的战术弹道导弹武器系统组成也不完全一致，特别是地面设备和综合保障系统等产品，其系统组成和功能差异较大。采用陆基机动发射方式的战术弹道导弹武器系统一般由导弹、地面设备、任务规划系统、保障系统和机动指挥系统等组成，如图 1-6 所示。

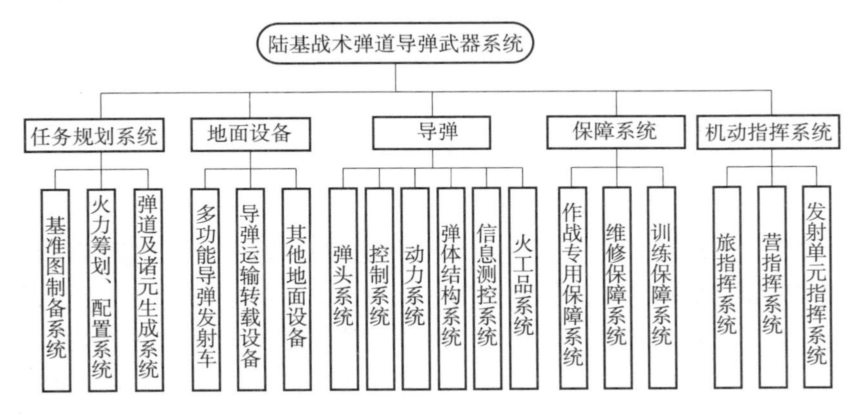

图 1-6　陆基战术弹道导弹武器系统组成示意图

导弹由弹头系统、控制系统、动力系统、弹体结构系统、火工品系统和信息测控系统等组成。弹头系统是毁伤目标的专用装置，根据不同的作战使命，配置有整体杀伤爆破战斗部、整体侵钻战斗部、半穿甲战斗部和子母战斗部等。控制系统的基本功能包括完成对导弹所有电器设备的供配电控制、飞行过程中的制导和姿态控制、飞行时序控制、安全自毁控制等，主要包括制导系统、姿态控制系统、综合线路和地面测发控系统。动力系统是导弹飞行的动力源，通常采用固体火箭发动机，主要由固体推进剂、燃烧室、喷管和点火装置组成。弹体结构是指导弹的各个受力和支撑构件，一般包括仪器舱和尾段。火工品系统包括导弹分离、动力、安全和引爆等功能火工品。信息测控系统具备飞行过程中实时探测、信息回传、弹弹协同、在线任务重构、自主安控、远程安控和战训遥测等功能。

地面设备包括多功能导弹发射车、导弹运输转载设备和其他地面设备等。发射车主要用于装载、运输和发射导弹。运输转载设备用于导弹运输和转载。其他地面设备主要用于保障导弹贮存和技术准备。

保障系统包括作战专用保障系统、维修保障系统、训练保障系统等子系统。任务规划系统主要包括基准图制备系统、火力筹划、配置系统、弹道及诸元生成系统等子系统。机动指挥系统是指挥员借助信息技术设备按军事原则，对所属部队进行指挥控制的人机信息系统，包括旅、营和发射单元三级指挥系统。

1.3 战术弹道导弹贮存延寿需求

鉴于战术弹道导弹在现代战争中的重要性，如何确保导弹战备完好性、提高导弹作战实战效能、延长导弹服役寿命、增强部队作战实力和大幅减少导弹保障费用，成为了迫切需要解决的问题。国内外几十年的实践证明，贮存延寿工作是解决上述问题的有效途径之一。导弹贮存延寿是指在规定的保障条件下，以可靠性工程理论为指导，挖掘导弹武器系统的技术潜力，针对影响导弹贮存可靠性和贮存寿命的薄弱环节，采取相应的设计、维护和保障等措施，提高导弹贮存可靠性、延长导弹贮存寿命的过程[4]。贮存延寿是适应新时期导弹武器装备建设与发展的需要，可有效地提高导弹武器系统的作战效能，同时能显著提高导弹武器系统全寿命周期效费比，具有巨大的军事和经济效益。

导弹贮存延寿工程的目标是在导弹武器装备全寿命周期中，保持其战备完好性和作战效能，并通过开展贮存延寿工作，提高导弹武器贮存可靠性，延长导弹贮存寿命。它的理论基础是导弹设计理论与可靠性工程理论。贮存延寿主要工作有指标论证、方案设计、产品研制、使用保障、试验评价、寿命延长和整修改制等，是一项集管理、技术和产品等多维于一体的系统工程。目前，国内外工程实践表明，贮存延寿工程活动已全面进入导弹武器系统全寿命周期各阶段，为提高导弹武器系统的效能、降低全寿命周期费用发挥了十分重要的作用。

在战术导弹发展需求的牵引下，贮存延寿工程朝着涵盖多领域、多学科的综合学科方向发展。贮存延寿技术涉及力学、化学、材料学、物理学、航空航天技术、环境工程学、统计学、失效分析学等众多学科领域，专业面很广。因此，需要根据并行工程思想[5]，利用多学科优化理论，研究导弹贮存延寿工程技术，推动导弹贮存延寿工作的有效开展。

1.4　国内外导弹贮存延寿现状

1.4.1　国外贮存延寿

以美国和俄罗斯为代表的传统军事强国非常重视导弹武器系统贮存延寿工作，在贮存试验与评价方面，进行了深入的技术方法研究和广泛的工程实践，积累了丰富的经验，取得了卓越的成效[6]。这些工作的开展对于保持其军队武器装备规模，提高作战使用效能，减少导弹全寿命周期费用起到了重要的作用。

（1）美国

美国导弹贮存延寿工作的发展历程是从最初的单纯自然贮存试验转向以自然贮存试验为主，加速贮存试验为辅；从单纯的试验转向试验和研究相结合，加强失效模式和失效机理分析的研究工作。

早在20世纪50年代，就开始开展导弹贮存延寿工作，对所研制和部署的导弹实施了一系列的现场贮存试验，包括导弹所属的机械、电气、液压、惯性、火工品和光学等各种设备、材料和元件，获得了大量的贮存性能与贮存寿命数据。如“民兵”“大力神”“霍克”等导弹的贮存可靠性计划，用来考核导弹的环境适应性，其贮存可靠性改进成效显著。

70年代，针对民兵导弹发动机开展了老化和监测计划，用以预估其使用寿命，它的主要内容包括在产品正式交付前先制作平贮件，并在正式产品交付后的贮存期间进行定期检查；对于影响发动机性能的主要部件，确定其失效模式；提前2年对发动机性能退化做出预报；对平贮件和正式产品性能的一致性进行试验验证和评估。之后，为了延长预报时间，又实施了长期使用寿命分析计划，其主要内容如下。

1）失效模式分析：对以往故障信息进行提炼，确定影响发动机性能的主要失效模式。

2）验证性试验：针对确定的失效模式开展相应试验，用来验证产品经长期贮存后的可用性，并积累分析数据。

3）失效概率分布：通过对自然贮存产品性能数据的收集和分析，用统计方法，建立主要性能参数对贮存时间的回归模型，进行寿命预测。

4）加速老化试验：针对那些对贮存环境较为敏感的部件，选择温度作为加速应力，进行加速老化试验，并将加速试验结果与自然贮存试验结果进行比较，找出两者的相关性，对产品的性能退化作综合预报。例如MIL-R-23139B规定固体火箭发动机在其规定的极限高、低温下分别贮存 6 个月后，如果静态试验的工作性能符合要求，则其最低贮存寿命为 5 年。

20 世纪末，美国马里兰大学可靠性分析中心提出了一种全新的分析和试验系统——基于失效物理方法的加速寿命试验技术及相关软件，根据实际工作、环境条件及产品属性、失效机理，利用失效物理的方法对寿命进行预估，并给出了基于失效机理的加速环境剖面，其流程如图 1-7 所示。在此基础上，通过专用设备完成加速寿命试验来验证软件分析的结论，最终在较短的周期内给出产品寿命的综合评价。这类方法经过十余年的发展已在元器件和单板电路上得到了广泛的应用，获得了巨大的经济效益和社会效益。利用该软件能在较短时间内对产品的贮存寿命与可靠性进行预计，但该软件只能针对元器件级和板级的产品进行失效物理分析，而部件级与系统级产品的失效机理、失效模式、失效应力相关研究仍然处于空白，还有待进一步研究完善。

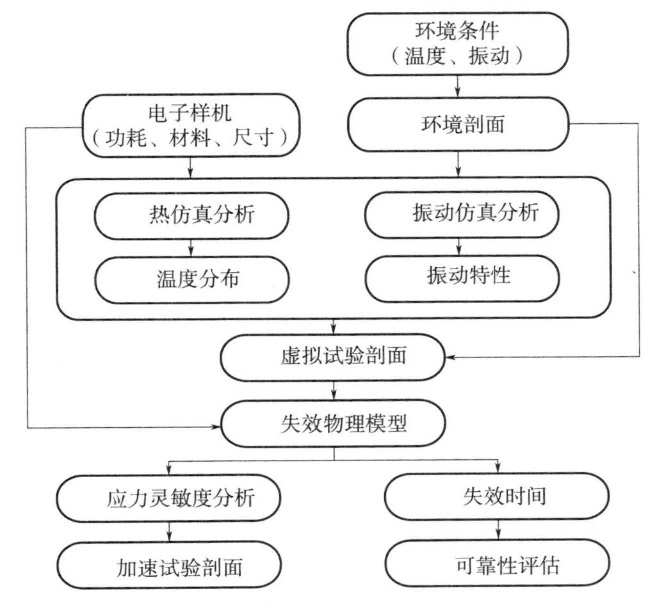

图 1-7　基于失效机理的寿命预估与加速试验剖面制定流程图

美国导弹贮存延寿工作主要具有以下几个特点。

1）以自然贮存试验为主，加速贮存试验为辅。通过开展自然贮存试验，提供导弹比较可靠的贮存寿命信息，对加速贮存试验结果进行验证。同时利用加速贮存试验提前暴露导弹的薄弱环节，对贮存寿命进行预估。通过对比分析，确定两种试验结果的相关性与差异性，综合利用两种试验数据对产品的贮存寿命进行评估。在自然贮存试验中，一般情况下对产品进行三个层次的贮存，即薄弱环节产品贮存、元器件/原材料产品贮存和全弹的贮存，但更强调薄弱环节产品贮存。在加速贮存试验中，除了在橡胶、电子元器件、推进剂等原材料级进行大量的加速老化试验外，还进行了分系统、整机，乃至全弹的加速贮存试验。

2）以统计评估为主，工程评价为辅。由于投入了大量经费开展贮存试验，自然贮存、加速贮存试验件比较充足，而且经历的飞行验证试验次数多，故可用于贮存寿命与可靠性评估的数据较为全面，主要采用统计方法进行评估，以工程评价为辅。

3）延寿技术措施与采用新技术实施改进相结合。由于美国十分注重基础理论研究和技术应用实践，故新技术改进工作与延寿技术措施结合得比较好。同时针对不同的延寿目标，采取不同的策略，对于短期和中期的延寿，主要采用贮存延寿试验，给出延寿技术措施对薄弱环节进行改进来达到，对于长期的延寿，主要的手段就是采用新技术进行改进。如民兵 III 导弹之所以能够长期服役，一个重要原因就是不断采用高新技术，对民兵导弹实施现代化改进。

4）建立信息体制。导弹交付部队后，导弹系统在服役期间维修、保障和使用相关信息都会进入计算机管理系统。此外，还搜集各种元器件的故障率，与预计故障率进行比较，并据此调整计划和采取措施，降低硬件的故障率，消除造成故障的原因。

（2）俄罗斯

俄罗斯先后对撒旦、白杨等多型导弹进行贮存延寿研究，积累了丰富的经验，形成了一套行之有效的贮存延寿方法。通过对地空导弹的失效情况进行统计分析，对影响地空导弹产品贮存寿命的薄弱环节进行仔细识别，对其失效机理进行判别，然后对薄弱环节进行改进，并在实验室的条件下进行加速试验验证，在失效机理不变化的基础上，开发出地空导弹加速贮存寿命试验技术，包括试验的原理、方法、设备和软件，并在其他导弹研制中应用。该技术实现了通过 6 个月的加速试验就可以保证导弹在经历 10 年的贮存期后满足规定的开箱合格率和发射成功率要求。

俄罗斯导弹贮存延寿工作主要具有以下几个特点。

1）注重加速贮存试验。采用自然贮存试验和加速贮存试验相结合，突出加速贮存试验，而且在整机加速试验和全弹加速试验方面具有较高的水平，形成了一套完善的系统加速试验方法。利用该方法在工程研制阶段就可以发现导弹薄弱环节，对产品进行设计改进，提高导弹固有贮存寿命与可靠性，还可以对导弹贮存寿命与可靠性水平进行评价。

2）基础试验和技术研究开展得比较充分。在导弹研制阶段，对于贮存寿命设计和验证试验工作做得比较扎实，尤其是材料、元器件和单机等产品严格依据相关标准充分开展了加速老化试验，得到了充足的试验数据。结合试验，开展失效模式和失效机理研究，建立了贮存相关基础数据库和标准，在各个部门间进行交流和数据共享，为贮存试验的开展奠定了坚实的基础。

3）采用新技术对导弹进行技术改进。与美国相似，俄罗斯也十分重视基础理论研究和技术应用实践，并采用新技术对现役导弹进行技术改进。例如通过采用一系列新技术对匕首（SS－19）导弹进行在役改进，改进后导弹服役期将延长到 25 年。

4）结合训练发射，延长导弹的贮存期。在服役阶段，在加速贮存试验和技术改进基础上，结合训练发射进行试验验证，逐步延长导弹的贮存寿命。例如对已参加战斗值班 25 年的撒旦（SS－18）导弹进行作战训练发射，以检验该型导弹在延长使用期的情况下的可靠程度，发射取得了圆满成功，并给出了 SS－18 使用寿命总计达 26

年以上的结论。

5）开展飞行验证试验，并利用延寿技术措施延长服役期。通过飞行试验，对长期服役的导弹进行飞行稳定性和技术参数检验，以延长其服役期。试验采用的是可靠性、安全性验证试验方案，通过对可靠性、安全性进行综合评估，确定导弹的贮存寿命。同时，为了确保导弹贮存的可靠性和安全性，对导弹采取一系列的延寿措施，包括定期检测导弹金属疲劳和结构变形，对导弹的薄弱环节进行分析，更换一些敏感组件等。收集有关寿命延长效果的数据。通过这一系列的措施，使得导弹的贮存寿命得到延长。

综上所述，美国和俄罗斯在导弹贮存延寿工作方面有许多共同点，例如同时开展自然贮存试验和加速贮存试验；利用飞行试验进行验证；试验与理论研究相结合，加强失效模式和失效机理研究等。同时两国在导弹贮存延寿方面上也有不同的地方，各自形成了自己的突出特点和特色。美国对贮存试验产品的监测手段先进、贮存试验与技术改进工作结合较好。而俄罗斯贮存延寿基础试验和研究工作做得很出色，在研制阶段，对于贮存寿命设计和验证试验工作做得很扎实，同时加速贮存试验水平较高，有一整套成熟而先进的加速贮存试验理论、技术和设备。

1.4.2 国内贮存延寿

国内贮存延寿工作起步相对稍晚，在 20 世纪六七十年代开始了导弹武器系统贮存延寿方面的研究工作。迄今为止，也取得了不少的成果，颁布了不少贮存延寿的规范和标准，在导弹武器系统贮存延寿工作中经历了从实践到逐步认识的过程。我国第一代战术导弹武器装备从 60 年代后期相继开展自然贮存试验，例如现役或超期服役的第一代固体弹道导弹武器系统也正在进行贮存试验研究，包括自然贮存和加速贮存试验方法研究，通过这些年的贮存试验研究，延长了导弹的贮存寿命，并利用延寿技术进行整修，使装备部队的导弹得以继续使用，取得了巨大的军事和经济效益，总结了一套贮存延寿方法。特别在贮存试验与评价技术研究方面积累了一定的经验，可以归纳为“五结合”：“研制贮存与使用贮存相结合”“全弹贮存与平贮件贮存相结合”“工程评价与统计验证相结合”“自然贮存与加速贮存相结合”“在研导弹和在役导弹贮存相结合”。“五结合”作为我国导弹武器系统贮存试验与评价技术研究不断发展的产物，克服了研究经费有限、贮存试验周期较短等现实困难，推动了导弹贮存延寿工作的顺利开展。

近年来，导弹贮存延寿工作的重要性日益受到重视。在需求牵引下，军方牵头组织，工业部门参与，并联合高校和科研单位大力开展导弹贮存延寿共性技术研究以及在役导弹武器装备贮存延寿专项工程研究。通过大力协同，群策群力，攻克了加速贮存试验、贮存可靠性小样本评估等多项工程技术难题，取得了显著的成绩，极大地推动了贮存延寿技术的发展。

导弹研制周期日益缩短，自然贮存试验在经济性、时间性等方面已不能满足工程需求。加速试验技术在贮存延寿工程中得到了广泛应用，应用对象包括炸药、发动机推进剂、引信、火工品、橡胶产品、继电器、微波电子产品等。通过开展这些加速贮存试验，取得了一些经验，制定了一些标准，为全面开展加速贮存试验创造了条件。但是加速试验应用对象目前仍然局限于元器件材料级产品，关于整机加速贮存试验方法的研究和应用较少，限制了加速试验技术在导弹贮存延寿工程中的有效应用。

随着高新技术的引入，导弹的功能集成化程度越来越高，其结构也越来越复杂，对贮存可靠性和环境的适应性提出了更高要求，这使得导弹贮存可靠性问题日益突出。导弹具有贮存可靠性指标要求高、贮存试验样本少等特点，难以对其贮存可靠性进行有效评估。为了提高评估精度，在工程应用中，通常利用研制和贮存过程中各种试验数据进行综合评估。然而作为复杂系统，导弹在贮存过程中的环境、功能、状态及演化过程均包含有随机的特性，其可靠性特征具有时间上的动态特性、环境上的差异特性、层次上的变化特性及对象上的关联特性，使得传统可靠性评估理论与方法面临严峻挑战。鉴于导弹的特点及贮存可靠性评估的难点，国内学者和科研人员一直在研究贮存可靠性评估方法，试图对导弹贮存可靠性水平做出合理且精确的评价。

通过学者与科研人员多年的努力，我国在导弹贮存延寿方面取得了许多可喜的成果。然而，与国外相比，国内导弹贮存延寿工程起步晚，基础相对薄弱，特别是整机加速贮存试验方法和工程实践还有待进一步研究完善。同时，贮存延寿工作主要集中在导弹服役后期，全寿命周期开展贮存延寿工作的意识还有待加强。

1.5 战术导弹贮存延寿发展趋势

在战术导弹发展需求的牵引下，在贮存延寿相关学科基础理论发展的推动下，导弹贮存延寿主要发展趋势如下：

1）加速贮存试验由元器件、原材料级向整机级、全弹级发展；

2）贮存可靠性与环境鉴定试验由基于预示试验条件向基于实测试验条件发展；

3）贮存寿命与可靠性评估方法由经典评估向基于变动统计学评估发展；

4）延寿整修由薄弱环节整修向延寿整修与应用新技术进行改进升级相结合方向发展；

5）延寿管理由专项任务阶段管理向全寿命期管理发展。

参考文献

[1] 聂万胜，冯必鸣，李柯．高速远程精确打击飞行器方案设计方法与应用[M]．北京：国防工业出版社，2014.

[2] 侯世明．导弹总体设计与试验[M]．北京：中国宇航出版社，2005.

[3] 薛成位．弹道导弹工程[M]．北京：中国宇航出版社，2006.

[4] 李久祥，申军，侯海梅，等．装备贮存延寿技术[M]．北京：中国宇航出版社，2007.

[5] NASA系统工程手册[M]．朱一凡，李群，杨峰，等，译．北京：电子工业出版社，2014.

[6] 孟涛，张仕念，易当祥，等．导弹贮存延寿技术概论[M]．北京：中国宇航出版社，2013.

第2章　贮存延寿概念和内涵

明确贮存延寿概念与内涵是开展导弹武器系统贮存延寿工作的基础。本章从贮存延寿工程涉及的基本概念入手，结合导弹武器系统贮存延寿工程实践，对贮存延寿工程主要参数和关键技术的内涵进行阐述。

2.1　基本概念

2.1.1　贮存延寿

贮存延寿是针对导弹武器系统等具有“长期贮存、一次使用”特点的产品而提出的概念，是指在规定的保障条件下，着眼保持或提升导弹武器系统的战术技术性能，围绕恢复状态、延长寿命、提升性能，以可靠性工程理论为指导，针对贮存薄弱环节采取设计、维修、管理等措施，进一步挖掘即将到达贮存寿命导弹的服役潜力，延长导弹的贮存寿命[1]。

2.1.2　可靠性

可靠性是指产品在规定的条件下和规定的时间内，完成规定功能的能力[2]。导弹武器系统是可靠性参数所依附的对象，不同发射平台的导弹武器系统，其可靠性参数也存在一定的差异[3]，陆基、空基和海基导弹武器系统常用可靠性参数如表2-1所示。

发射可靠性是指导弹武器系统在规定的发射环境条件下与规定的发射准备时间内，按规定的发射程序正常完成各项发射准备工作，并正常点火的能力，其概率度量为发射可靠度。

表 2-1　不同发射平台导弹武器系统可靠性参数

可靠性参数	陆基导弹	空基导弹	海基导弹
发射可靠性	○		
挂飞可靠性		○	
装载可靠性			○
飞行可靠性	○	○	○
贮存可靠性	○	○	○

注：○—适用。

挂飞可靠性是指导弹在挂到载机后，在规定的挂飞环境条件下和规定的挂飞时间内，正常完成自检测和空中保持完好状态的能力，通常用平均故障间隔时间（MTBF）来度量。

装载可靠性是指导弹装载到舰艇或潜艇后，在规定的装载环境条件下和规定的装载时间内，正常完成自检测和保持完好状态的能力，其概率度量为装载可靠度。

飞行可靠性是指导弹在规定的飞行环境条件下，正常飞行、命中目标并正常起爆的能力，其概率度量为飞行可靠度。

贮存可靠性是指导弹武器系统从交付部队之日起，在规定的贮存、维护、保管条件下，在规定的贮存年限内，导弹保持完好满足使用要求的能力，其概率度量为贮存可靠度。

2.1.3　维修

维修是指为使产品保持或恢复到规定状态所进行的全部活动[2]。为保持导弹武器系统的战备完好性，需对导弹武器系统进行定期的维护，对故障产品进行维修。对即将到达贮存寿命的导弹武器系统，需要开展批次性的维修以延长其服役期限。从维修的难易程度及维修规模的角度出发，结合导弹武器系统贮存延寿工程的需要，将导弹武器系统的维修分为一般维修和延寿整修。

（1）一般维修

依靠作战部队的自身条件和人员进行的维修。这种维修通常操作简便，包括简单的维护、更换部组件或整机，涉及的对象主要是技术文件要求定期更换的产品和能够通过测试判断是否合格且具有备件的产品。当产品自身的贮存寿命较短时，在导弹贮存期内可以通过定期更换或测试不合格时进行更换，确保导弹武器系统处于可用状态。

（2）延寿整修

延寿整修涉及的对象主要是必须对导弹进行舱段分解后才能进行更换或维修的部组件或整机。整修通常是对导弹武器系统的批次性维修，由军方相关装备管理机构组织，通常需要在配套有分解再装设备和测试检测设备的专门场所进行，要求操作人员具备较高的技术水平，需要由专业的技术队伍完成。一般情况下，作战部队的技术力量难以承担整修任务，参与的程度也较低。

2.1.4 失效

失效是指产品丧失完成规定功能的能力的事件。失效模式是指产品失效的表现形式，如电子产品开路、短路、断裂等。失效机理是引起故障的物理、化学和生物等变化的内在原因。失效机理是对失效内在本质、必然性和规律性研究。贮存失效模式则是指产品贮存失效的表现形式。贮存失效机理是引起贮存失效的物理、化学和生物等变化的内在原因。

产品失效通常是其内在的失效机理与外部环境及工作条件综合作用下而产生的，这是一个复杂的过程。但从产品丧失功能的形式来看，失效可分为突发失效和退化失效两种类型。突发失效产品在失效以前功能保持不变，或基本保持不变，而失效以后功能完全丧失。退化失效产品在失效以前功能就在不断下降，并且发生退化失效与否是相对于失效标准而言的。在分析整机产品的性能退化时，只考虑退化失效的情景。

若产品在工作或贮存过程中一直保持或基本保持其所需的功能，但在某一时刻，这种功能突然完全丧失，则称这种现象为突发失效

(硬失效)。玻璃碎裂、脆性材料断裂等属于突发失效。对突发失效的产品，其规定功能通常是产品的某种属性，因而只有两种状态，即产品具有某种功能或产品不具有某种功能。若将产品具有该功能的状态记为 1，不具有该功能的状态记为 0，则产品功能随时间推移所产生的变化可用图 2-1 表示，图 2-1 中从 0 到 T 这段时间产品功能处于 1 状态，而 T 时刻突然瞬间转到 0 状态，即产品在 T 时刻发生突发失效，显然，时间 T 即为产品的寿命或失效时间。

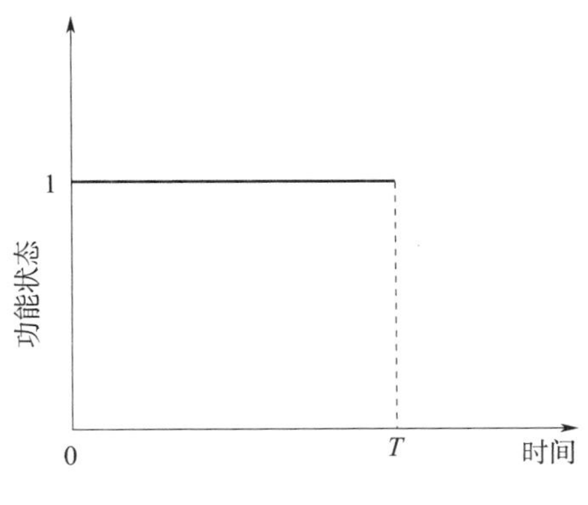

图 2-1　突发失效

与突发失效产品不同，退化失效产品的功能无法用只有两种状态的属性变量来描述，而需用产品的某个计量特性指标来表示。这个特性指标值的大小反映产品功能的高低状态，并且该特性指标值随产品工作或贮存时间的延长而缓慢地发生变化。在大多数实际问题中，表示产品功能的特性指标值的变化趋势总是单调上升或单调下降，这种现象也反映了退化过程的不可逆转性。由于产品的上述特性，指标值无论是上升变化还是下降变化，它表示的总是产品功能的下降，因此将反映产品功能下降的特性指标值称为退化量。随着使用时间的延长，产品功能逐渐下降，直至无法正常工作的状态(通常规定一个评判的临界值)，则称此种现象为退化失效（或称为软失效)，如元器件电性能的衰退、机械元件磨损、绝缘材料的老化等。

判断退化失效是否发生的临界值被称为退化失效临界值，或退化失效标准，或退化失效阈值。退化失效阈值可能是一个确定值，也可能是一个随机变量，它由实际工程问题决定，工程中大部分的失效阈值是固定值。图 2-2 给出了固定失效阈值下退化失效的示意图，在 $[0,T_D)$ 中，产品的退化量高于规定失效值 D_f ，即产品处于正常工作状态之中。在 $(T_D,+\infty)$ 中，产品的退化量低于规定失效值 D_f ，产品功能不再满足要求，故产品已失效，T_D 是相对于规定失效值 D_f 的失效时间（或寿命）。

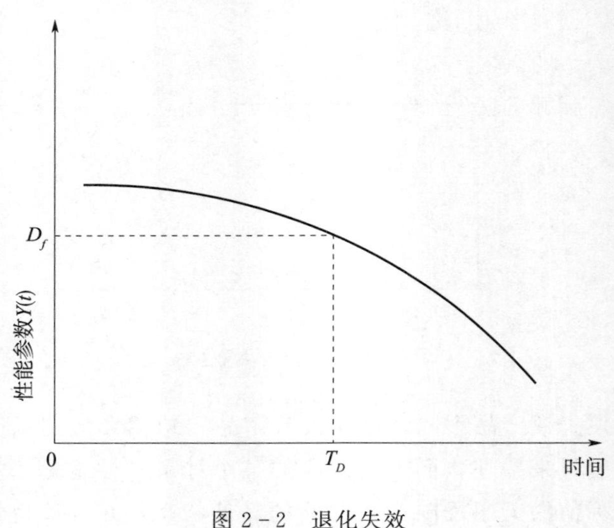

图 2-2　退化失效

2.1.5　试验

（1）寿命试验

寿命试验是指在装备使用现场或者通过实验室对使用现场进行模拟，对装备加载真实的环境应力和载荷，获取产品的失效或性能退化数据，并通过对这些数据进行统计分析来量化寿命指标的一种技术途径。按试验目的的不同，寿命试验分为使用寿命试验和贮存寿命试验；按试验施加应力强度的不同，寿命试验分为正常应力寿命试验和加速寿命试验[4]。

加速寿命试验是在进行合理工程及统计假设的基础上，利用与物理失效规律相关的统计模型对在超出正常应力水平的加速环境下获得的可靠性信息进行转换，得到试件在额定应力水平下可靠性特征的一种试验方法[5]。加速寿命试验是在不改变产品失效机理的前提下，用加大应力的方法，强化环境因子，增大试验件负荷，加速产品失效过程，以期在较短的时间内达到长时间的效果，其基本思想是利用高应力水平下的寿命特征去外推正常应力水平下的寿命特征。由于采用高应力量级加速产品的失效或退化过程，加速寿命试验可以在产品的真实寿命消耗实现之前提前获得寿命过程数据，因此使得寿命指标的提前评判成为可能。同时，加速寿命试验在试验周期上大大缩短了寿命试验的时间消耗，提高了试验效率，降低了试验成本，因此使高可靠、长寿命产品的寿命评估在工程中具有了可行性。

加速退化试验是在失效机理不变的基础上，通过寻找产品寿命与应力之间的关系，利用产品在高应力水平下的性能退化数据去外推和预测正常应力水平下寿命特征的试验技术和方法[6]。进行加速退化试验的目的是，通过在试验中引入加速应力，解决传统可靠性模拟试验或加速寿命试验的试验时间长、效率低及费用高等问题，并快速评估和预测产品寿命与可靠性，从而缩短研制周期，降低研制费用。

加速贮存寿命试验属于加速寿命试验，是指在不改变产品贮存失效机理的前提下对产品加载高于正常贮存条件的应力等级，加速产品贮存失效或性能退化过程，通过对加速应力下获得的数据进行统计分析，预测产品在正常贮存条件下贮存寿命的一种技术途径。

（2）环境试验

环境试验是指将装备暴露于特定的环境中，确定环境对其影响过程的试验，主要包括自然环境试验、使用环境试验和实验室环境试验。实验室环境试验是指在实验室内按规定的环境条件和负载条件进行的试验。按其目的可分为环境适应性研制试验、环境鉴定试验、环境验收试验和环境例行试验。

环境适应性研制试验是为寻找设计和工艺缺陷，采取纠正措施，增强产品环境适应性，在工程研制阶段早期进行的试验。环境鉴定试验是指为考核产品的环境适应性是否满足要求，在规定的条件下，对规定的环境项目按一定顺序进行的一系列试验。环境验收试验是指按规定条件对交付产品进行的环境试验。环境例行试验是为考核生产过程稳定性，按规定的环境项目和顺序及环境条件，对批生产中按定期或定数抽样抽出的产品进行的环境试验[7]。

（3）可靠性试验

可靠性试验是导弹武器系统全寿命周期一项重要的、必不可少的工作。通过可靠性试验，不仅可以发现薄弱环节，提高可靠性，而且可以为导弹武器系统交付部队后正确评价其战斗力，从而制定正确的作训保障乃至战斗保障计划，提供真实的依据。导弹武器系统可靠性试验，按试验场地分类，可分为实验室试验和外场试验两大类。实验室试验是指在实验室中模拟产品的实际使用条件的一种试验。外场试验是产品在使用现场进行的可靠性试验。按试验目的分类，可分为工程试验与统计试验。工程试验的目的是为了暴露产品设计、工艺元器件、原材料等方面存在的缺陷，采取措施加以改进，以提高产品的可靠性；统计试验目的是为了验证产品的可靠性是否达到规定的要求。工程试验包括环境应力筛选、可靠性研制试验和可靠性增长试验等；统计试验包括可靠性鉴定试验、可靠性验收试验等[4]。

环境应力筛选是一种通过向电子产品施加合理的环境应力和电应力，将其内部的潜在缺陷加速成为故障，并通过检验发现和排除的过程。其目的是为了发现和排除产品中不良元器件、制造工艺和其他原因引入的缺陷所造成的早期故障。

可靠性研制试验是通过向受试产品施加应力，将产品中存在的材料、元器件、设计和工艺缺陷激发成为故障，进行故障分析定位后，采取纠正措施加以排除，是一个试验、分析、改进的过程。可靠性研制试验一般包括可靠性增长摸底试验、可靠强化试验，也包括结合性能试验、环境试验开展的可靠性研制试验。在国内航天领域，常用的以可靠性增长为目的、无增长模型、也不确定增长目标值的短时间可靠性增长试验就属于可靠性增长摸底试验。它是一种具有我国航天特色的可靠性研制试验。在模拟实际使用的综合应力条件下，用较短的时间、较少的费用，暴露产品的潜在缺陷，并及时采取纠正措施，使产品的可靠性得到增长，保证产品具有一定的可靠性和安全性[8]。

可靠性增长试验是为暴露产品的薄弱环节，有计划、有目标地对产品施加模拟实际环境的综合环境应力及工作应力，以激发故障、分析故障和改进设计与工艺，并验证改进措施有效性而进行的试验。其目的是暴露产品中的潜在缺陷并采取纠正措施，使产品的可靠性达到规定值[9]。随着高新技术的发展，产品的长寿命、高可靠要求给传统的可靠性增长试验带来了新的挑战，过长的试验周期和昂贵的费用，极大地限制了可靠性增长试验在工程上的应用。近年来，国内外学者研究提出了加速可靠性增长试验方法，以实现可靠性快速增长[10-13]。

可靠性验证试验是应用数理统计的方法，验证产品可靠性是否符合规定要求。可靠性验证试验条件应模拟产品的真实使用条件，并使用能够提供综合环境应力的试验设备进行试验。可靠性验证试验主要包括可靠性鉴定试验和可靠性验收试验。可靠性鉴定试验的目的是验证产品的设计是否达到规定的可靠性要求。可靠性验收试验的目的是验证批生产产品的可靠性是否保持在规定的水平[14]。

2.2 贮存参数

明确导弹贮存参数，是开展导弹贮存可靠性论证、设计、分析、试验与评价的必要条件。贮存参数分为贮存可靠性参数和贮存寿命表征参数。贮存可靠性是导弹武器系统主要战术技术指标之一，相关参数有贮存寿命和贮存可靠性等，适用于导弹武器系统和单机产品。贮存寿命表征参数是判定导弹贮存寿命的依据，通常为产品在贮存过程中会发生变化的性能参数或功能参数，主要适用于分系统和单机产品。

2.2.1 贮存可靠性参数

（1）贮存寿命（storage life）

以导弹出厂之日作为起点，在规定的贮存、维护、使用条件下，能满足规定要求的时间长度。贮存寿命如同产品的失效时间，是一个随机变量，用 T 表示，同一批次导弹的贮存寿命存在一定差异。

“规定的贮存、维护、使用条件”是指导弹在其寿命期间所经历的贮存、维修保障、训练和战备值班等事件，以及事件过程中的环境条件；“规定要求”指弹上产品经过一定时间的贮存后，处于贮存状态、发射与飞行状态时，能保持其各项参数在规定的设计要求范围内。

导弹的贮存寿命主要取决于各组成单元的贮存寿命，理论上，只要对故障单元进行维修或更换即可延长导弹的贮存寿命，但从技术先进性和经济性等角度考虑，延长导弹贮存寿命的效益可能并不高，因此，导弹广义的贮存寿命涵盖了“服役寿命”、“物资寿命”、“经济寿命”和“技术寿命”等内涵，是一个综合特性，是导弹满足一组寿命要求程度的能力。

（2）贮存可靠性（storage reliability）

产品在规定的贮存条件下和规定的贮存时间内，保持规定功能的能力。其概率度量为贮存可靠度，用 R 表示，可作为导弹设计参数。

判定导弹是否维持了规定功能，通常是依靠贮存条件下的定期检测、地面鉴定试验及飞行试验。

（3）贮存期（storage period）

导弹在规定的贮存条件下，满足规定贮存可靠度要求的贮存时间，称为“贮存期”或“可靠贮存寿命”，用 t_p 表示。

贮存寿命、贮存可靠度和贮存期三个参数的关系可以表示为

$$P(T \geqslant t_p) = R \tag{2-1}$$

（4）首次整修期限（time to first overhaul）

在规定的条件下，产品从开始使用到首次整修的日历时间，是导弹武器系统主要战术技术指标之一。

整修是导弹维修体制中级别最高的维修，通常在导弹大修厂或者导弹生产厂进行，需要对导弹进行大分解，对每个系统进行深度的检查和修理。首次整修期限的确定需综合考虑导弹组成单元的贮存寿命、整修经济性、整修效率等因素，导弹的首次整修期限一般为 10 年。

（5）整修间隔期（time between overhaul）

在规定条件下，产品两次相继整修间的日历时间，我国导弹的整修间隔期一般为 5～10 年。

2.2.2　贮存寿命表征参数

影响导弹贮存寿命的性能参数称为贮存寿命表征参数。贮存寿命是导弹满足规定要求的时间长度，满足规定要求的判据是导弹处于贮存状态、发射与飞行状态时其各项参数在规定的设计要求范围内，这些参数可以为导弹的质量特性参数、动态特性参数以及可靠性参数等，但主要是分系统或单机的性能参数，这类参数通常较多。可靠性参数是导弹武器系统贮存寿命表征参数不可或缺的组成部分，需要注意的是，这里的可靠性区别于贮存可靠性，是导弹武器系统贮存后的可靠性。经过长期贮存的产品，其可靠性会表现出下降趋势，从作战使用角度考虑，为确保任务成功率，需将导弹贮存后的可靠性作为贮存寿命的判定依据。因此，导弹贮存后的可靠性是导弹贮存可靠性的判据之一。由于在工程中很少考虑导弹武器系统贮

存后的可靠性，通常容易将贮存可靠性与贮存后的可靠性相混淆。

（1）可靠性参数

①任务成功概率

任务成功概率 P_s 是度量导弹任务可靠性的常用参数之一，以陆基导弹为例，它主要与发射可靠性 R_l 和飞行可靠性 R_f 有关。导弹要成功地完成攻击目标的任务，就必须保证发射和飞行环节都可靠。导弹的任务成功概率即可表示为

$$P_s = R_l \times R_f \tag{2-2}$$

②平均故障间隔时间 MTBF

MTBF 是当今应用最广泛的可靠性参数之一，是可维修产品基本可靠性的一种度量，它定义为规定的条件下和规定的时间内，产品的寿命单位总数 t_s 与故障总数 r_s 之比，可表示为

$$T_m = \frac{t_s}{r_s} \tag{2-3}$$

总寿命单位视产品的具体情况而定，对于导弹武器系统来讲，其工作期间的 MTBF 用工作时间计算，贮存期间的 MTBF 用贮存时间计算。

（2）性能参数

导弹武器系统的性能参数有很多，而贮存寿命表征参数是贮存过程中会发生变化的性能参数，针对典型产品给出其贮存寿命表征参数，如表 2-2 所示。

表 2-2 典型产品贮存寿命表征参数

序号	产品类别	产品	贮存寿命表征参数
1	电子产品	卫星定位系统	增益、馈线损耗、干信比、驻波比、反射系数、行波系数、回波损耗、前向功率、反向功率、输出驻波、本振相位噪声等
2		电源变换器	电压稳定度、负载稳定度、纹波电压、过冲幅度

续表

序号	产品类别	产品	贮存寿命表征参数
3	光电产品	光电模块	信噪比、光子噪声、读出噪声、不均匀性、调制度等
4		图像传感器	灵敏度、量子效率、光谱响应特性、不均匀度、线性度、采样精度等
5	机电产品	惯性测量组合	测量范围、零偏、比例误差、安装误差等
6		伺服机构	动态响应时间、静态精度、控制精度、回环宽度、零位偏差、线性度等
7	药剂类	火工品	桥路电阻、绝缘电阻、输出爆压、电流感度、发火时间等
8		推进剂	静态燃速、动态燃速、压强指数、力学性能等
9		战斗部装药	热安定性、热感度、撞击感度、摩擦感度、冲击波感度、爆速、爆热、爆压等
10	结构类	惯性测量组合基座	内部谐振频率、首阶固有频率等
11		减振器	减振效率、阻尼力、压缩行程等
12		弹体结构	强度、刚度、气密性等
13		密封件	压缩永久变形率
14		弹性元件	强度、刚度、弹性模量等
15	非金属材料	橡胶	压缩永久变形、拉伸强度、伸长率、扯断永久变形、抗撕强度、密封性能测试或减振性能测试
16		塑料	冲击强度、压缩蠕变、压缩强度、拉伸强度、弯曲强度、介电性能
17		复合材料	拉伸强度、压缩强度、弯曲强度、剪切强度、热导率、烧蚀性能、比热容、介电性能
18		涂层	附着力、冲击韧性、弯曲性能、热导率、烧蚀速率、热流烧蚀背温
19		胶粘剂	界面粘接强度、导热系数、脱粘面积、电阻率、电磁屏蔽性能

参考文献

[1] 张仕念，孟涛，张国彬，等．从民兵导弹看性能改进在导弹武器贮存延寿中的作用［J］．导弹与航天运载技术，2012（1）：58－61.

[2] GJB 451A. 可靠性维修性保障性术语［S］．中国人民解放军总装备部，2005.

[3] 王自力．可靠性维修性保障性要求论证［M］．北京：国防工业出版社，2011.

[4] 姜同敏．可靠性与寿命试验［M］．北京：国防工业出版社，2012.

[5] Nelson W. Accelerated Testing：Statistical Model，Test Plans，and Data Analyzes［M］. New York：John Wiley & Sons，1990.

[6] 尤琦，赵宇，胡广平，等．基于时序模型的加速退化数据可靠性评估［J］．系统工程理论与实践，2011，31（2）：328－332.

[7] GJB 4239. 装备环境工程通用要求［S］．中国人民解放军总装备部，2001.

[8] QJ 3127. 航天产品可靠性增长试验指南［S］．国防科学技术工业委员会，2000.

[9] Duane J T. Learning Curve Approach to Reliability Monitoring［J］. IEEE Trans Aerospace，1964，AS－2：553－566.

[10] 周源泉，朱新伟．论加速可靠性增长试验（Ⅰ）：新方向的提出［J］．推进技术，2000，21（6）：6－9.

[11] Milena K，Bose C. Accelerated Reliability Growth Testing and Data Analysis Method［J］. Proceeding Annual Reliability and Maintainability Symposium，Newport Beach，CA，2006：385－391.

[12] Krasich M. Accelerated Reliability Growth Testing and Data［J］. Journal of the IEST，2007，50（2）：98－117.

[13] Pablo E，Donald S，Robert W. Reliability Growth and Forecasting for Critical Hardware Through Accelerated Life Testing［J］. Bell Labs Technical

Journal, 2006, 11 (3): 121 - 135.

[14] GJB 899A. 可靠性鉴定和验收试验［S］. 中国人民解放军总装备部, 2009.

第 3 章　贮存延寿工程体系

为促进贮存延寿工程的发展，从贮存延寿工作定位、技术发展，以及更好地服务于导弹研制及作战使用考虑，通过审视贮存延寿工作的地位和作用，理解贮存延寿工作与导弹研制工作的关系，探索贮存延寿技术发展的新模式，结合战术导弹发展的科学规律，按照系统工程的原则，从管理、技术和产品三个子体系角度出发，提出了贮存延寿工程体系建设思路，建立具有战术导弹特色的贮存延寿工程体系。

3.1　工程体系

3.1.1　体系架构

导弹贮存延寿工程是一项系统工程，应利用系统工程理论和方法解决贮存延寿问题[1]。为了推动导弹贮存延寿工程的发展，不仅要将贮存延寿技术应用到导弹设计、生产、制造、使用和退役等全寿命周期各个过程，还要将贮存延寿技术融合到其他工作中，以便将保障导弹寿命的技术和管理措施以及贮存延寿的成果整合成一个有效的体系。贮存延寿工程体系包括贮存延寿管理、贮存延寿技术和贮存延寿产品三个子体系。战术导弹贮存延寿工程体系框架如图 3-1 所示。

3.1.2　管理体系

贮存延寿管理体系是贮存延寿工程体系不可缺少的重要部分，也是贮存延寿技术体系能有效运行的必要保证，同时也是确保导弹贮存延寿各项工作能够顺利开展的有效措施。贮存延寿管理体系包

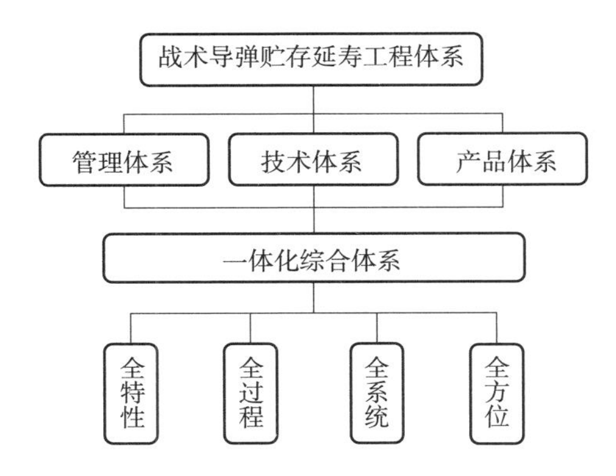

图 3-1　战术导弹贮存延寿工程体系框架

含了组织结构、工作计划、经费管理和产品调度等内容。贮存延寿管理组织机构要符合贮存延寿工程的特点，通常包括管理部门和设计部门。管理部门主要履行贮存延寿相关的质量、经费、计划和产品的管理等职能。设计部门主要履行产品设计和贮存延寿研究等职能。导弹贮存延寿管理体系组织机构如图 3-2 所示。

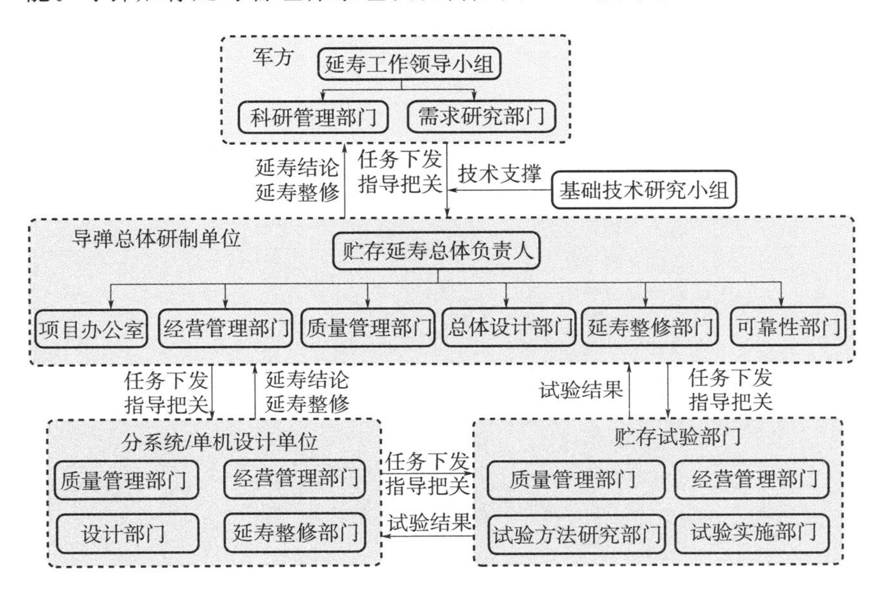

图 3-2　导弹贮存延寿管理体系组织机构

为了更有效地推动贮存延寿工作的开展，明确规定了贮存延寿管理体系各组织机构的职能，见表 3－1。导弹研制总负责人担任贮存延寿工程的总负责人。项目办公室负责导弹贮存延寿工作计划和产品调度；经营管理部门负责贮存延寿经费管理；质量管理部门负责贮存延寿工程质量管理；总体设计部门负责研制过程中导弹贮存可靠性设计和分析等；延寿整修部门负责服役过程导弹延寿整修工作实施和相关文件编制；可靠性部门负责贮存延寿相关研究和顶层文件制定等；贮存试验部门负责贮存试验相关研究和贮存试验实施。

表 3－1　贮存延寿管理体系组织机构职能

部门名称	职能说明
贮存延寿工程总负责人	负责贮存延寿工程技术、研制计划、经费、质量和产品等工作
项目办公室	1. 负责编制项目的研制计划，并组织实施； 2. 参与项目间的综合协调； 3. 负责组织项目计划中进度、质量、物资、工艺、标准及技术工作等的协调和安排； 4. 负责组织项目研制生产任务和技术协调以及配套产品的齐套交付等
经营管理部门	1. 负责科研生产体系评估的组织与管理； 2. 负责科研生产保障资源综合协调和流程管理； 3. 负责项目经费管理； 4. 负责组织项目间综合问题协调
质量管理部门	1. 负责研究制定适合战术导弹武器系统的贮存延寿工程质量管理制度； 2. 负责导弹贮存延寿工程的质量管理，承担质量策划、过程质量控制与质量节点项目组织实施、质量监督检查等职能； 3. 负责产品质量的归口管理；负责导弹质量信息综合统计与分析，共性质量问题举一反三
总体设计部门	1. 负责导弹总体方案设计； 2. 负责导弹任务剖面、寿命剖面和贮存寿命分析； 3. 负责贮存环境条件及影响分析； 4. 负责贮存失效分析； 5. 负责导弹的改进设计
延寿整修部门	1. 负责导弹延寿整修方案制定； 2. 负责延寿整修后导弹地面试验和飞行试验大纲等相关文件编制
可靠性部门	1. 负责导弹贮存可靠性指标论证、贮存可靠性设计、分析、试验与评价； 2. 负责战术导弹武器系统贮存延寿共性技术研究； 3. 负责导弹贮存试验及评价大纲等文件编制

续表

部门名称	职能说明
贮存试验部门	1. 负责加速寿命试验、贮存可靠性等贮存试验方案、大纲等文件编制； 2. 负责导弹贮存试验的实施； 3. 负责战术导弹武器系统贮存试验共性技术研究

3.1.3　技术体系

（1）技术体系内涵

贮存延寿技术体系是研究贮存延寿相关论证、设计、分析、试验和评价等基础技术研究和共性问题攻关，以及贮存延寿工程发展规划的一项全面的工程技术体系。它研究的内容包含了元器件、单机、分系统和系统贮存可靠性论证、设计、分析、试验、评价、延寿及管理等技术，如图 3-3 所示。贮存延寿技术体系主要包括导弹在全寿命周期开展贮存延寿工作相关的主要技术。

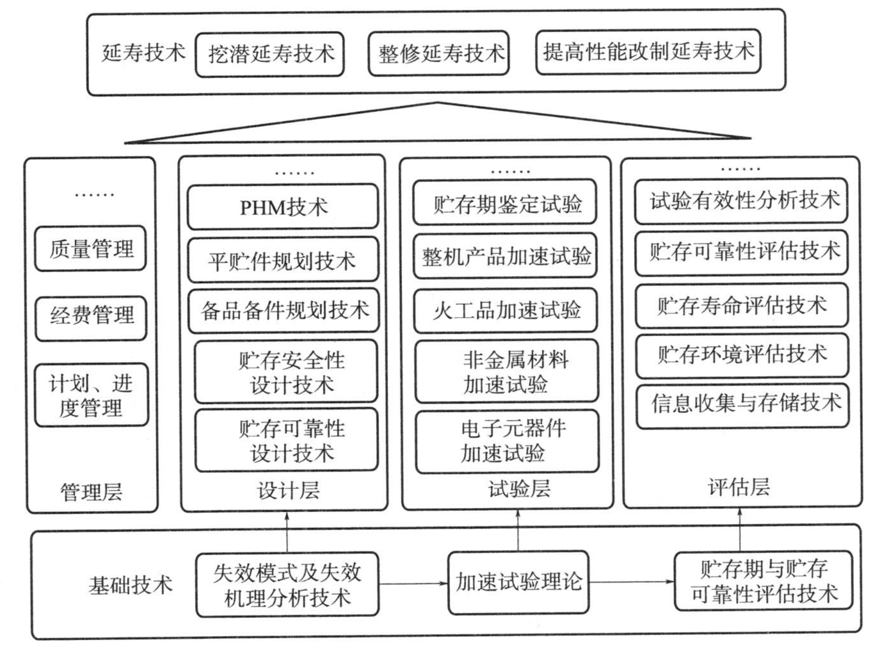

图 3-3　战术导弹武器系统贮存延寿工程技术

在贮存延寿技术研究的基础之上，可根据工程需要选取适用的技术开展贮存延寿工作。采用自然贮存与加速贮存相结合的方式开展贮存延寿工程的实施方案如图 3 - 4 所示。

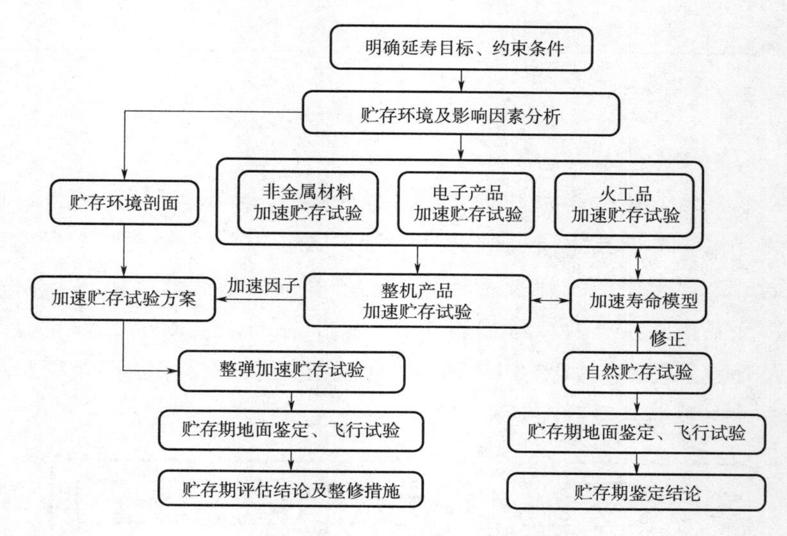

图 3 - 4　导弹贮存延寿工程实施方案

（2）失效模式及失效机理分析技术

开展部组件、整机的失效模式分析，确定关键薄弱环节和主要失效模式。针对关键薄弱环节的主要失效模式，从微观上对典型材料和典型电子元器件开展物理、化学或生物的失效机理分析，研究老化行为动力学模型和老化作用等效关系模型，为加速贮存试验理论模型的建立和贮存试验方法的研究提供基础理论支撑。

（3）贮存可靠性设计技术

提高导弹武器系统贮存可靠性是贮存延寿工程的重要目的之一。通过开展贮存延寿研究，暴露影响导弹武器贮存寿命的薄弱环节，并采取相应的措施改进产品设计，以提高导弹武器系统的贮存可靠性。

贮存可靠性设计是一门综合性技术，贯穿于导弹武器系统全寿命周期，涉及贮存可靠性指标的论证、分配、验证和评估，环境影响分析，贮存故障模式及机理分析，元器件和原材料的选择与控制，包装、运输、装卸和贮存等专业技术[2]。

（4）贮存试验及评估技术

试验是贮存延寿工程的重要支撑，与贮存延寿相关的试验主要包括自然贮存试验、加速贮存试验、地面鉴定试验和飞行试验等。

贮存寿命评估目前主要有基于现场贮存和基于加速贮存的方法。基于现场贮存的方法对导弹武器系统在现场实际贮存环境下的性能参数或失效数据进行检测，通过对检测数据进行建模分析实现贮存寿命评估。这种方法尽管评估结果相对准确，但耗时长、费用大、预测能力不强。基于加速贮存的方法通过适当提高试验应力水平，记录加速应力水平下的性能退化或失效数据，在一定假设条件下对试验数据进行建模分析，外推评估出正常应力水平下的贮存寿命。与基于现场贮存的方法相比，基于加速贮存耗时短、费用少、预测能力强，更能满足导弹武器系统发展对贮存寿命快速评估的需求。

（5）延寿整修改制技术

导弹武器系统延寿整修改制包括延寿整修和提高性能改制。通过延寿整修使现役导弹保持现有战斗力，并充分挖掘现役导弹潜力，不断提高、拓展其战斗力水平。同时结合延寿整修工作，采取新技术对现役导弹武器装备进行适当改制，提高现役导弹作战使用性能，以保持现役导弹继续服役的技术先进性。

考虑到政治和经济等因素，迫切需要开展延寿整修改制技术研究，以支撑现役导弹的延寿整修和性能改制工作，切实提高现役导弹的持续战备值班能力和作战使用性能。例如充分借鉴已有导弹武器系统的延寿整修改制措施，并结合现役导弹武器系统贮存延寿研究成果及自身实际情况，研究制定合适的延寿整修改制措施，同时采用成熟的技术和产品，在不改变原来导弹总体技术状态的前提下，通过局部改制，以提高其作战使用性能。

（6）贮存延寿工程管理技术

贮存延寿工程是一项复杂的系统工程，除了必须开展大量的技术工作以外，还必须有一套能在贮存延寿各阶段实施相关业务的管理方法，贮存延寿工程管理是导弹武器系统贮存延寿工程的重要组成部分，是确保贮存延寿工程顺利推进的重要保证。

贮存延寿管理工作的主要内容包括：建立组织机构；制订与实施贮存延寿计划；制订贮存延寿费用预案；完成试验产品的调拨与投产；落实信息收集、传递、反馈及纠正措施；组织贮存延寿方案评审及试验结果鉴定；组织产品的分解、总装、测试及大型地面试验、飞行试验等。

（7）信息处理技术

贮存延寿工程实践表明，导弹贮存信息对导弹贮存可靠性论证、设计、分析、试验与评价具有重要意义，应该高度重视导弹贮存信息处理技术研究。

导弹武器的贮存信息来自设计、生产、试验和使用的实践，反过来又用信息推动和完善实践过程，在复杂产品的系统工程中，数据已成为分析工作的基础和支柱：产品性能的好坏、可靠性的高低、贮存期的长短、包装措施是否有效等，都需要借助数据进行工程和统计分析，找出薄弱环节，采取改进措施。同时，通过信息的积累和利用，还可以提高工程技术人员的工作质量和业务水平，避免重复试验，缩短试验时间，节省试验经费，还可以提高使用部门的维修管理水平和作战能力。

3.1.4　产品体系

贮存延寿产品体系包含了贮存延寿工程开展对象和由贮存延寿工程经验积累和共性技术研究而形成的一系列工具。

贮存延寿工程对象主要指导弹武器系统。从发射平台类型的角度，对象分为陆基、空基和海基战术导弹武器系统；从系统组成的角度，对象分为弹头系统、控制系统、动力系统和弹体结构等，陆基导弹还包括发射车；从整机的角度，对象分为弹上计算机、伺服机构、惯性测量组合、配电器、火工品等单机；从材料的角度，对象为元器件、金属材料、非金属材料、推进剂、火工品药剂等。具体内容如图 3-5 所示。

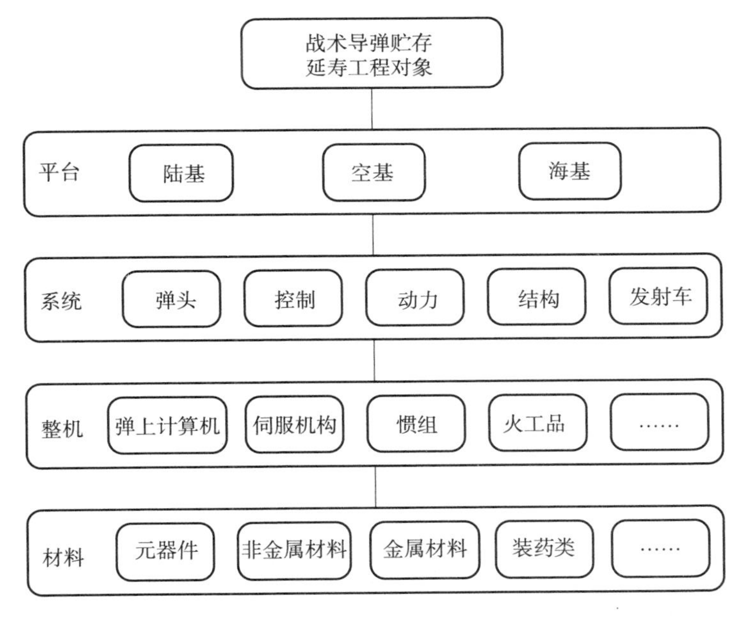

图 3-5　战术导弹贮存延寿工程对象

贮存延寿工程工具包括贮存可靠性设计、分析与评价软件系统，信息系统，以及贮存延寿相关的标准规范等。信息系统包括贮存信息系统、贮存寿命试验系统和贮存可靠性分析系统。寿命试验系统又包括试验设备、试验方案设计系统、试验数据管理系统。具体内容如图 3-6 所示。

3.1.5　一体化综合体系

(1) 全过程

全过程是指战术导弹武器系统全寿命周期过程，包括论证、方

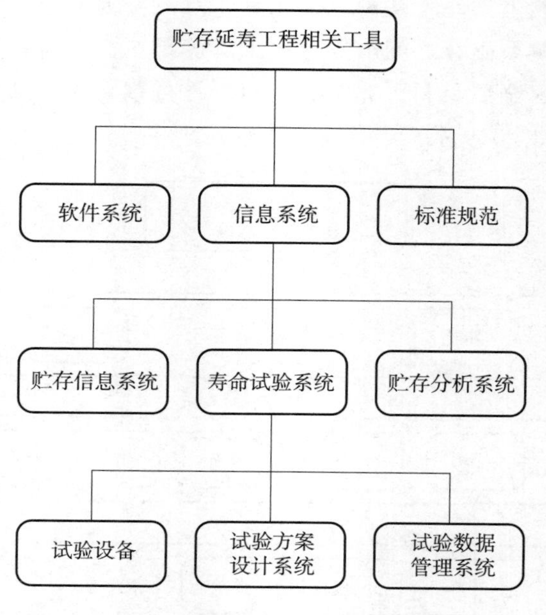

图 3-6 战术导弹贮存延寿工程相关工具

案设计、工程研制、设计定型、生产使用以及贮存延寿等过程[3]。全过程就是强调把整个寿命周期内的贮存延寿工作视作一个相互影响、相互促进的有机整体，将各个阶段的贮存延寿工作统一协调起来，提高战术导弹武器系统贮存寿命和贮存可靠性。通过对各个阶段战术导弹武器系统贮存延寿工作进行全面、深入的研究，逐步形成了全过程的概念与理念。全过程的基本特征是用系统的观点看待战术导弹武器系统贮存延寿问题，根本目标是提高战术导弹武器系统战备完好性和实战效能、延长导弹寿命、增强部队作战实力和大幅减少保障费用。

战术导弹武器系统在全过程中开展的贮存延寿主要工作如图 3-7 所示。不同阶段开展贮存延寿工作项目有所不同，部分工作在多个阶段需要持续开展或视情修改完善，这些工作存在一定的继承性，需要以全过程的思想进行系统规划。同时还有部分工作项目之间存在相关性。因此，要在战术导弹武器系统全寿命周期中有效组织开展贮存延寿工作，达到高效、全面地提高战术导弹武器系统的贮存寿命与可靠性水平的目标，需对全过程贮存延寿工作的关系和流程有清晰的认识。

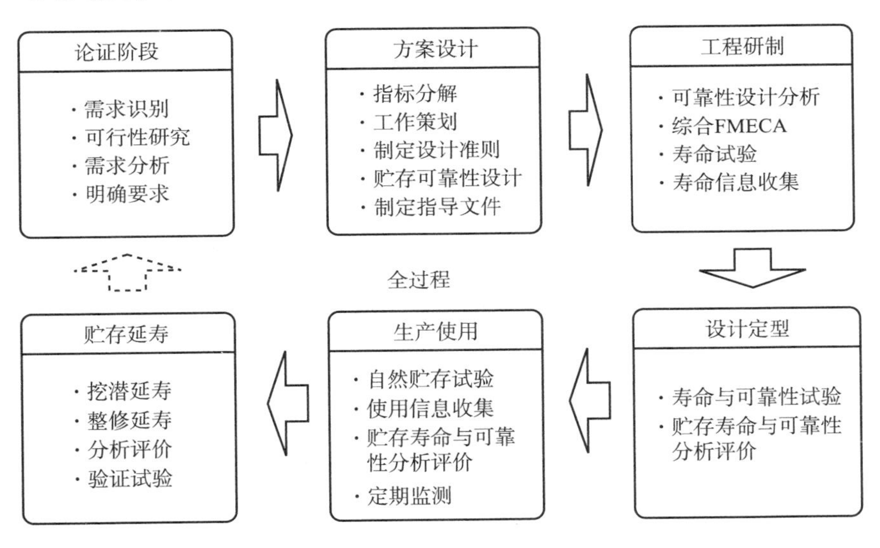

图 3-7　战术导弹武器系统全过程贮存延寿主要工作

(2) 全系统

全系统是指贮存延寿工作所依附的对象，一般包括从元器件/零部件到武器装备、从硬件到软件、从装备到保障系统、从单一装备到装备体系的各个层次、各个方面[3]。全系统就是把战术导弹武器系统视作一个相互作用的多元素的集合体，通过利用包括还原论与整体论相结合、定性描述与定量描述相结合、局部描述与整体描述相结合、确定性描述与不确定性描述相结合、系统分析与系统综合相结合等系统方法论，对贮存延寿工作进行顶层策划、科学论证、逐层落实、系统闭环，使整个战术导弹武器系统贮存延寿工作同步协调开展，有效提高战术导弹武器系统固有寿命与可靠性水平。通过将系统工程理论与方法引入战术导弹武器系统贮存延寿工程[4]，逐步形成了全系统的概念与理念。全系统的基本特征是用整体观点、综合观点、价值观点和全过程观点看待战术导弹贮存延寿问题。在战术导弹武器系统研制过程中，结合系统工程思想，采用了“自顶向下”途径与“自底向上”途径相结合的全系统工作思路，如图3-8所示。

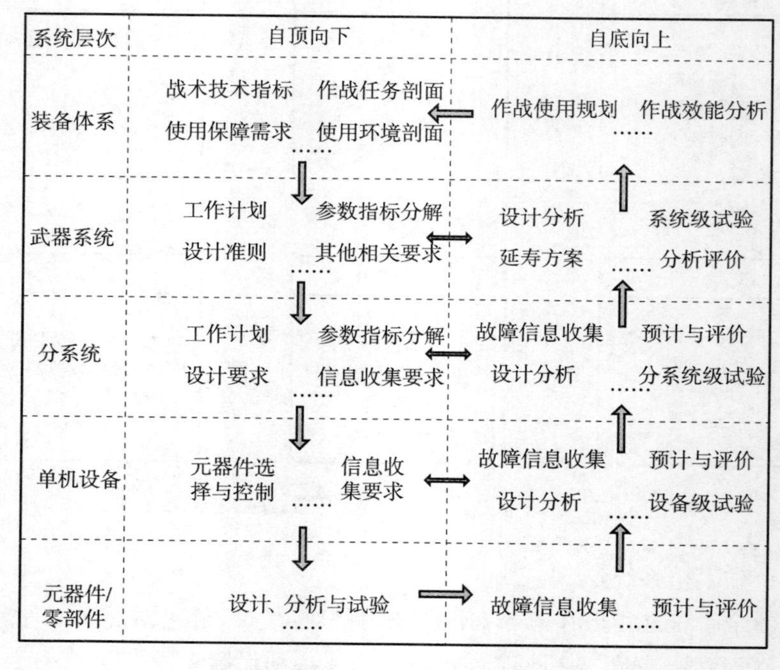

图3-8　战术导弹武器系统全系统贮存延寿工作思路

结合全系统思想，通过对战术导弹武器系统贮存寿命与可靠性指标可实现性进行论证分析，确定贮存寿命与可靠性要求。在此基础上，结合战术导弹武器系统特点，对贮存延寿工作进行顶层策划，编制战术导弹武器系统贮存延寿工作计划，明确战术导弹武器系统、分系统和单机设备在全寿命周期内需要开展的贮存延寿工作项目及相关要求。

(3) 全特性

导弹武器系统全特性包括专用特性和通用特性，如图 3 - 9 所示。专用特性是反映不同导弹武器系统类别和自身特点的个性特征，通用特性是反映不同导弹武器系统均应具有的共性特征，是专用特性充分发挥的基础和保证。导弹武器系统常见的专用特性有射程、精度、威力、质量和准备时间等，一般统称性能；通用特性有可靠性、维修性、保障性、测试性、安全性、环境适应性等。全特性是指对导弹武器系统的特性进行一体化综合设计、分析、试验与评价[5]。实现专用特性与通用特性综合是并行工程思想的重要体现。

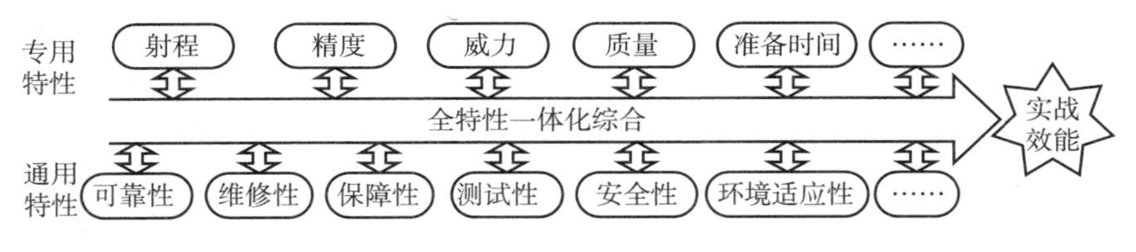

图 3 - 9　全特性一体化综合设计

全特性是为了打破战术导弹武器系统各特性自成体系的局面，实现不同特性的综合，并将其融入到战术导弹武器系统的研制流程，切实提高战术导弹武器系统战术技术水平、降低寿命周期费用。

利用系统工程和并行工程理论与方法[6]，实现战术导弹武器系统贮存延寿相关特性的过程综合、数据综合与特性综合。以提高效费比为目标，提出与导弹武器系统研制相协同的特性设计、试验与生产保证过程。实现各特性在设计、试验与生产过程中的数据综合集成。结合各特性的关联关系，建立多学科设计优化的模型与算法，实现战术导弹武器系统贮存延寿相关的特性综合与优化权衡。

(4) 全方位

全方位是指贮存延寿对象、工具和产品等对贮存延寿工程的发展支撑，如图 3 - 10 所示。鉴于战术导弹武器系统在现代战争中的重要性，其研制涉及海、陆、空各个领域，包含空基、海基和陆基多种平台。由于不同领域对战术导弹武器系统作战需求的不同，以及不同平台系统组成和作战任务剖面的差异，不同导弹武器系统贮存延寿工程存在较大的差异。因此，需要对贮存延寿应用对象进行研究，全面考虑不同领域、不同平台战术导弹武器系统贮存延寿的共性特征和内在需求，牵引带动贮存延寿技术创新，通过工程应用，对贮存延寿工程相关技术进行验证和完善，进一步促进贮存延寿工程的发展。随着高新技术的发展，新一代战术导弹武器系统集成化程度和各专业耦合程度逐渐提高，日益需要利用贮存延寿工具实现精细化和快速响应。近年来，国内外在贮存延寿工程方面形成了一系列的标准、指南和软件等工具，可为战术导弹武器系统贮存延寿工作的顺利开展提供强有力的支撑。随着贮存延寿工程在战术导弹武器系统全寿命周期中的开展，通过将前沿理论与方法应用于导弹贮存延寿工作，并结合工程应用情况对贮存延寿工作的总结提炼，形成相关标准、指南、软件、信息管理系统等工具和产品。贮存延寿相关工具和产品可进一步促进后续导弹贮存延寿工作的开展，推动了贮存延寿工程的发展。

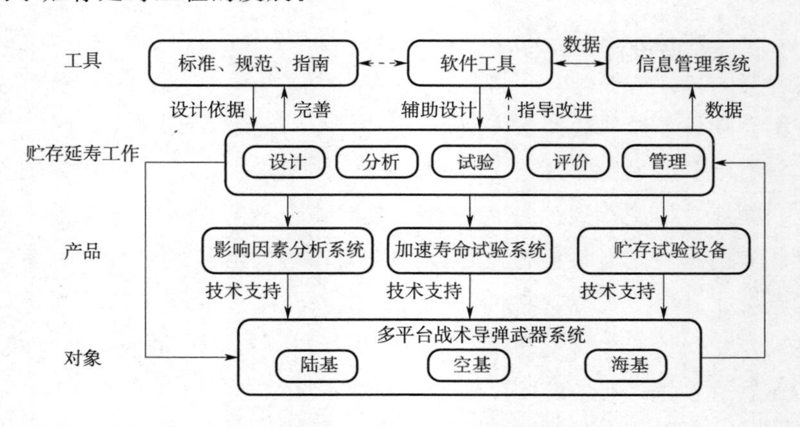

图 3-10　战术导弹武器系统全方位支撑框架

3.2　工作流程

3.2.1　工作流程图

根据贮存延寿工程体系，明确战术导弹武器系统在全寿命周期的贮存延寿工作流程，如图 3－11 所示。

3.2.2　论证阶段

在论证阶段，通过使用方案和任务需求分析，明确产品的寿命剖面、任务剖面、贮存剖面以及研究进度、费用、保障条件等约束。根据战备完好性和任务成功性要求，结合导弹武器系统特点确定贮存寿命、贮存可靠性等贮存延寿参数类型，以战备完好性和任务成功性为目标，以进度、费用、保障条件等为约束，对战术指标和使用要求进行综合权衡，确定贮存指标要求。

3.2.3　方案设计阶段

根据导弹武器系统研制总要求及贮存相关标准、规范，在导弹武器系统设计顶层大纲及工作计划中初步制定导弹贮存可靠性工作项目及实施要求，结合总体方案，进一步协调贮存可靠性定性定量要求。在总体方案设计的基础之上，利用适用的分配方法进行贮存可靠性指标的初步分配；根据贮存可靠性定性要求，结合导弹武器系统特点，初步制定贮存可靠性设计准则；随着总体方案的不断完善，通过贮存可靠性预计对贮存可靠性指标的分配情况进行适当调整，对贮存可靠性设计准则进行完善。在方案设计及方案权衡时应该充分考虑贮存寿命与贮存可靠性等约束条件。

在方案设计阶段，初步开展贮存可靠性建模及预计工作，对产品的贮存可靠性水平进行分析，为方案设计提供依据。通过与使用

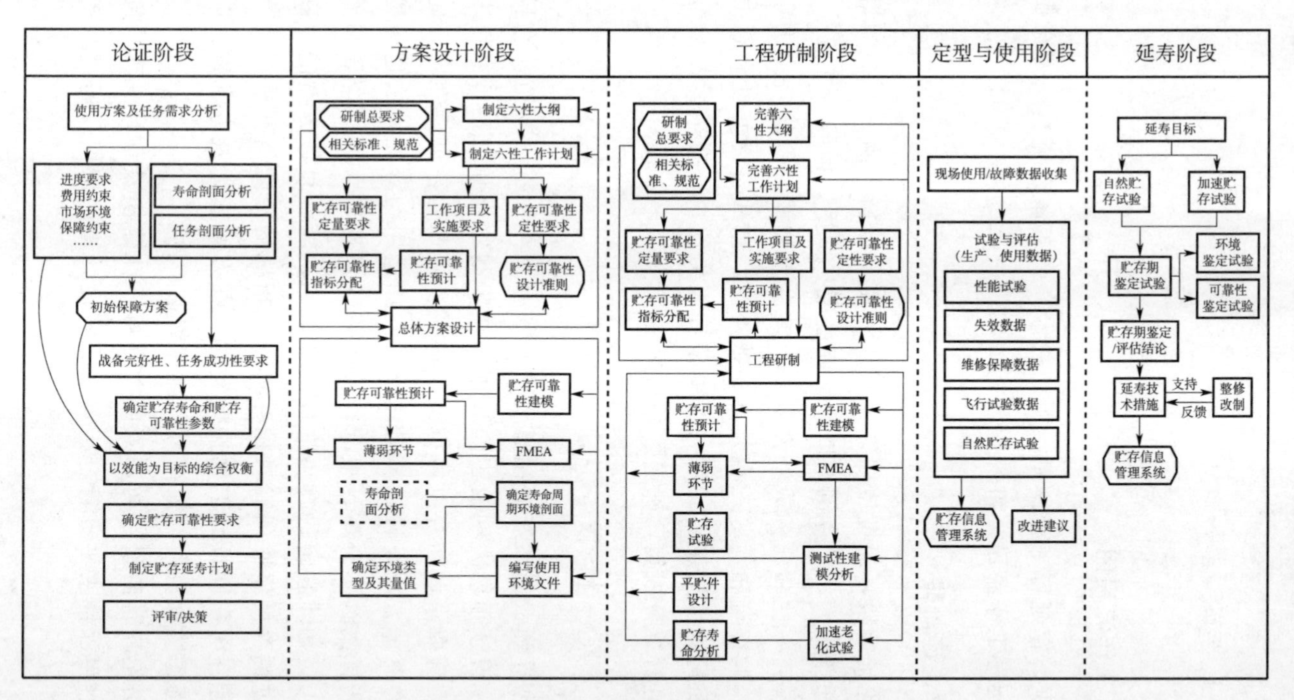

图3-11 战术导弹武器系统贮存延寿工作流程

方进行沟通及现场调研，在寿命剖面和任务剖面分析的基础之上，编制导弹武器系统寿命周期环境剖面，全面描述产品从交付出厂到寿命终结全过程中预期发生的各种事件，制定与每一事件对应的自然环境和诱导环境或综合环境的清单，并列入寿命周期环境剖面。在寿命周期环境剖面分析的基础之上，通过获取导弹武器系统的使用环境数据，编写使用环境文件，为确定环境适应性要求提供数据。对全寿命周期环境剖面和使用环境文件中的数据进行分析，以确定各种主要环境因素及其综合对导弹武器系统的影响，以此作为导弹武器系统研制中全面考虑各种环境影响的基本依据，为开展贮存可靠性设计与试验奠定基础。

3.2.4　工程研制阶段

在工程研制阶段进一步完善大纲及工作计划，进一步细化贮存可靠性工作项目及实施要求，进一步协调贮存可靠性指标的分配情况，作为导弹研制的顶层要求，同时须与导弹研制同步开展贮存可靠性设计工作，作为导弹研制的技术支撑。

开展导弹武器系统、分系统、整机、部组件、元器件/原材料贮存可靠性设计分析工作。针对不同层次产品，开展 FMECA 工作，确定导弹贮存可靠性相关故障模式，分析其失效原因，并采取相应措施以提高产品的贮存可靠性水平。在贮存可靠性预计和 FMECA 分析的基础之上，开展针对贮存失效的测试性设计、建模与分析工作，提高导弹贮存条件下的故障检测和隔离水平。开展贮存寿命试验策划，明确试验目的、试验方案、参试产品状态等。针对涂层等非金属材料，可开展加速老化试验等，获得其寿命信息；针对惯性测量组合、计算机等电子和机电产品，可生产平贮件，定期监测其性能变化。结合贮存剖面，开展与贮存可靠性相关的环境试验，通过试验暴露产品在贮存环境剖面下的薄弱环节，通过采取措施提高产品的贮存可靠性与环境适应性。

3.2.5 定型阶段

在定型阶段主要开展贮存可靠性等设计文件的定型工作，在工程研制阶段工作的基础之上，对相关工作进行完善。通过开展可靠性、环境适应性鉴定试验与评价等工作，对贮存延寿指标的满足情况进行分析和评价，为导弹武器系统定型提供支撑。

3.2.6 使用阶段

收集导弹武器系统在使用阶段的性能监测数据、失效数据、维修保障数据和飞行试验数据，完善导弹武器系统贮存信息管理系统。结合实际贮存剖面，进一步开展贮存环境及影响分析，确定贮存敏感应力，为后续贮存延寿工作的开展奠定基础。结合贮存过程中的失效数据，进一步完善产品贮存失效模式及失效机理。通过使用阶段开展的各项贮存延寿工作，对导弹武器系统的各项贮存延寿指标进行分析评价，为导弹武器系统的整修改制提供支撑，同时完善导弹武器系统贮存延寿基础数据库，为新型导弹武器系统贮存延寿工作的开展提供依据。

3.2.7 延寿阶段

根据贮存过程中收集的相关数据，对当前导弹的贮存寿命与可靠性水平进行分析评价提出延寿指标。在贮存环境及影响分析、贮存失效分析等基础上，开展加速贮存寿命试验，并与自然贮存试验结果进行对比分析。在此基础之上，开展加速贮存验证试验、贮存可靠性试验、贮存期地面鉴定试验和贮存期飞行试验等，给出导弹贮存期鉴定或评估结论及相应的延寿措施，为导弹武器系统延寿整修工作提供有效支撑，同时对在延寿整修过程中暴露的问题进行及时反馈，为后续其他导弹武器系统的贮存延寿工作提供技术支持。

参 考 文 献

[1] NASA系统工程手册[M].朱一凡，李群，杨峰，等，译.北京：电子工业出版社，2014.

[2] 李久祥，刘春和.导弹贮存可靠性设计应用技术[M].北京：海潮出版社，2001.

[3] 康锐，王自力.装备全系统、全特性、全过程质量管理概述[J].国防技术基础，2007，4：25-29.

[4] 康锐，曾声奎，王自力.装备可靠性系统工程的应用模式[J].中国质量，2013，382：16-18.

[5] 陈云霞，曾声奎，晋严尊.飞控系统性能与可靠性一体化设计技术[J].北京航空航天大学学报，2008，34(2)：210-214.

[6] 康锐，王自力.可靠性系统工程的理论与技术框架[J].航空学报，2005，26(5)：633-636.

第 4 章　贮存环境及影响分析

导弹武器系统在贮存使用过程中要经受所处环境因素的影响，各种环境因素通过对产品的激励，使其潜在的失效因素被激活，导致产品的结构或性能发生变化，甚至可能完不成预定功能，引起产品提前失效，从而降低了产品的可靠性，缩短了产品的寿命。由于每种环境因素对产品失效的影响机理不同，引起的失效模式也不同，以致在不同的环境条件下产品的寿命与可靠性也会表现出较大的差异。本章在战术导弹武器系统贮存使用剖面和环境剖面分析的基础上，阐述了贮存环境因素及其对贮存寿命与可靠性的影响。

4.1　剖面定义

4.1.1　寿命剖面

寿命剖面是指装备从交付到寿命终结或退出使用这段时间内所经历的全部事件和环境的时序描述[1]。寿命剖面说明了产品在整个寿命周期经历的事件。导弹武器系统的寿命剖面通常包括：交装、装卸、运输、贮存、测试、维修、机动、待机、执行任务等，以及每个事件的顺序、持续时间、环境和工作方式。因部署方式、维修体制、保障方案和作战使用模式的差异，不同导弹武器系统的寿命剖面也存在一定的差异，应进行寿命剖面分析。

贮存延寿工程具有全过程特性，需要从全寿命周期角度开展寿命剖面分析。战术导弹武器系统在全寿命周期中主要经历生产、交付、贮存、作战使用/退役等阶段。不同的导弹武器系统，其在全寿命周期各阶段经历的事件也存在较大的差异。战术弹道导弹在全寿命周期各阶段经历的主要事件有：生产、总装、测试、出厂、运输、开箱检查、吊装、库房存放、年度检测、整修改制、技术准备、战斗值班、发射、飞行、退役处理。

在生产阶段，导弹研制单位按已经固化的产品技术状态和生产工艺流程，生产导弹各组成产品。按总装测试要求，在总装厂进行导弹总装，并进行单元测试、分系统测试和系统综合测试等工作。测试合格后，导弹装入包装箱出厂。以包装箱的形式，经铁路运输、公路运输、水运或空运等方式到达使用部队，存放在部队仓库。在存放期间，对导弹进行定期的测试检查、延寿整修。某典型任务剖面如图 4－1 所示。当进入战时状态，将弹体和弹头分别运至技术阵地。

在技术阵地完成对弹体、弹头的单元测试、综合测试以及弹头与弹体对接等工作，并将导弹转载到发射平台上。当作战命令下达后，发射平台根据作战规划在预定区域内进行机动、待机，择机发射导弹。导弹作战方式有两种：一种为有限区域内作战，导弹发射平台经待机阵地后直接进入发射区域实施导弹发射；一种是跨区作战，导弹及相关设备经铁路、航空、公路运输到指定区域。

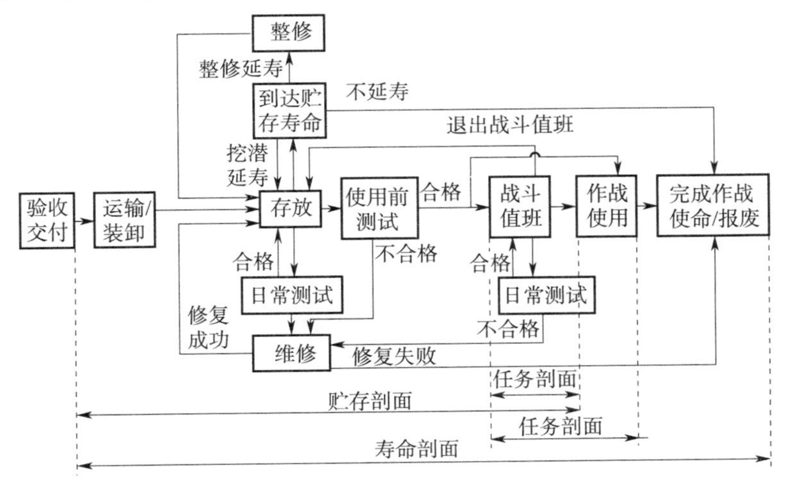

图 4－1　战术导弹典型寿命剖面一

有些战术导弹采用整弹装箱出厂方式，交付部队后全备贮存，其典型寿命剖面如图 4－2 所示。全备弹装箱可贮存在后方仓库内；导弹在技术阵地出箱并完成检测后，可直接装载到发射平台上执行任务。通常在检测后放置于导弹运输车上，贮存在待发库中；通过导弹运输车将导弹运至发射平台后，由装载车完成导弹装载，通过发射平台与导弹协同检查合格后，随时可参与作战。对于到达贮存寿命的导弹可直接退役，或者通过整修延长其服役期限直至退役。

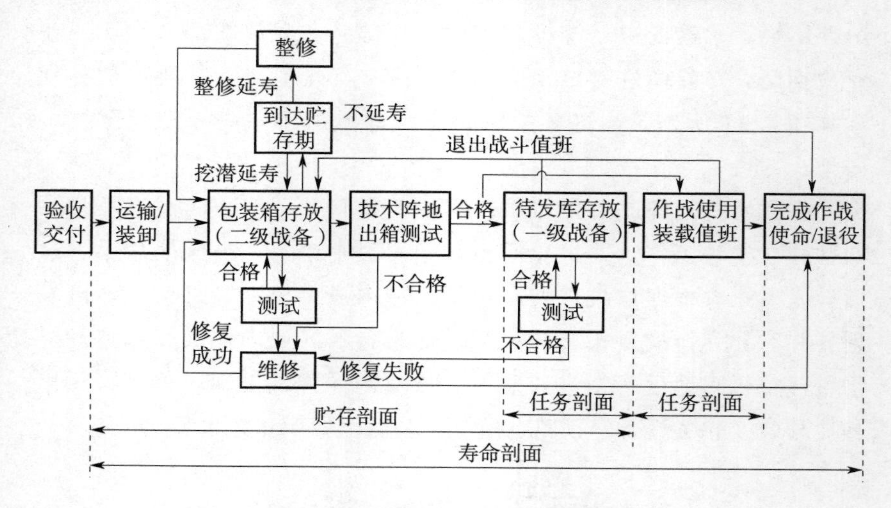

图 4－2　战术导弹典型寿命剖面二

导弹武器的寿命剖面包含一个贮存剖面和多个任务剖面，贮存剖面中不仅包含贮存寿命期间的维修，还包括导弹到达贮存寿命时的整修工作，贮存剖面内可能存在多个任务剖面（战斗值班），作战使用任务剖面不包含在贮存剖面内。

4.1.2　贮存剖面

贮存剖面是装备在贮存期间所经历的事件、时序和环境描述[2]。贮存剖面是装备寿命剖面的一部分，是进行贮存环境分析、贮存可靠性设计和贮存试验的依据。在导弹贮存延寿工作开展过程中，应进行贮存剖面分析，明确贮存事件、贮存时序和贮存环境。

（1）贮存事件

贮存事件包括贮存过程中导弹经历的所有事件，如检测、转运、维修、运输、存放和机动等。由于各事件的环境条件、持续时间以及所涉及产品等方面存在差异，需要详细、全面统计导弹贮存过程中的所有事件、涉及产品及地点。

（2）贮存时序

贮存时序包括导弹各贮存事件的时间先后顺序和持续时间。各贮存时间先后顺序根据导弹在贮存过程中需要开展工作的顺序确定；对于持续时间，导弹大多数时间是正常存放在各类仓库中，在进行贮存剖面分析时，应明确除正常存放外各事件的持续时间，主要包括铁路运输持续时间、公路运输时间、检测持续时间，以及仓库中非正常环境条件持续时间（例如空调故障期）等。

（3）贮存环境

贮存环境是贮存的客观条件，是影响导弹性能变化、造成贮存失效的外因，是贮存延寿工作的主要对象之一。导弹在贮存期间经历的环境复杂多样，应根据导弹及任务剖面的特点，开展贮存环境条件分析，为开展贮存剖面分析提供输入。

贮存剖面是产品寿命的一部分，是进行贮存环境分析及贮存可靠性设计的依据。不同的贮存剖面包含着不同的贮存环境因素，不同的环境影响产生不同的失效模式，不同的贮存失效模式对应着不同的贮存可靠性设计措施。因此，确定贮存剖面是研究贮存环境影响、贮存失效模式及失效机理和贮存可靠性设计的重要前提。每一种导弹的研制，都需事前确定其贮存剖面。

贮存剖面应包括暂时和长期不用而进行的存放。贮存地点包括在国家库房（或中心库）及部队仓库内的长期存放，待机阵地、舰艇码头与舰艇舱室发射箱（筒）等处的短期存放。在各个地点的存放，可能循环重复多次。为监视产品的贮存技术状态并保持规定的贮存可靠性，应包含对产品的定期测试和维修。贮存剖面占用的贮存寿命时间，应与导弹贮存期指标协调一致。为实施产品贮存剖面内的各项程序及返厂修理，运输和装卸是不可避免的环节。虽然这些环节经历的总时间不长，在整个寿命中所占比例较小，但对贮存可靠性的影响不可忽视。故在进行贮存剖面分析时，应把"运输/装卸"作为导弹贮存剖面的一个重要事件。

4.1.3 任务剖面

任务剖面是装备在完成规定任务这段时间内所经历的事件和环境的时序描述。对于完成一种或多种任务的产品都应制定一种或多种任务剖面。任务剖面通常包括使用方案、环境条件、维修保障条件、任务时间和故障判别准则等，见表 4-1。

表 4-1 导弹武器系统任务剖面

序号	名称	内容
1	使用方案	完成的功能和工作状态
2	环境条件	经受所处环境因素的影响，包括工作环境和使用环境
3	维修保障条件	进行的维修和维护工作
4	任务时间	任务剖面内各阶段时间
5	故障判据	一般故障与致命性故障，关联故障与非关联故障

地地战术弹道导弹典型作战使用任务剖面主要包括机动运输任务剖面、发射准备任务剖面和飞行任务剖面。飞行任务剖面又可分为动力飞行段、惯性飞行段和再入（机动）飞行段，如图 4-3 所示，各任务阶段定义如下：

1）动力飞行段：从发动机点火到发动机关机为动力飞行段；

2）惯性飞行段：从发动机关机到头体分离为惯性飞行段；

3）再入（机动）飞行段：从头体分离至导弹命中目标为再入（机动）飞行段。

（1）使用方案

在不同的任务剖面，导弹所需完成的任务不同，弹上产品的工

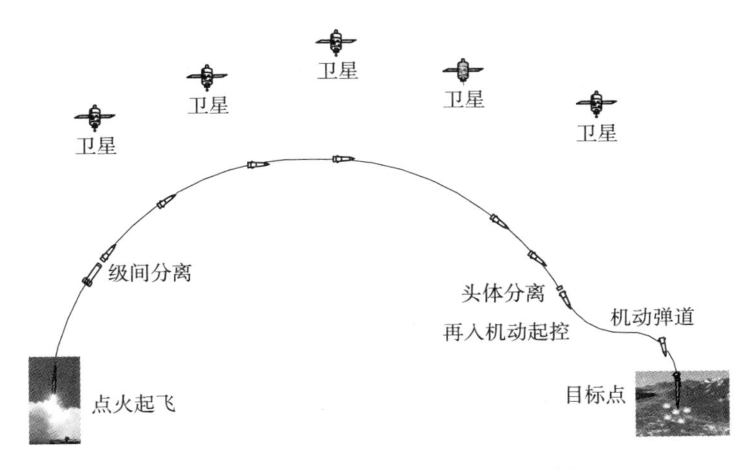

图 4－3　地地战术导弹典型飞行任务剖面

作状态也不一致。在机动运输过程中，弹上产品通常处于不通电状态；在发射准备过程中，弹上产品由地面供电，处于通电状态，完成导弹发射前检查所需的部分功能；在飞行过程中，导弹自主供电，弹上产品处于通电状态，完成飞行过程中的供配电控制、制导和姿态控制、飞行时序控制等规定的所有功能。

（2）环境条件

环境条件是指产品在任务剖面内所经受到的周围空间与随时间变化的各种物理、化学和生物的激励力的状态[3]。环境条件由各种环境因素组成，环境因素是指构成环境条件的各种物理、化学和生物力等。各种环境因素通过对产品的激励，使其潜在的失效因素被激活，导致产品的结构或性能发生变化，甚至可能完不成预定功能，引起产品提前失效，从而降低了产品的可靠性。产品的可靠性受环境因素的影响较大，在不同的环境条件下会表现不同的可靠性水平。弹上产品的环境条件取决于不同任务剖面下的工作环境、使用环境、安装平台、安装位置，是多个环境因素的综合作用。

（3）维修保障条件

战术导弹武器系统通常采取基层级、中继级和基地级三级维修体制[4]。在基层级，由导弹武器系统的使用人员和该导弹所属分队的保障人员执行维修保障工作，主要包括导弹武器系统的保养、检查、测试及现场可更换单元更换等。中继级具有比基层级较高的维修能力，承担基层级所不能完成的维修保障工作。基地级具有更高维修能力，承担导弹武器系统大修、备件制造和中继级所不能完成的维修工作。鉴于战术导弹武器系统的发展，维修保障体制也随之改变，新型导弹武器系统已逐渐取消中继级，采取基层级和基地级两级维修体制。在导弹典型任务剖面分析时，维修保障条件通常指的是基层级维修保障条件。地地战术导弹在机动运输和发射准备过程中可以进行基层级维修，包括只对导弹武器系统进行检查、测试及更换较简单的部件等维修工作，而在飞行过程中不能进行维修。

（4）任务时间

确定导弹在不同任务剖面下的任务时间，地地战术导弹任务时间主要包括机动运输、发射准备和飞行的任务时间。

（5）故障判据

故障定义为导弹及设备中止工作或其性能下降超出了允许的范围或出现异常现象。例如弹上产品不能完成规定的功能、性能降级、引起计划外的更换或维修事件。故障可分为关联故障和非关联故障，关联故障应进一步分为责任故障和非责任故障。

4.1.4 环境剖面

环境剖面是导弹在贮存、运输、使用中将会遇到的各种环境参数和时间的关系图，它主要依据任务剖面绘制，每个任务剖面对应于一个环境剖面[5]。由于导弹在寿命周期内任务剖面的多样性，故导弹在贮存过程中存在多个环境剖面。环境剖面是制定环境与可靠性试验剖面的依据，通过开展环境剖面分析，明确环境参数及持续时间，可作为开展环境因素影响分析及制定环境剖面的基础。寿命剖面、任务剖面与环境剖面的关系如图 4 - 4 所示。

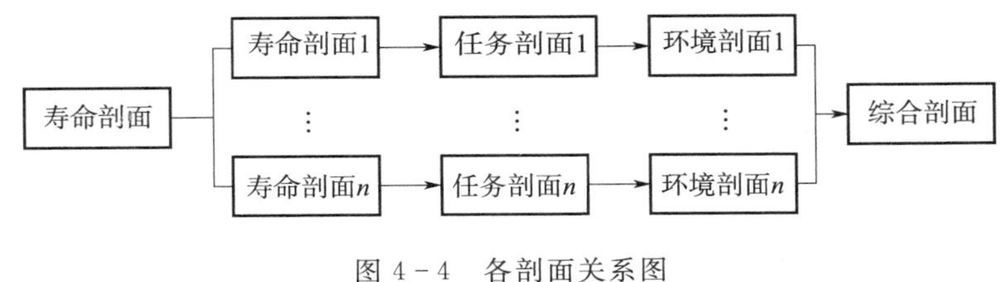

图 4－4　各剖面关系图

4.2　贮存使用剖面分析

战术导弹武器系统在贮存使用过程中通常要经历接装、贮存、作战准备及作战四个阶段。发生的事件主要有：铁路运输、公路运输、开箱检查、吊装、库房存放、年度检测、状态转变、整修改制、技术准备、发射准备、发射、飞行等。

4.2.1　接装

导弹接装任务包括吊装装箱、铁路运输、公路运输、吊装出箱、开箱检查等。除了整弹返厂维修外，一般导弹在其贮存使用寿命期内只发生一次该事件。

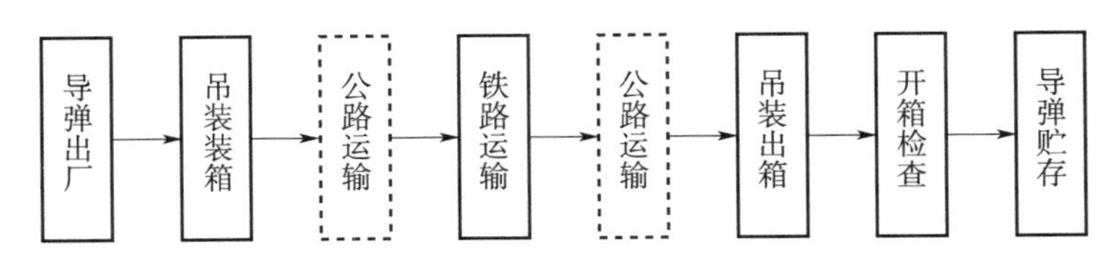

图 4－5　导弹接装任务流程

铁路运输主要是指导弹从总装厂附近铁路运输站到部队仓库附近铁路运输站的运输，通常用集装箱运输，运输过程没有温湿度控制。

公路运输主要是指导弹从总装厂向总装厂附近铁路运输站运输，以及部队仓库附近火车站向部队仓库运输，如总装厂/部队仓库设有铁路运输站，则接装任务可不考虑公路运输。

开箱检查主要进行导弹测试，包括单元测试、分系统和综合测试，部分类型的导弹在进行单元测试时，需要对导弹进行分解，待测试结束后，再进行总装。随着技术的发展，为了便于使用保障，新型导弹武器系统一般只进行全弹综合测试。导弹测试合格后，将进入贮存状态。

4.2.2 贮存

导弹贮存任务包括库房存放、检测、转级和整修改制等。

(1) 存放

不同类型的战术导弹武器系统，其贮存方案也不一致。现役战术导弹一般采用弹头和弹体分开贮存方式，弹体穿弹衣、充氮气贮存，弹头在包装箱内贮存，火工品、惯性测量组合和备件等单独包装存放。而新型战术导弹通常采用全备弹形式贮存，在不同的战备状态其贮存表现方式也存在一定差异。典型战术导弹贮存方式为：

1) 三级战备状态的导弹在贮运包装箱内，长期贮存在仓库库房内；

2) 二级战备状态导弹放置于导弹运输车上，定期贮存在待发库中；

3) 一级战备状态导弹装载到发射平台上，在一定时间内进行战斗值班。

(2) 检测

检测主要指在规定的贮存期内，按规定的要求对导弹定期进行检查和测试。检测工作一般包括单元测试（包括惯性测量组合标定）、综合测试。检测任务流程如图 4-6 所示。

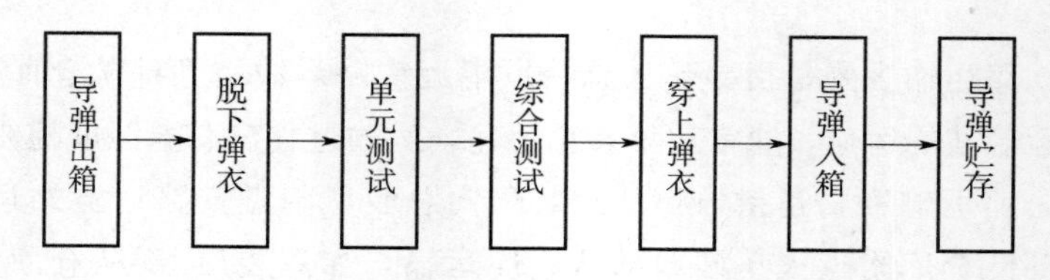

图 4-6 战术导弹检测任务流程

（3）转级

转级是指导弹在不同战备状态之间的转换。导弹在贮存过程中主要分为三个战备使用等级，根据作战任务需要和导弹状态，需要进行转级。

出厂交付的全备弹处于三级战备状态。其特点是：全备弹经密封处理置于充入干燥氮气的贮运包装箱内。三级战备导弹用于战略、战役储备，贮存于仓库库房内。

经检测处于完好状态的导弹为二级战备状态。二级战备状态是在三级战备状态的基础上，将三级战备的导弹吊出包装箱转载到测试支撑车上，通过导弹测试设备进行检测。二级战备状态的导弹放置于导弹运输车上用弹衣遮盖，贮存待发弹库内。二级战备导弹在有效期内可随时转入一级战备状态。

导弹装载后的状态为一级战备状态。检查合格的二级战备导弹，运往发射平台处，由装载车完成导弹装载。协同检查合格后，随时可以参与作战。

导弹转级包括由三级战备转为二级战备、二级战备转为一级战备、三级战备转为一级战备、一级战备转为二级战备、二级战备转为三级战备、一级战备转为三级战备等。三级战备转为二级战备的程序为：

1）导弹出箱；

2）转载到导弹运输车上；

3）进行外观检查；

4）运往测试厂房，并转载到测试支承车上；

5）用导弹测试设备对导弹进行全面测试，如导弹在三级战备状态的定检周期内，则不进行测试；

6）把测试完好的导弹转载到导弹运输车上，停放在待发库内。

二级战备转为一级战备的程序为：

1）进行外观检查；

2）对导弹进行测试。如导弹在二级战备状态的定检周期内，则不进行测试；

3）用导弹运输车将罩上弹衣的导弹运往发射平台处；

4）导弹转载到装载车上；

5）导弹装载到发射平台上；

6）进行协同检查。

（4）整修改制

导弹的延寿整修，需要将导弹运输至总装厂或指定维修地点，进行导弹分解、产品维修更换、导弹再总装。导弹的改制一般伴随延寿整修进行，升级弹上部分仪器设备硬件或软件，以提升导弹性能。整修改制完成后，需要对参加整修的产品进行出厂验收试验，之后对二次总装的产品进行测试。

4.2.3 作战准备

作战准备任务一般由技术准备、机动和待机组成。技术准备主要完成单元测试、分系统测试、综合测试和仪器装弹等工作。机动是指仓库到发射区域的运输过程，分为日常训练机动和作战区域机动，主要形式有铁路机动和公路机动等。待机分为发射平台载弹待机和导弹运输车载弹待机两种。在待机期间，对导弹、发射平台和导弹运输车定期进行检查、通电测试，以保持导弹武器系统性能。

4.2.4 作战

以地地战术导弹武器系统为例，其作战任务由发射准备、发射和飞行组成。

接到发射命令后在待机库房内完成发射准备工作，包括导弹武器系统性能检查和诸元计算及校核。

发射阶段主要完成隐蔽待机、占领发射阵地、导弹起竖、测试检查、诸元装订、转电、点火发射等工作。如果临射前变更打击目标，需重新进行诸元计算、校核和装订。发射任务流程如图 4-7 所示。

飞行主要经历导弹起飞、程序转弯、发动机关机、分离和引爆等工作。

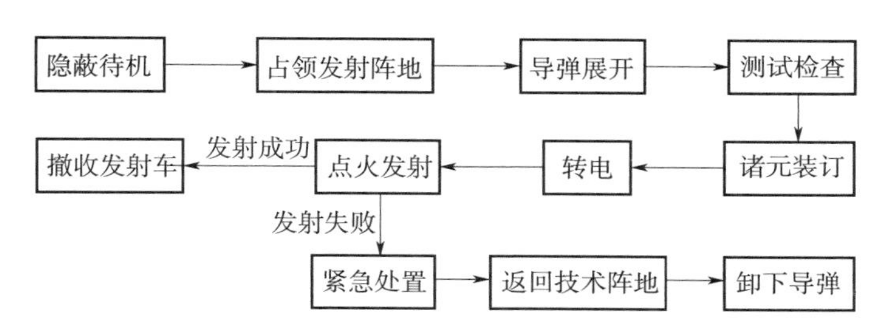

图 4-7　地地战术导弹发射任务流程

4.2.5　典型任务剖面分析

通过对导弹贮存使用剖面进行分析可知，导弹在贮存使用中经历的任务类型主要包括运输、贮存、检测、延寿整修、技术准备、发射和飞行等。这些任务在贮存使用剖面寿命期间内的具体时间与战争态势、备战部署、部队训练等相关。因此，导弹在贮存使用中经历的任务数量、频数和时间客观上存在一定的不确定性。地地战术导弹贮存使用剖面统计见表 4-2。在综合分析作战使用流程、综合保障方案和训练使用需求的基础上，对导弹贮存使用剖面进行典型化处理，得到导弹的典型贮存使用任务剖面。

表 4-2　地地战术导弹贮存使用剖面统计

序号	经历任务	任务数量	频数	持续时间
1	铁路运输	* 次	* km	* d
2	公路运输	* 次	* km	* d
3	库房贮存	—	—	* d
4	定检	* 次	* h	* h
5	转级	* 次	* d	* d
6	延寿整修	* 次	* d	* d
7	技术准备	* 次	* h	* h
8	待机	* 次	* d	* d
9	发射	1 次	* min	* min
10	飞行	1 次	* km	* min

4.3　环境剖面分析

贮存环境是指导弹在贮存剖面内遇到的周围环境。环境是贮存的客观条件，影响导弹性能变化，是造成失效的外因。由可靠性的定义可知，产品的贮存可靠性依赖于其所处的贮存环境条件。产品贮存环境条件是指产品在贮存寿命周期内所经受到的周围空间与随时间变化的各种物理、化学和生物的激励力的状态。环境条件由各种环境因素组成，环境因素是指构成环境条件的各种物理、化学和生物力等。贮存环境因素分为自然环境因素和诱导环境因素。例如，除运输、训练运输、演习发射、投入战斗等外，绝大多数时间处于库房中，导弹受到大气压力、降水、太阳辐射、沙尘、生物条件、霉菌、烟雾及风等自然环境因素的影响很小或基本没有，但温度和湿度是导弹必须考虑的自然环境因素，而振动、冲击是主要的诱导环境因素，来源于导弹贮存过程中的装卸/运输。

在典型任务剖面分析基础上，对导弹典型环境剖面进行分析。以地地战术导弹为例，根据任务分类，导弹在贮存使用过程中的环境剖面主要包含接装、贮存、作战准备和作战四种剖面。具体情况见表 4 - 3。

（1）接装

导弹在接装过程中通常采用包装箱形式运输，运输方式主要为铁路运输和公路运输。在运输过程中，导弹主要受振动、冲击的影响。

（2）贮存

导弹一般穿密封弹衣放置在测试架车或运输车上，或者在包装箱内贮存。在定检的时候，会出包装箱或脱弹衣裸露在库房空气中，进行通电测试。库房的环境条件相对较好，除温度和湿度外，受其他环境因素影响较小。因此，导弹贮存过程中，主要受到温度、湿度的影响，定检时还要考虑电应力影响。对于部署在高原地区的导弹，还会受到低气压的影响。在延寿整修过程中，考虑到运输的情况，导弹主要受振动、冲击、温度和湿度的影响。

（3）作战准备

作战准备任务由中心库技术准备、机动和待机组成。在进行技术准备时，导弹所经受的环境与定检相同，为库房环境条件，主要受温度、湿度和电应力影响。在机动时，经受的环境为振动、冲击、温度和湿度等综合环境。待机包括简易库房待机和野外待机，环境通常较库房贮存恶劣，导弹主要经受温度、湿度的影响。

（4）作战

导弹作战任务包括发射准备和发射飞行。在发射准备过程中，导弹位于发射车上，进行发射前测试。发射准备时间一般较短，通常对温度、湿度、地面风速、气候、海拔等发射环境条件有明确规定，导弹主要经受温度、湿度和电应力的影响。而在发射飞行过程中，导弹主要受振动、冲击、过载、温度和电应力的影响。

表 4-3 地地战术导弹贮存使用环境剖面统计

序号	经历任务	主要环境应力	应力大小	作用时间
1	接装运输	振动	* g	* d
		冲击		
2	库房贮存	温度	* ℃	* a
		湿度	* %	
3	定检	温度	* ℃	* h
		湿度	* %	
		电应力	* V/ * A	* min
4	延寿整修	振动	* g	* d
		冲击		
		温度	* ℃	
		湿度	* %	

续表

序号	经历任务	主要环境应力	应力大小	作用时间
5	技术准备	温度	* ℃	* h
		湿度	* %	
		电应力	* V/ * A	
6	机动	振动	* g	* d
		冲击		
		温度	* ℃	
		湿度	* %	
7	待机	温度	* ℃	* d
		湿度	* %	
8	发射准备	温度	* ℃	* min
		湿度	* %	
		电应力	* V/ * A	
9	发射飞行	振动	* g	* min
		冲击	* g	
		过载	* g	
		温度	* ℃	
		电应力	* V/ * A	

4.4 贮存环境应力及其影响分析

4.4.1 贮存环境应力

由环境因素在产品内部引起的应力称之为环境应力。环境应力是一种广义的应力概念，不仅是指机械应力，还包括热应力、化学应力和电应力。环境应力是环境因素（如温度、湿度等）在产品内部引起的应力。如环境高温在物体内产生热应力，这种力可引起产品的退化或失效。

环境应力是影响产品失效的条件，而产品的内部特性则是失效的内因，环境条件是通过内因起作用的。例如，金属材料的耐腐蚀性，非金属材料的抗老化性和产品的设计、制造质量以及其他内部特性。内因决定着产品的贮存可靠性，贮存可靠性是一种抵抗贮存环境应力作用的内部特性。只有良好的贮存可靠性加上良好的贮存环境，才能保证良好的贮存产品质量。

由导弹贮存使用环境剖面分析可知，导弹在贮存使用寿命周期内要经受所处环境因素的影响，包括温度、湿度、振动、冲击和电应力等。各种环境因素通过对产品的激励，使其潜在的失效因素被激活，导致产品的结构或性能发生变化，甚至可能完不成预定功能，引起产品提前失效，从而降低了产品的贮存可靠性和使用可靠性。由于每种环境因素对产品失效的影响机理不同，引起的失效模式也不同，以致在不同的环境条件下产品的可靠性水平也会表现出较大的差异。

4.4.2　温度的影响

温度是影响产品可靠性的重要环境因素之一，根据影响方式的不同，分为高温和低温两种情况。高温对产品可靠性的影响主要体现在对产品组成材料的影响。在高温的环境条件下，产品组成材料会恶化，导致产品失效。高温引起的失效机理为：随着温度增加，电子、原子和分子运动速度加快，激发了热力效应、电磁效应、辐射效应和化学动力学效应等。在高于一般室内环境温度（20～25℃）条件下，产品的故障率大致按指数规律随温度单调递增[6]。高温诱发的典型故障模式和故障原因见表 4 - 4。

表 4 - 4　高温诱发的典型故障模式

序号	故障模式	故障原因
1	热老化	绝缘失效、疲劳、材料特性变化，元器件老化失效
2	金属氧化	触点电阻增大，金属表面电阻增大，电感、电容、电阻、功率因数、介电常数等参数变化
3	物理膨胀	结构故障，橡胶、塑料裂纹和膨胀，密封失效，元器件漏气，局部应力集中，电路不稳，零件配合间隙变小，增加磨损

续表

序号	故障模式	故障原因
4	设备过热	元件失效，焊缝开裂，焊点脱开
5	结构变化	活动部件卡死、坚固装置松动，结构强度下降
6	化学分解	元器件材料电性能变化，材料脆化，弹性下降，性能退化，金属电解腐蚀
7	电参数变化	超差，参数漂移，元件性能退化，元器件失效
8	材料软化、硬化	结构强度下降，绝缘质失效，材料性能蜕化

低温对产品可靠性的影响也主要体现为对产品组成材料的影响。由于低温会改变材料的物理特性，因此可能会对其产品的性能造成暂时或永久性的损害。低温的影响与高温相反，由于电子、原子、分子运动速度减小，导致物质收缩、流动性降低、凝结变硬。又因为冶炼、轧制、设计形状、切削刨伤、焊接淬火、锻造塑性、弹性变形造成内应力，使构件出现明显脆性（冷脆现象）。低温诱发的典型故障模式及故障原因见表 4－5。

表 4－5　低温诱发的典型故障模式

序号	故障模式	故障原因
1	材料硬化、脆化，产生裂纹、断裂	使橡胶、塑料制品变硬发脆，容易折断与破裂，密封不好，造成漏气、漏油，还会造成减振支架等刚性增加；使金属材料脆化，在受到冲击或碰撞时会产生断裂
2	润滑油粘度增大甚至凝结	润滑油粘度增大甚至凝结，即润滑油的润滑作用和流动性降低，使轴承等转动部分摩擦增大
3	材料收缩	各种材料制成的零件，因收缩率不同，造成配合间隙变化，甚至机件卡死；材料收缩，也会造成振荡频率的漂移
4	参数漂移	电子元器件参数如电容、电阻会发生漂移，使得参数不稳，工作不正常；电子管参数改变，使得工作不正常
5	电气性能改变	由于温度的降低，会改变机电部件的性能；导线的电阻率下降，使导磁体的磁性能发生变化
6	绝缘性能下降	水蒸气附在电气元件、机件表面凝结成水珠，容易引起绝缘性能下降，抗电强度降低
7	产生静疲劳	受约束的玻璃材料在低温环境中，会产生静疲劳

（1）对电子产品的影响

温度能够同时激发弹上电子产品很多失效机理，如温度变化引起的不同膨胀在结构内引起应力；温度循环可引起周期性机械应力，导致器件疲劳失效；温度升高促进产品热退化，导致产品失效率增加，使其寿命缩短；温度影响高分子聚合材料老化、影响霉菌生长和对金属材料的腐蚀；同时，温度还会促进其他环境因素对贮存寿命的影响。

由于电子器件本体和焊料之间热膨胀系数的不同，使得结构产生一个应变力，从而对结构造成一定损伤。而高温会加速产品的物理和化学变化或膨胀变形，从而导致产品失效或加速其失效过程。长期高温作用会引起铝或钽电容器内的短路；电器开关触点和接地之间的绝缘电阻随温度升高而降低，使触点和开关机构的腐蚀速度加快；造成电连接器绝缘破坏或导电性破坏而导致连接器失效；电缆/导线随着温度的升高绝缘体变软，抗剪强度降低，如果绝缘体被挤压，有可能发生塑变直至导体外露，最终酿成短路。

而低温同样也会加速这种因热膨胀系数差异形成的应力，从而激化材料的裂纹、孔隙和导致机械断裂、接头断开等；暴露于低温下的电器开关可以使某些材料发生收缩，造成裂纹，导致湿气或其他外界污染物进入开关，造成短路、电压击穿或电晕；电连接器金属和非金属以不同的速率变脆和收缩，使密封带开绽；在低温下如果导线或电缆受到剧烈弯曲或冲击，绝缘体就会破裂；低温也能促进其他因素对贮存寿命的影响（如低温会造成湿气汽凝，出现霜冻和结冰；低温和低气压组合，会加速密封处的漏气等）。

导弹在贮存期间的各种时间都会经受热循环。如库房贮存空调控制引起的微小温度波动、运输过程中太阳辐射引起的温度变化、战备值班时因外界早晚温度不同引起的变化、定检过程中通电引起的温度变化等。微电路、电子元器件由于不同材料具有不同的线性扩散系数，所以即使很小的不一致温度差异也会产生大的机械应力，弹上电子产品在长期贮存条件下仍然能在一年内积聚上千次的应力周期，如此多的热周期被累积起来，将对弹上电子产品的失效影响很大。

（2）对机械部件的影响

由于机械部件焊接和螺接材料的不同，其线膨胀系数可能相差很大，在温度变化时，容易由于膨胀的不同造成裂缝、螺丝松动，使其功能失效或是被破坏。不同金属材料制成的机件，在温度变化相同时，由于它们的膨胀收缩程度不同会引起变形，从而使不同材料的零件接合处，产生松脱或脱焊，密封性变差，渗漏的故障增多。

高温还会使机械部件上各种材料的物理性能发生变化，从而影响其机械强度，造成失效。在温度变化达到一定程度时，甚至还可能使得机械部件的材料的物态发生变化。如高温下金属强度一般会急剧下降，同时在高温高压下，机械部件容易出现塑性变形，即高温蠕变现象。

在高温下工作时，由于过度受热，会引起润滑油粘度下降，使得润滑油失效，最终会增大机械部件的摩擦磨损。

在高温下工作时，机械部件还容易出现氧化、胶合、漏油、气塞、热变形、硬度降低等问题，使零部件失效或机械精度降低。

低温应力影响金属材料塑性，导致韧性降低，脆性增大，使松动、断裂故障明显增多。

（3）对密封装置的影响

气温变化破坏了密封装置结合面的密封性并使一些连接点的活动间隙发生变化。在高温环境下，密封装置的材料机械性能变差，材料磨损导致密封性不良的缺陷。低温条件使各种橡胶、塑料制品等密封材料干缩硬脆，失去弹性，并且加速老化、产生裂纹，从而造成密封失效。

4.4.3　湿度的影响

湿度是影响产品可靠性的重要环境因素之一。湿度分为绝对湿度和相对湿度两种度量方式。绝对湿度是指混合大气中含有水蒸气的量，可以用分子数或水蒸气分压表示。相对湿度指空气中水蒸气分压力和同温度下饱和水蒸气分压力之比。湿度是一中性因素，湿度太大会带来腐蚀和电气性能下降等效应，但湿度太小又会带来另外的问题[7]。

潮湿对材料有着很大的影响，使材料的外观和物理化学性能发生劣化，从而使设备的性能下降甚至损坏。设备在潮湿环境下劣化是表面受潮和体积受潮两种原因造成的。对于表面裸露的设备来说，表面水蒸气的吸附和凝露现象是造成表面受潮的原因，体积受潮主要是水蒸气扩散和吸收形成的；具有封闭外壳或者空腔的密封设备，虽然内部并不能直接接触高湿度条件，但水蒸气会通过间隙进入空腔内，或由于温度的变化形成空腔内气体的呼吸效应增强外部的潮气通过间隙，进入内部而造成内部受潮。

空气的潮湿程度一般用相对湿度这个指标来表示，相对湿度是指空气中水蒸气分压力和同温度下饱和水蒸气分压力之比，也就是空气的相对湿度越大，空气越潮湿。潮湿空气对弹上电子设备的影响主要表现在电阻阻值的变化上，电子设备所采用的绝缘材料，其绝缘性能对温度并不敏感，而对环境的相对湿度却特别敏感，绝缘材料在潮湿环境下，吸湿后绝缘性能明显降低。当相对湿度超过一定值时，电子设备的精度和灵敏度明显下降，直至失效，甚至烧毁设备。长期裸露贮存或使用过程中继电器的金属接触片被湿空气腐蚀后，将造成绝缘失效，其导电性能开始下降等，从而引发设备故障，造成损失。非密封继电器在高湿度环境下，线圈因电化学腐蚀或霉变而断线，触点电化学腐蚀、氧化加剧；金属零件腐蚀速度显著上升，继电器性能变坏，工作可靠性变差，以致完全失效。其触点带电切换负载时，拉弧现象加剧，导致电寿命缩短。湿度引起的典型失效模式见表 4－6。

表 4－6 湿度引起的典型失效模式

序号	故障模式	故障原因
1	金属氧化、腐蚀	临界湿度以上，金属表面形成水墨，溶有酸、氧、盐，加剧氧化
2	橡胶变形、降解、聚合、电阻降低	水膜溶有其他酸碱物质使天然橡胶物理化学性能劣化，使合成橡胶水解，破坏其连接键
3	涂层被破坏	水渗入基体在涂层与基体间产生气泡，使涂层变形，裂纹剥离

4.4.4 振动的影响

振动是影响产品可靠性的又一重要因素，它主要分为确定性振动和随机振动。根据在一定振动量级下产品受到的破坏是经过多次循环后发生还是立即发生，振动破坏可分为振动疲劳破坏和振动峰值破坏[8]。振动疲劳破坏是指虽然振动未超过产品所承受的极限值，但由于长期振动的结果使产品因疲劳而破坏，即在振动条件，振动都会对结构产生损伤，当累积值达到某一期望值时，结构发生破坏。振动峰值破坏是指在某个频率点上因产生共振，从而使设备的振幅越来越大，当振动量级超过某一阈值，结构破坏。

振动引起的故障类型一般分为三类：一是结构完整性破坏，由于振动、冲击和噪声等导致产品破坏、断裂和磨损；二是功能破坏，由于结构的强度耗损或部件间相对位置发生变化，导致工作性能下降甚至失灵；三是工艺故障，包括连接件松动、分离、焊点开裂、涂层或镀层开裂、部件撞击或短路等。以电子元器件为例，常见的失效模式为引线断裂、断路碰撞、断路、组合体的分离、元器件卡住、变形（如组合体外壳压坑、弯曲）和电噪声加大等[9]。振动引起的典型失效模式见表 4－7。

表 4－7　振动引起的典型失效模式

序号	失效模式	故障原因
1	导线断路、短路	交变应力使导电芯体断裂，摩擦使绝缘破坏
2	紧固件松动、脱开	振动应力使紧固件失去预压力从而无锁紧力
3	元器件触点瞬间接通或断开	振动时交变应力大于预压力就会发生撕开或不应接通时瞬间接通
4	元器件引线断裂，断路，变形等	多次交变应力作用使应力集中处疲劳断裂；振动或冲击幅值过大；系统的固有频率与强迫振动频率相同（或接近），系统产生共振现象
5	结构件变形，裂纹，撕裂	振动应力过大，峰值破坏；疲劳破坏
6	密封件漏气，漏液	焊缝裂开、密封失效
7	焊点断路，短路	振动使焊点脱落，或脱落焊点与其他电路接触
8	机械零件变化、卡死	振动改变摩擦力，系统共振，
9	电路短路，断路	振动造成断裂、振动改变其相互关系

4.4.5　低气压的影响

大气压主要取决于海拔高度，随着高度增加，大气压逐渐降低，大气变得稀薄，高度接近 5.5 km 处时，大气压降低到海平面标准大气压的一半；接近 16 km 处的大气压为标准海平面值的 1/10；接近 31 km 处的大气压处为标准海平面值的 1/100。低气压对于部署在海拔较高地区的导弹贮存可靠性有较大影响。对于空地战术弹道导弹，其在寿命周期中，会经历多次挂飞任务，需要考虑低气压的影响。

（1）低气压对密封产品的影响

低气压对密封产品的主要影响是由于大气压的变化而形成压差。压差引起一个从高压指向低压的力。在该力的作用下，使气体流动来达到平衡。而对于密封产品，其外壳将承受此力。此力可以使外壳变形、密封件破裂失效，可能会使得气体或液体流出用衬垫密封的壳体。

（2）低气压对电子设备的影响

散热产品的温升随大气压降低而增加。电子产品有相当一部分是发热产品。这些产品在使用中要消耗一部分电能变成为热能，这样产品会发热，温度升高。产品因发热而使温度升高，温度升高部分称之为温升。在低气压环境下，由于空气密度降低，造成空气分子数减少，使具有散热作用的电子产品的散热能力下降，温升增加。散热产品的温升随大气压的降低而增加，随海拔高度的增加而增加。导致产品的性能下降或运行不稳定等现象出现。

海拔高度增加气压降低，对电子产品的电气性能也会产生影响。特别是以空气为绝缘介质的设备，低气压对设备的影响更为显著。在正常大气条件下，空气可以是较好的绝缘介质，许多电气产品以空气为绝缘介质。这些产品在高海拔地区或随导弹挂飞时，由于大气压降低，常常在电场较强的电极附近产生局部放电现象，称之为电晕。更严重的是，有时会产生空气间隙击穿。这意味着设备的正常工作状态被破坏。产品的电气间隙击穿电压降低，会使在平原地区安全的绝缘配合产生失效，从而导致电击危险。

在低气压下，特别是伴随高温条件时空气介电强度显著降低，即电晕起始电压和击穿电压显著降低，从而使电弧表面放电或电晕放电的危险性增加。

4.4.6　加速度的影响

导弹在地面运输过程中或挂机随飞机起飞和着落过程中都会产生较大过载，特别是在起飞和着陆过程中可能存在较大的冲击惯性力，对电子器件的焊接、基板的安装及金属外壳的封装等技术均会产生的一定的影响，导致电子元器件的失效，故需要考虑加速度对导弹的影响。

过载引起的故障类型一般分为三类：一是结构类破坏，由于过载的存在导致结构永久变形和裂纹，使设备失效或损坏，或紧固件断裂导致设备内部件的松动；二是减振器，由于过载的存在，使得减振器的刚度发生变化，从而影响减振效率，进一步改变电子设备的环境；三是工艺故障，包括电子线路板的短路和断路、密封泄漏等。

4.4.7　电应力的影响

电应力是影响电子产品可靠性的重要诱发环境，它主要包括电压、电流和功率。电应力会促使电子产品内部产生离子迁移、质量迁移等，造成参数漂移、短路、击穿断路失效等。电应力诱发的常见失效为过电应力、闩锁效应、电迁移和介质击穿等。其中过电应力是指电子产品承受的电流、电压应力或功率超过其允许的最大范围；闩锁效应是指由于过电应力触发内部寄生晶体管结构而呈现的一种低阻状态；电迁移是指金属互连线内有一定的电流通过，金属离子会沿导体产生质量的运输，使导体的某些部位出现空洞或晶须；介质击穿是指在电应力作用过程中，氧化层内产生并聚集了缺陷[7]。

4.4.8　综合应力的影响

从可靠性失效物理的角度来讲，不仅单一的环境因素会影响产品的可靠性，不同环境因素之间的交互作用也会影响产品的可靠性，比如温度—湿度、温度—振动、湿度—振动、温度—湿度—振动等。温度—湿度的交互作用会导致参数漂移引起电子元件性能下降；温度—振动的交互作用会导致运动零部件的卡死或松动、散热不充分，引起故障、部件变形或破裂；湿度—振动的交互作用会增大电工材料被击穿的可能性；温度—湿度—振动的交互作用会使部件分离和表面涂层开裂。

4.5　环境因子

环境上的差异特性是导弹武器系统的一个重要特性，导弹组成设备在不同的环境条件下，所表现出来的故障规律是不一样的。通常可利用环境因子来描述产品在不同环境条件下的寿命或可靠性的等价折合关系。

环境因子又称为环境折合系数，在加速寿命试验中又称为加速系数。在给出环境因子定义之前，需要先给出如下基本假设。

（1）失效机理一致

失效机理是引起产品失效的物理、化学和生物等变化的内在原因，通常假设在不同环境条件下产品的失效机理不变。如果失效机理变了，利用环境因子对不同环境下的试验数据进行折合，其统计分析结果往往会出现很大的偏差。

（2）在不同环境下，产品寿命分布类型一致

该假设要求在不同应力水平下，寿命数据的分布形式相同，而分布参数可以不同，寿命分布可以通过分布拟合来检验[10]。

（3）产品残存寿命仅依赖于已累积的失效部分和当前应力水平，与累积方式无关

该假设是由 Nelson 提出的，它是将累积失效概率作为应力对产品损伤作用的外在表现，即使在不同应力水平下，只要产品的累积失效概率相同，则产品的累积损伤是相同的，即在不同应力水平下作用不同时间的效果相当[11]。

关于环境因子的定义及统计推断方法，国内外有较多的研究[12-28]。根据产品寿命的特点，寿命的描述主要分为随机变量和随机过程两种。对于寿命用随机变量描述的情形，最常用的是根据 Nelson 假设推导出来的环境因子。假设产品在环境Ⅰ和Ⅱ下寿命分布函数分别为 $F_1(t)$ 和 $F_2(t)$，其中 $F_1(t)$ 和 $F_2(t)$ 分布类型相同。基于上述基本假设，环境Ⅰ对环境Ⅱ的环境因子 k 满足

$$
\begin{aligned}
&k = \frac{t_2}{t_1} \\
&st.: F_1(t_1) = F_2(t_2)
\end{aligned} \tag{4-1}
$$

由式（4－1）可知在环境Ⅰ下的寿命 t_1 相当于在环境Ⅱ下的寿命 kt_1。假设产品在环境Ⅰ和Ⅱ下密度函数分别为 $f_1(t)$ 和 $f_2(t)$，

由式（4-1）可知

$$f_1(t_1) = \frac{\mathrm{d}F_1(t_1)}{\mathrm{d}t_1} = \frac{\mathrm{d}F_2(t_2)}{\mathrm{d}t_1} = \frac{k\mathrm{d}F_2(t_2)}{\mathrm{d}t_2} = kf_2(t_2) \tag{4-2}$$

故环境因子 k 满足

$$k = \frac{f_1(t)}{f_2(kt)} \tag{4-3}$$

当密度函数 $f_1(t)$ 和 $f_2(t)$ 已知时，由式（4-3）可得 k。同理，假设产品在环境Ⅰ和Ⅱ下失效率函数分别为 $\lambda_1(t)$ 和 $\lambda_2(t)$，由式（4-1）和式（4-3）可得

$$\lambda_1(t_1) = \frac{f_1(t_1)}{1-F_1(t_1)} = \frac{kf_2(t_2)}{1-F_2(t_2)} = k\lambda_2(t_2) \tag{4-4}$$

故环境因子 k 又满足

$$k = \frac{\lambda_1(t)}{\lambda_2(kt)} \tag{4-5}$$

当失效率函数 $\lambda_1(t)$ 和 $\lambda_2(t)$ 已知时，由式（4-5）可得 k。常见寿命分布的环境因子如下。

①刻度分布族

假设在环境Ⅰ和Ⅱ下，刻度分布函数为

$$F_i(t) = G\left(\frac{t}{\sigma_i}\right),(i=1,2) \tag{4-6}$$

式中　σ_i ——刻度参数。

由式（4-1）可得环境Ⅰ对环境Ⅱ的环境因子 k 满足

$$k = \frac{\sigma_2}{\sigma_1} \tag{4-7}$$

以指数分布为例，其分布函数为 $F = 1 - \mathrm{e}^{-\lambda t}$，由式（4-7）可得环境Ⅰ对环境Ⅱ的环境因子为 $k = \dfrac{\lambda_1}{\lambda_2}$。

②位置—刻度分布族

假设在环境Ⅰ和Ⅱ下，位置—刻度分布函数为

$$F_i(t) = G\left(\frac{t-\mu_i}{\sigma_i}\right),(i=1,2) \tag{4-8}$$

式中　μ_i ——位置参数；

σ_i ——刻度参数。

由式（4－1）可得环境Ⅰ对环境Ⅱ的环境因子 k 满足

$$\frac{t-\mu_1}{\sigma_1}=\frac{kt-\mu_2}{\sigma_2} \tag{4-9}$$

当 k 不依赖于时间 t ，位置—刻度分布需要对分布参数有如下约束

$$\frac{\mu_1}{\mu_2}=\frac{\sigma_1}{\sigma_2} \tag{4-10}$$

在该约束下环境因子满足

$$k=\frac{\mu_2}{\mu_1}=\frac{\sigma_2}{\sigma_1} \tag{4-11}$$

常见的位置—刻度分布有正态分布、双参数指数分布、极值分布和 Logistic 分布等，当参数满足约束条件时，可由式（4－11）推导出环境因子。

③对数位置—刻度分布族

假设在环境Ⅰ和环境Ⅱ下，对数位置—刻度分布函数为

$$F_i(t)=G\left(\frac{\ln t-\mu_i}{\sigma_i}\right),(i=1,2) \tag{4-12}$$

式中　μ_i ——位置参数；

σ_i ——刻度参数。

由式（4－1）可得环境Ⅰ对环境Ⅱ的环境因子 k 满足

$$\frac{\ln t-\mu_1}{\sigma_1}=\frac{\ln(kt)-\mu_2}{\sigma_2} \tag{4-13}$$

当 k 不依赖于时间 t ，对数位置—刻度分布需要对分布参数有如下约束

$$\sigma_1=\sigma_2 \tag{4-14}$$

在该约束下环境因子满足

$$k=\exp(\mu_2-\mu_1) \tag{4-15}$$

对数位置—刻度族主要包括对数正态分布、Weibull 分布和对数

Logistic 分布等。

④其他寿命分布族

假设产品寿命服从三参数 Weibull 分布，其分布函数为

$$F(t)=1-\exp\left[-\left(\frac{t-\gamma}{\eta}\right)^{m}\right],(t>\gamma,m,\eta,\gamma>0) \quad (4-16)$$

式中　m,η,γ——分别为形状参数、刻度参数和位置参数。

由式（4－1）可得环境Ⅰ对环境Ⅱ的环境因子 k 满足

$$\left(\frac{t-\gamma_1}{\eta_1}\right)^{m_1}=\left(\frac{kt-\gamma_2}{\eta_2}\right)^{m_2} \quad (4-17)$$

当 k 不依赖于时间 t，三参数 Weibull 分布对分布参数有如下约束

$$\begin{cases} m_1=m_2 \\ \dfrac{\gamma_2}{\gamma_1}=\dfrac{\eta_2}{\eta_1} \end{cases} \quad (4-18)$$

在该约束下环境因子满足

$$k=\frac{\gamma_2}{\gamma_1}=\frac{\eta_2}{\eta_1} \quad (4-19)$$

类似地可以推导出 BS 分布、Gamma 分布、逆高斯分布、Gompertz 分布、广义 Pareto 分布、广义 Gamma 分布等的环境因子。

对于寿命用随机过程描述的情形，假设产品失效服从计数过程，记计数过程为 $\{N(t),t>0\}$，其中 t 为产品的累计试验时间，$N(t)$ 为累计时间内产品的失效次数，其均值函数为 $v(t)=EN(t)$，强度函数为 $\lambda(t)=\frac{\mathrm{d}v}{\mathrm{d}t}$，平均故障间隔时间函数为 $m(t)=\frac{1}{\lambda(t)}$，累计平均故障间隔时间函数为 $M(t)=\frac{t}{v(t)}$。假设产品在环境Ⅰ和环境Ⅱ下计数过程的均值函数分别为 $v_1(t)$ 和 $v_2(t)$，其中计数过程的类型相同，基于上述基本假设，可得环境Ⅰ对环境Ⅱ的环境因子 k 满足

$$k=\frac{t_2}{t_1} \quad (4-20)$$
$$st.:v_1(t_1)=v_2(t_2)$$

以 Poisson 过程为例，假设在环境Ⅰ和Ⅱ下，产品的失效服从 Poisson 过程，则有

$$v_i(t) = \lambda_i t, (i = 1,2) \tag{4-21}$$

式中　λ_i——过程的强度。

故由式（4-20）可得环境Ⅰ对环境Ⅱ的环境因子 k 满足

$$k = \frac{\lambda_1}{\lambda_2} \tag{4-22}$$

参 考 文 献

[1] 曾声奎，赵廷弟，张建国，等．系统可靠性设计分析教程［M］．北京：北京航空航天大学出版社，2001.

[2] 李久祥，刘春和．导弹贮存可靠性设计应用技术［M］．北京：海潮出版社，2001.

[3] 姚宗杰．航空制造工程手册［M］．北京：航空工业出版社，1995.

[4] 吕川．维修性设计分析与验证［M］．北京：国防工业出版社，2012.

[5] 姜同敏．可靠性与寿命试验［M］．北京：国防工业出版社，2012.

[6] 王欣，任占勇，汪启华．航空电子产品故障机理与环境应力间关系研究//王自力．中国航空学会可靠性工程专业委员会第十届学术年会［C］．北京：国防工业出版社，2006：120－124.

[7] MIL－STD－810F. Test Method Standard for Environmental Engineering Considerations and Laboratory Tests［S］. USA：Department of Defense，2000.

[8] 刘廷柱，陈文良．振动力学［M］．北京：高等教育出版社，1998.

[9] 满强，马辉．浅析振动环境中典型电子产品的损伤规律［J］．装备环境工程，2006，3（5）：74－77.

[10] Tyoskin O. I.，Krivolapov S. Y. Nonparametric Model for Step－Stress Accelerated Life Testing［J］. IEEE Transaction on Reliability，1996，45（2）：346－350.

[11] Nelson W. B.. Accelerated Life Testing－Step－Stress Models and Data Analysis［J］. IEEE Transaction on Reliability，1980，29：103－108.

[12] Wang H. Z.，Ma H. B.，Shi J. A.. Research Study of Environmental Factors for the Gamma Distribution［J］. Microelectronics & Reliability，1992，32：331－335.

[13] Wang H. Z.，Ma H. B.，Shi J.. Estimation of Environmental Factor for the Log Normal Distribution［J］. Microelectronics & Reliability，1992，32：679－685.

[14] Wang H. Z., Ma H. B., Shi J. Estimation of Environmental Factor for the Normal Distribution [J]. Microelectronics & Reliability, 1992, 32: 457 - 463.

[15] Wang H. Z., Ma H. B., Shi J. Estimation of Environmental Factors for the Inverse Gaussian Distribution [J]. Microelectronics & Reliability, 1992, 32: 931 - 934.

[16] Elsayed E. A., Wang H. Z. Bayes & Classical Estimation of Environmental Factors for the Binomial Distribution [J]. IEEE Transactions on Reliability, 1996, 45 (4): 661 - 665.

[17] 周源泉，翁朝曦，叶喜涛．论加速系数与失效机理不变的条件—(I) 寿命型随机变量的情况 [J]．系统工程与电子技术，1996，18 (1)：55 - 67.

[18] 周源泉，翁朝曦，叶喜涛．论加速系数与失效机理不变的条件—(Ⅱ) 计数过程的情况 [J]．系统工程与电子技术，1996，18 (3)：68 - 75.

[19] 周源泉．质量可靠性增长与评定方法 [M]．北京：北京航空航天大学出版社，1997.

[20] 王炳兴．环境因子的定义及其统计推断 [J]．强度与环境，1998 (4)：24 - 30.

[21] 王炳兴．Weibull 分布环境因子的统计分析 [J]．系统工程与电子技术，2002，25 (6)：126 - 128.

[22] 王炳兴．Weibull 过程环境因子的统计分析 [J]．系统工程与电子技术，2001，23 (10)：103 - 105.

[23] 张春华，陈循，杨拥民．常见寿命分布下环境因子的研究 [J]．强度与环境，2004，1：7 - 11.

[24] 赵宇，黄敏．变母体变环境数据的可靠性综合评估模型 [J]．北京航空航天大学学报，2002，28 (5)：597 - 600.

[25] 杜振华，赵宇，黄敏．基于 AMSAA 模型的研制试验数据可靠性综合评估 [J]．北京航空航天大学学报，2003，29 (8)：745 - 748.

[26] 李凤，师义民，荆源．两参数 Weibull 分布环境因子的 Bayes 估计 [J]．系统工程与电子技术，2008，30 (1)：186 - 189.

[27] 师义民，严惠云，李凌．变环境下相同二项型单元数据向系统数据的熵法折合 [J]．数学的实践与认识，2007，37 (20)：82 - 86.

[28] 傅博，杜振华，赵宇．一种基于遗传算法的环境因子确定方法 [J]．北京航空航天大学学报，2004，30 (5)：465 - 468.

第5章　贮存失效模式及失效机理分析

贮存失效模式及失效机理分析是开展贮存可靠性设计、分析、试验与评价的基础。本章介绍了战术导弹武器系统中常用金属材料、非金属材料、弹性元件、电子元器件、火工品的失效模式及失效机理，分析了影响导弹贮存可靠性的原因，结合导弹武器各组成系统的典型部件和单机，从功能角度识别了影响导弹武器系统贮存薄弱环节。

5.1　贮存失效分析

贮存失效分析包括贮存失效模型分析和贮存失效机理分析。贮存失效分析的目的是明确贮存失效模式，弄清贮存失效原因和机理，找出预防再失效的对策，为开展贮存试验和产品设计改进提供支持。贮存失效分析是贮存延寿工程、可靠性工程、安全性工程和维修性工程的重要基础技术[1]。

各种环境应力作用在产品上，在产品内部引起机械应力、化学应力和热应力，导致产品机械失效、化学失效和热退化失效，表现为疲劳、腐蚀、磨损、老化等失效模式[2]。基于对贮存环境应力作用机理的分析，可以设计出贮存可靠性良好的产品，并控制好贮存环境，是产品能保持高贮存可靠性的良好措施。

机械应力主要包括热机械应力和惯性力两种。热机械应力是由于温度变化而导致的元件之间的不同膨胀在结构内部引起的应力，对有约束的结构，在不同材料的界面上，由于材料的膨胀系数不同，可产生热机械应力。在贮存过程中，温度循环引起的周期性机械应力，可导致疲劳失效，一般只有在长期无防护的贮存环境中才可能出现这种情况。而对于微电路，由于元器件密度大，材料种类多，膨胀系数差别较大，故在温度变化缓慢的环境中也可能出现较大的热机械应力。振动、冲击产生的周期性、瞬间加速度可导致惯性力，一般在运输中的振动、跌落或机载导弹挂飞过程中可能出现这种情况。微电路结构中可能由于工艺产生机械应力，如薄沉积层生长时的各向不一致性，产生了位错、点缺陷导致沉积层内有机械应力，或晶格参数错配、杂质、粘合不完全导致界面微应力。

机械应力可能导致的失效机理如表 5-1 所示。

表 5-1 机械应力导致失效机理

应力	环境	失效机理
热机械应力	高温环境	1. 不同材料膨胀不一致，造成零件粘在一起； 2. 润滑剂黏度降低，润滑剂外流使连接处失去润滑作用； 3. 结构件局部或全部变形； 4. 结构件的包装、衬垫、密封、轴承、轴发生形变，粘结失效，引起机械性故障或完整性破坏； 5. 衬垫出现永久性变形； 6. 充填物和密封条损坏； 7. 固定电阻阻值变化； 8. 温度梯度的不同和材料膨胀系数的不同，改变了电子电路的稳定性； 9. 变压器和机电组件过热； 10. 继电器和磁动或热动装置的接通/断开范围发生变化； 11. 固体装药或药柱发生裂纹； 12. 浇铸的固体装药在壳体内膨胀； 13. 有机材料褪色、裂开或出现裂纹
	低温环境	1. 构件材料发硬发脆，在振动冲击条件下出现裂纹； 2. 润滑剂黏度增加，流动能力降低，润滑作用减小； 3. 电子元器件（电容器、晶体管等）的性能发生退化； 4. 变压器和机电组件性能变坏； 5. 减振器支架刚度增加，影响减振性能； 6. 固体装药产生裂纹； 7. 构件产生开裂、脆裂，从而使冲击强度改变，强度降低； 8. 受约束的玻璃产生静疲劳； 9. 水冷凝、结冰，导致构件变形、破裂； 10. 固体推进剂装药燃烧率发生变化

续表

应力	环境	失效机理
热机械应力	温度冲击环境	1. 玻璃、玻璃器皿和光学设备碎裂； 2. 运动不见粘结或运动减慢； 3. 电子零部件性能发生变化； 4. 产品的水汽快速凝水或结霜，导致机械故障； 5. 爆炸物中固体装药或药柱产生裂纹； 6. 不同材料的收缩或膨胀系数不一致，产生机械应力； 7. 零部件变形或破裂； 8. 表面涂层开裂； 9. 密封出现泄漏
惯性力	机械构件	1. 构件变形，影响设备的正常使用； 2. 产生永久性变形和破坏，导致设备失灵和破坏； 3. 紧固件或安装支架断裂，甚至设备散架； 4. 执行机构或其他活动构件卡死； 5. 销子弯曲或剪断； 6. 对接安装面因结构变形而安装不上； 7. 加速构件疲劳，导致裂纹和断裂； 8. 配合面、表面处理层擦伤； 9. 密封泄漏； 10. 粘结缝或焊缝裂开
	电子和电气器件	1. 使电路板短路，电路断开； 2. 电感和电容变值； 3. 继电器断开或吸合； 4. 导线摩擦而损伤； 5. 灯丝或线圈折断； 6. 焊点脱开，导致开路； 7. 打开正常闭合的触点，或闭合正常打开的触点； 8. 间距小的两个元器件接触短路
	电热器件	1. 加热丝折断； 2. 双金属片变形弯曲，导致精度下降
	电磁器件	1. 转动件和滑动件变位； 2. 铰接件暂时啮合或脱开； 3. 绕组和铁芯变位； 4. 改变磁场和静电场的场强

续表

应力	环境	失效机理
周期性机械应力	振动或温度循环	1. 部件疲劳损伤； 2. 构件暴露在化学腐蚀环境中，会加速疲劳失效，产生应力腐蚀断裂； 3. 塑料件容易变形、疲劳寿命更短； 4. 引起封装裂纹的扩大，导致封装局部失效，以致潮气、污物侵入，致使退化腐蚀过程迅速发生； 5. 扩大脆性材料存在的微裂纹，甚至破裂； 6. 引起集成电路或其他器件的引线键合失效； 7. 长时间振动产生疲劳损伤，导致焊接开裂，封装失效，也可能引起固体推进剂裂纹和防护层脱粘； 8. 可引起发动机装置和控制系统的可卸连接、焊接、胶合处失封，电路接点破坏和仪器的损坏

温度变化在产品上产生热应力，热应力的大小取决于环境温度、产品包装、产品特性、产品防护措施等。热应力能提高化学反应和原子扩散的速率，加速产品的退化、失效，当温度升高时，热应力的退化作用加强，失效率增加，缩短贮存寿命。对高分子聚合物，高温会加速材料的老化过程，失去弹性，使伸长率和机械强度下降，出现裂纹或断裂，这也是贮存的主要失效模式之一。

产品内部潜在的化学相互作用可能引起化学应力，在长期贮存过程中，主要是外界污染物和固一固两相位势差两种情况引起产品的电化学和化学腐蚀，导致失效。外界污染物主要指氯离子、碱金属离子以及大气污染物和水分等，来源主要是微电路结构内的浓度差、加工过程留下的加工化学物质、材料放气、水气、从封装缺陷中进入的环境气体等。固—固两相结构中，由于化学势不同，两相之间形成微电路，进行物质转移扩散，改变了材料特性，造成开路或短路。

5.2　典型产品贮存失效模式及失效机理

5.2.1　金属材料

金属材料长时间贮存失效、性能下降甚至损坏与大气温度、湿度、盐雾、大气中的氧和污染物、大气压力、太阳辐射、臭氧、生物和微生物等因素有关，其中危害最大的是温度、湿度、盐雾以及大气中的氧和污染物。

湿度表示大气中水蒸气的含量，相对湿度是在一定温度下，空气中实际所含水蒸气压强与该温度下的饱和水气压强值之比，一般以百分率表示，当空气中水蒸气含量达到饱和含量时，水分开始凝结出来叫凝露。理论上讲当空气中相对湿度达到100％时，金属表面上开始形成水膜，实际上由于金属表面不平整，在相对湿度还相当低时，金属表面就已吸附了水膜，但太薄的水膜还不足以使金属表面的电化学腐蚀顺利进行，因为此时还难以形成有效的离子传递。当空气中相对湿度达到一定值，使金属表面能形成一定厚度的水膜时，电化学腐蚀速度急剧上升，此时的相对湿度对某种金属而言为其临界相对湿度。当相对湿度达到或超过钢铁的临界相对湿度时，会造成金属的腐蚀速度加快。

金属在大气腐蚀中，当相对湿度处于临界状态以上时，反应速度随温度提高而增加较快。一般情况下，温度每提高 10 ℃，腐蚀速度增加 1 倍。高温会损坏许多电子元件，因为它能改变材料性能和尺寸并增加其化学活性。因此，化学腐蚀、酸腐蚀以及其他腐蚀过程都会由于高温的作用而加重。低温会使电子元件和设备中的有机材料变硬、变脆、机械强度降低、产生物理性收缩、使元件变形、破裂、密封破坏，造成泄露和电气性能的显著改变。当温度降低时，相对湿度大大增加，以至产生凝露，金属表面很容易凝结水膜而锈蚀。

在中性介质中（无酸、碱成分存在），金属腐蚀主要为氧去极化过程，没有氧气，金属就不会发生腐蚀，有资料证明，铁钉泡在脱氧的海水中数十年仍保持光泽。大气中的氧气是大量存在的，金属表面附着一层很薄的水膜，使氧溶解，扩散到金属表面的阴极又使氧去极化过程进行得非常顺利。由于水膜或水滴的厚度不均，水膜及液滴的氧浓度不均而形成氧浓差引起腐蚀，在金属重叠面上（不论是同一种类金属或不同种类金属），金属表面与另一表面紧密接触时，边缘上氧的供给容易形成阴极，重叠表面深处由于氧的供给困难成为阳极而发生腐蚀，此种腐蚀也称为重叠腐蚀，这也是由于氧浓差而引起的。

大气中的工业污染物一般具有很强的酸性，主要成分是二氧化硫、硫化氢、二氧化碳等，来源于煤炭和石油等矿物质的燃烧。例如，二氧化硫和二氧化碳溶于水汽中即形成亚硫酸和碳酸，对金属及铁、钢、铜、锌、铝复合物都具有很强的腐蚀作用。

盐雾是一种强电解质，该溶液加速了金属的化学和电化学反应，从而加速了金属材料的腐蚀，造成器材机械活动部件阻塞、电导性增强，导致电子、电气设备等器材失去其电气性能，以致损坏或失效。同时降低了电器的绝缘性能。主要起腐蚀作用的盐有氯化物盐、硝酸盐、磷酸盐等。尤其在沿海大气中的氯化物盐含量很高。

5.2.2 非金属材料

非金属材料按种类分，分为橡胶、塑料、复合材料、胶粘剂、油漆涂料、油脂油料及其他等。同种材料常被用于弹上不同部位，由于使用环境的不同，材料贮存失效模式及老化机理不一。分材料及工况对弹上使用非金属材料的贮存失效模式及失效机理进行归类分析。

（1）密封类橡胶

密封类橡胶常用于弹体结构口框、管路、阀门密封、弹头、发动机部段对接密封、伺服机构作动器等部位。环境介质可为氧气、氮气或液压油等，并在高低温或高压下工作。

失效模式：密封类橡胶由于贮存环境及使用工况的特点，密封件长期受压导致变形破坏，密封应力下降，导致密封气体或介质泄漏。用于伺服机构中的密封橡胶件由于往复运动引起的密封面磨损、密封圈卷拧变形、密封皮碗唇口应力松弛引起介质泄漏。

失效机理：橡胶密封件在长期贮存中由于热、氧、湿度及应力的影响，橡胶分子容易发生断链、交联，橡胶材料中助剂发生迁移等变化，改变材料模量、硬度、强度、弹性等性能，引起密封件的体积、尺寸等发生变化，导致密封应力下降，介质发生泄漏，密封圈失效。

（2）阻尼橡胶

阻尼橡胶材料主要用于弹体结构仪器舱、惯性测量组合、控制系统单机，起阻尼减振作用。

失效模式：阻尼类橡胶材料的失效模式主要表现为减振器谐振频率漂移、力学振动放大变倍增加、冲击响应放大、减振器破坏、阻尼减振效率降低甚至阻尼圈失效。

失效机理：导致阻尼材料失效的原因可能有以下几方面。一是在物理老化效应下，由于材料聚集态结构变化引起材料粘弹性随时间变化；二是在化学老化响应下，材料交联密度、化学结构发生演变，引起材料粘弹性能、减振器刚度变化；三是在长期静载荷应力作用下，材料发生蠕变引起减振结构尺寸变化。

（3）导电橡胶

导电硅橡胶主要用于弹体结构部段、口框导电屏蔽橡胶垫及控制系统单机中，起电磁屏蔽作用。

失效模式：导电橡胶的贮存失效模式主要表现为导电橡胶垫弹性丧失，出现龟裂、脱落等老化现象，导电性能退化，电磁屏蔽效率低于设计指标。

失效机理：导致导电橡胶材料贮存失效的原因主要有以下几个方面。一是在贮存环境条件下，受到温度、湿度应力的作用，橡胶材料基体产生氧化、降解等，引起材料强度下降；二是在贮存环境条件下，橡胶基体交联度提高，导电填料微粒聚集，引起材料导电网络结构改变，导电性能退化。

（4）塑料

聚酰亚胺、尼龙、有机玻璃、酚醛塑料、聚氨酯泡沫塑料等常作为辅助结构件（支架、骨架、壳体、适配器、头部填充）用于弹体、弹头、控制系统等部位，一般需要长期承受静态载荷。聚四氟乙烯也可作为密封副的一部分用于阀门中，并长期受压缩应力载荷作用。

失效模式：塑料类结构在长期载荷作用下，易产生较大变形，导致结构失稳，出现力学破坏或密封应力下降，密封性能失效。

失效机理：在环境条件下，塑料材料结晶度易发生变化，且由于温度、湿度等环境应力的作用，材料分子结构产生降解交联及蠕变，引起材料力学性能改变。而材料加工所用的各种助剂随贮存时间的增加会发生迁移变质等现象，导致材料的热稳定性、抗氧性降低，在环境应力作用下，材料性能更易退化。

（5）复合材料

复合材料类如碳纤维复合材料、玻璃纤维/酚醛树脂、高硅氧/氟四树脂等亦可作为结构件或功能件用于弹上多个部位。这些材料长期承受载荷作用，或用于热环境中，或者同时受到载荷及热的应力作用。

失效模式：复合材料在长期应力作用下，会出现开裂、分层等现象，或产生较大变形，导致结构失效。用于有特殊要求环境中的某些复合材料功能件经过贮存后，工作条件下的线膨胀系数、烧蚀性能、介电性能、产品透波性能等不满足使用要求，材料失效。

失效机理：引起复合材料失效的原因根据使用环境大致有以下几个方面。一是由于物理老化效应，复合材料树脂基体的聚集态结构（自由体积）发生演变，引起材料粘弹性能（模量、强度等）的变化，最终导致结构失稳；二是在湿热环境及交变湿热环境中，水分子影响材料基体，使得材料分子结构发生物理化学变化，产生内应力，并逐步扩展成微裂纹，微裂纹进一步扩大为宏观裂纹，对材料两相界面也存在破坏作用，产生应力，并最终导致材料失效；三是在贮存环境中，树脂基体发生后固化，材料尺寸发生改变，性能退化，且残留于树脂中的小分子物质或某些功能性填料随贮存时间的增加发生迁移及挥发，加速材料的各方面性能的退化。

（6）胶粘剂

胶粘剂按功能分为结构胶粘剂及导电屏蔽胶粘剂，用于某些结构件各零件之间起粘结作用，或用于弹体结构口框电磁屏蔽胶垫的粘接。贮存中长期受应力、温度及湿度的影响。

失效模式：胶粘剂材料的失效主要表现为脱粘，使结构失效；电磁屏蔽胶粘剂的导电性能发生下降，使电磁屏蔽性能下降。

失效机理：引起胶粘剂性能发生变化的原因表现有以下几个方面。一是在贮存中，胶粘剂发生后固化，引起胶层收缩，产生应力；二是受环境温度变化影响，胶层热膨胀产生内应力；三是湿度等环境因素的影响，使得胶层与基材间界面遭受破坏，导致胶层与基材间界面强度下降，胶粘剂失效；四是对电磁屏蔽胶粘剂而言，胶粘剂后固化及交联度的改变，会使得导电填料微粒聚集，引起材料导电网络改变，使得导电性能退化失效。

（7）涂层

各类涂层在弹上用途十分广泛，起隔绝外界环境、对表面进行防护的作用。

失效模式：这类非金属材料的失效形式主要表现为涂层粉化、失光、退色或变色，涂层开裂形成裂缝、起泡、脱落。

失效机理：引起涂层类非金属材料失效的原因主要为：一是在热、湿气、光等气候因素和腐蚀气氛作用下，涂层产生降解、氧化、断链，涂层的物理、化学性能变化，在水分子或腐蚀气体作用下，漆层界面破坏，导致底漆与基材、底漆与面漆间附着力完全丧失。二是涂层在贮存过程中，进一步固化引起涂层收缩，产生应力，或受环境温度变化影响，热膨胀产生应力。

（8）润滑脂

润滑脂主要用于弹体阀门、伺服机构阀等机械转动部位，对动作部位进行润滑，防止摩擦过大引起过热。

失效模式：润滑脂在贮存过程中的失效模式为润滑性能下降，对动作部位的摩擦表面产生腐蚀。

失效机理：导致润滑脂材料润滑性能下降的原因是材料受环境温度影响，润滑剂填料与基础油的胶体稳定性被破坏，基础油分离，润滑脂粘度、锥入度增加。且在长期贮存环境下，基础油氧化，形成酸性物质，润滑脂酸值增加，氧化作用增强，对动作部位的摩擦面产生腐蚀。

5.2.3 药剂类

（1）战斗部装药

战斗部装药主要包括战斗部主装药、扩爆药，一般含有 TNT 炸药成分，在贮存过程中，装药的性能会发生变化，从而影响装药的安定性和爆炸威力。

失效模式：在贮存过程中，战斗部装药的失效模式主要表现为不爆、半爆、爆轰能量下降和早爆等。

失效机理：长时间贮存后扩爆药组分发生变化，冲击波感度下降；扩爆药柱收缩，引起间隙过大；扩爆药柱吸湿膨胀，性能发生变化；主装药性能发生变化等因素皆会导致战斗部装药不能被可靠起爆。扩爆药出现裂纹、崩落等，传爆能量不足；长时间贮存后主装药性能指标发生变化或内部出现缺陷等因素皆会导致战斗部装药不能完全起爆。长时间贮存后主装药发生缓慢分解，组分变化；与接触物相容性较差等因素会引起性能严重下降。长时间贮存后，主装药或扩爆药某种感度提高，装药安定性降低，在经受较低的外部环境刺激下，会发生早爆；装药内部原有疵病进一步扩大，产生新的损伤，在内部产生热点；相容性引起主装药感度变化、组分变化等，热安定性下降等因素导致战斗部装药早爆。

（2）固体推进剂

在贮存过程中，受环境因素和内在因素的影响，固体推进剂的外观性能、燃烧性能、力学性能、密度等会发生变化。

失效模式：固体推进剂在贮存过程中失效主要是由其贮存环境的影响和内在因素的变化造成的。在贮存过程中，固体推进剂的外观、物理化学性能、力学性能、燃烧性能、密度、界面粘接强度等会发生变化，并最终导致推进剂失效。

失效机理：影响推进剂老化的原因主要分为内部因素和外部因素。内部因素主要指构成固体推进剂的粘合剂母体的结构状态、配方中各组分的比例及其性质等；外部因素主要指环境因素。固体复合推进剂的长时间贮存失效机理主要是粘合剂的后固化、氧化交联和高聚物的断链。不同类型推进剂的失效机理各不相同，既取决于氧化剂的热分解与水解，也取决于粘合剂的分子结构、固化剂、固化催化剂、弹道调节剂、固化温度和时间以及环境温度、湿度等影响因素。

5.2.4　火工品

火工品是装有少量火药、炸药或烟火药，可在预定刺激作用下发火，产生燃烧或爆炸效应，用于完成引燃、引爆、做机械功或产生特征效应等功能的一次性作用的元器件或装置的总称。火工品在长期贮存中常常会因受到各种环境的影响，内部发生物理或化学变化，导致其性能逐渐退化到完不成其预定设计功能的状态而发生失效。

在大多数情况下，火工品失效是由构成零件的材料损伤和变质引起的，一般可将火工品的失效分为机械材料失效和药剂材料失效。机械材料失效是指火工品中起结构、密封、导电、导热、传动、缓冲作用的金属、塑料、橡胶、纸等材料的失效，药剂失效是指在火工品提供点火、起爆、燃烧、爆轰、做功或其他特种效应的含能材料的基本功能失效。

根据机械失效过程中材料发生变化的物理、化学的本质机理不同和过程特征的差异，可以作如下分类：变形、断裂、电损伤、腐蚀、热损伤、迁移。

（1）变形

由于受振动冲击出现壳体、结构件、活动件等零件配合尺寸变形、超差。

（2）断裂

点火器、传爆药盒等壳体在制造过程中因选材或热处理不当，在贮存过程中出现沿晶断裂，使用中起连接、结构支撑作用的零件如爆炸螺栓出现疲劳断裂，承受高压的零件如点火器、传爆药盒、燃气发生器壳体出现高压冲击断裂。

（3）电损伤

静电放电、射频可能导致脚—壳电气结构材料的绝缘强度降低，射频导致桥丝、桥膜导电药电热发火性能退化。

（4）腐蚀

桥丝—焊接件间、桥丝—药剂间、接触药剂部位以及含有挥发性物质的密封空间可能会发生化学腐蚀，特别是有潮湿、内部水分或杂质存在条件下，在桥—脚焊接、壳体—药剂间、壳体—外界环境之间可能会发生电化学腐蚀。

（5）热损伤

药剂、塑料、橡胶、黏合剂等化学材料在高温环境下可能出现融化、老化、裂纹、失粘、晶型转变。

（6）迁移

电子元器件、药剂在强冲击振动条件下可能出现组分、缺陷或错位迁移，导致物理和化学性能变化。

根据药剂失效过程中物理、化学变化的本质机理不同和过程特征的差异，可以将药剂失效作如下分类：感度变化、燃速变化、爆速变化、安定性相容性变化、热失效。

①感度变化

长期贮存、潮湿环境、高温环境、低温环境、高低温交变环境、温湿交变环境、低气压环境、高压环境、恶劣振动冲击力学环境、电磁环境可能会引起药剂热感度、撞击感度、火焰感度、冲击波感度发生变化，造成规定条件下瞎火或意外发火。

②燃速变化

长期贮存可能会引起点火药、传火药燃速变化，使点火压力过高或过低造成设计精度差，延期药延期精度超差等。

③爆速变化

长期贮存、恶劣气候环境和恶劣使用环境可能会引起炸药爆速变化、威力降低。

④安定性相容性变化

由于受潮、温度变化大、生产中带入杂质，可能使原来相容性好的药剂组分、药剂—接触材料之间出现不相容，使感度、燃烧、爆炸性能发生变化，有些敏感药剂如叠氮化铅甚至可能出现自爆现象。

⑤热失效

这是导致火工品感度退化或发生意外爆炸最普遍的失效模式。火工品药剂在任何使用温度下都会发生热分解现象，只是快慢不同。如果散热条件不好，有可能导致热自燃甚至爆炸；如果药剂热安定性差，则可能导致感度退化至瞎火。

5.2.5　电子元器件

元器件种类众多，包括阻容元件、集成电路、混合电路、半导体分立器件、电真空器件、电磁继电器、连接器、频率元件等。电子元器件贮存失效包括内部结构失效和与封装、键合有关的外部结构失效。内部结构失效主要与温度和其他环境应力、芯片缺陷、工艺缺陷、芯片复杂度等有关。外部结构失效在贮存失效中占主要部分，包括封装漏气失效、引线焊接失效、外引线腐蚀断裂等，是由于元器件在贮存温度、湿度等环境应力的作用下，其潜在的外壳、封装工艺缺陷而导致的失效。

对于不同元器件，贮存失效表现形式很多，但主要表现为参数漂移、开路、短路、漏气（水汽含量超标）、外引线断裂。而贮存失效机理主要集中表现为腐蚀失效、键合/贴装失效、密封失效、工艺缺陷[3-6]。常用电子元器件失效模式和失效机理[7]，如表 5-2 所示。

表 5-2　电子元器件失效模式及失效机理

产品类型	失效模式	失效机理
集成电路	芯片失效	氧化层老化
		扩散
		表面异常
		金属喷镀
		沾污
	封装失效	黏晶
		引线断裂
		密封失效
信号与功率晶体管	开路	引线与芯片连接不良
		焊线缺陷
		金属间化合物的形成
		导线缺口
		金属喷镀的融化
	短路	大块杂质
		沾污
	参数漂移、参数退化	腐蚀
		芯片管座焊接失效
		沾污

续表

产品类型	失效模式	失效机理
场效应晶体管 FET	开路	引线与芯片连接不良
		导线焊接失效
		金属间化合物的形成
		导线缺口
		金属喷镀的融化
	短路	介质击穿
		沾污
	参数漂移，退化	腐蚀
		芯片管脚失效
		沾污
稳压二极管	开路	引线与芯片连接不良
		引线结合点断裂
		金属互化物的形成
		引线缺口
	短路	大块杂质
		沾污
		备用回路接触
	退化，间歇性故障，参数漂移	管座焊接失效
		水分侵入
小信号二极管	开路	引线与芯片连接不良
		引线焊点失效
		金属互化物的形成
		引线缺口
	短路	大块杂质
		沾污
		备用回路接触
	退化，间歇性故障，参数漂移	引线与芯片连接不良
		水分侵入

续表

产品类型	失效模式	失效机理
合成电阻器	阻值漂移	水分侵入
		非均匀合成物
		沾污
	开路	引脚缺损
薄膜电阻	阻值漂移	水分侵入
		衬底缺损
		薄膜缺陷
	开路	引脚断开
		薄膜材料损坏
绕线电阻	阻值漂移	绕线缺陷
		导线绝缘层热流
		腐蚀
	开路	引脚缺损
		绕线缺陷
		腐蚀
	短路	内部绝缘失效
绕线变阻器	阻值漂移	沾污
		噪声
		绝缘层断裂
		沾污桥接
		动片磨损
		密封不良
		干扰，脱模

续表

产品类型	失效模式	失效机理
可变电阻器	阻值漂移	腐蚀
		水分侵入
		动片移动
	开路	绑定干扰
		末端缺陷
		电阻元件烧毁
热敏电阻	阻值漂移	水分侵入
		主体异常
	开路	引线缺损
		不均匀的电阻材料
	短路	金属电迁移
纸和塑料电容器	短路	介质击穿
		介质分解
		介质沾污
	开路	焊点失效
	参数漂移	腐蚀
		水分侵入
陶瓷电容器	短路	沾污
		陶瓷裂纹
		介质异常
		银迁移
	开路	内部线路连接错误
	绝缘电阻低	表面沾污
		封装不良
	参数退化	水分侵入

续表

产品类型	失效模式	失效机理
云母电容器	短路	介质击穿
		吸湿
		银迁移
	开路	内部线路连接不良
	参数退化	云母片疲劳，吸湿
玻璃电容器	短路	介质击穿
	开路	内部线路连接不良
	参数退化	结晶降解
湿式电解电容	短路	电解质渗漏
		击穿
		绝缘不良
	开路	内部线路连接错误
	参数退化	膜分离
		电解质蒸发
	大量泄漏	电解质渗漏
		绝缘不良
固态坦电容	短路	氧化层损伤
		锡膏回流
		机械损伤
		介质击穿
	开路	机械损伤
	参数漂移	金属片接触不良
		氧化层损伤
铝电解电容	短路	氧化层损伤
		机械损伤
		连接不良
		氧化膜老化

续表

产品类型	失效模式	失效机理
可变电容器	短路	机械损伤
	开路	机械损伤
	参数漂移	水分侵入
		沾污
		机械损伤
射频线圈	开路	导线过应力
		引线断裂
	短路	绝缘击穿
	参数漂移	绝缘老化
变压器	开路	导线过应力
		引线断裂
	短路	腐蚀绕组
		绝缘击穿
		绝缘老化

对从经长期贮存导弹上拆卸下来的元器件进行退化特征和失效分析，大部分器件内部水汽含量已经超标，密封性能退化，出现焊盘腐蚀及芯片钝化层开裂。分析结果统计见表 5 - 3 ，由统计结果可知单片电路贮存失效的主要因素是水汽腐蚀，其次为环境温度变化引起的应力。

表 5 - 3　单片电路失效模式分布

序号	故障模式	发生频率
1	水汽超标	44%
2	密封不良	24%
3	参数超差	24%
4	芯片粘结不良	2%
5	焊盘/金属化腐蚀	5%
6	钝化层开裂	1%

5.3 贮存薄弱环节分析

5.3.1 弹头系统

弹头系统主要由战斗部、结构及引控系统组成。战斗部主要由壳体、炸药、引信等组成，壳体通常为金属材料，炸药和引信为药剂类和火工品类，一般炸药以预成型结构或以直接浇注形式装填于壳体内。装药经长期贮存后某种感度可能会提高，装药安定性下降，在经受较低的外部环境刺激就容易发生早爆，是战斗部的薄弱环节。

结构由承力结构和防热结构组成。承力结构一般为金属材料；防热结构一般为复合材料和防热涂层，为非金属材料，在贮存过程中对温度及水分均较为敏感，是弹头结构的贮存薄弱环节。

引控系统产品主要薄弱环节为非金属件、继电器、微波发射器件和天线，微波器件和天线经长期贮存后驻波比等参数会增大，影响性能。

5.3.2 控制系统

控制系统主要由惯性测量组合、伺服机构、计算机、供配电设备等组成。惯性测量组合主要关键部件有陀螺、加表，此外还有线路板及非金属密封圈（垫）、胶粘剂、减振垫等，陀螺和加表是其核心部件，属精密器件，随着贮存时间的加长，其性能参数会发生变化，密封圈、胶粘剂及减震器等非金属材料的老化以及电子元器件电性能蜕变均可能引起惯性测量组合性能参数变化和测量精度的降低。

伺服机构通常为电动伺服、电液伺服或燃气液压伺服，属机电类产品。伺服机构由伺服能源、伺服控制驱动器和伺服作动器等组成，其中伺服能源有燃气液压能源、电动液压能源和电动能源等类型。伺服机构贮存的薄弱环节主要有液压系统的密封结构、燃气源药剂、燃气源点火器、电动能源的供电电池等。除此之外，作动器和控制驱动器的电性能可能会随着贮存时间的延长而变化。

计算机和配电设备属电子类产品，其贮存薄弱环节主要是其配套的元器件、印制板和接插件抗腐蚀性能，以及非金属减振器和密封材料的抗老化性能。

5.3.3　固体发动机

固体发动机由喷管、安全机构、点火机构、燃烧室组成。

喷管由收敛段绝热层、壳体、喉衬、扩散段等组成，主要是非金属材料。如果非金属材料失效，则会出现绝热层分层、开裂，粘接面脱粘等，导致喷管过热失强或穿火，最终导致喷管失效。

安全机构主要为机电类产品，可能出现电机失效或机构卡滞等失效模式，造成“工作”状态下无法正常点火或在“安全”状态下无法隔断火道，无法阻止火焰，不能有效防止误操作等。

点火机构为火工器件，如果引燃药或点火药受潮变质，则会导致点火机构瞎火，无法正常工作；如果点火药柱脱粘、碎裂或顶盖密封圈失效，则会导致点火机构穿火或爆炸，最终可能导致发动机爆炸。

对于燃烧室来说，由壳体、绝热层、药柱等组成，是发动机的核心部件。如果材料受潮或老化，则会出现药柱裂纹、密封失效、药柱脱粘等情况，导致燃烧室爆炸、发动机爆炸及毁坏。

固体发动机贮存薄弱环节主要有燃烧室前后开口粘接界面易脱粘、绝热材料性能下降、非金属配合面变形、喷管壳体粘接面脱粘、密封圈的永久变形等。

5.3.4　弹体结构

弹体结构既是将导弹各系统连接起来的连接件，又是承受飞行力热载荷和地面各种使用工况下的使用载荷的承力及防热结构。主要由金属壳段、防热层、仪器支架、减振器、导电密封橡胶垫等组成。

金属壳段的薄弱环节为起吊部位，在起吊工况下因高应力可能会发生疲劳断裂；防热层、减振器及导电密封橡胶垫一般为非金属复合材料，亦是贮存薄弱环节，长期贮存会导致非金属材料老化、分层，导致减振效果下降，防热及导电密封功能失效。

参考文献

[1] 孟涛，张仕念，易当祥，等．导弹贮存延寿技术概论［M］．北京：中国宇航出版社．

[2] 陈万创．环境条件对战术导弹贮存可靠性的影响［J］．环境技术，1995（2）：7－11.

[3] ADA053405. Storage Reliability of Missile Materiel Program Volume Ⅰ Electrical and Electronic Devices［R］. Raytheon Company. 1978.

[4] ADA053408. Storage Reliability of Missile Materiel Program Volume Ⅱ Electromechanical Devices［R］. Raytheon Company. 1978.

[5] ADA053415. Monolithic Bipolar SSI/MSI Digital & Linear Integrated Circuit Analysis［R］. Raytheon Company. 1978.

[6] ADA051151. Reliability Factors for Electronic Components in a Storage Environment［R］. Georgia Institute of Techndogy. 1977.

[7] 王欢．导弹贮存加速模型适用性分析方法研究［D］．北京：北京航空航天大学，2013.

第6章　贮存可靠性设计分析

导弹的贮存可靠性是设计出来的、生产出来的、管理出来的。贮存可靠性设计对产品贮存可靠性具有重要影响。开展贮存可靠性设计与分析工作是提高产品贮存可靠性的重要途径之一。贮存可靠性设计与分析目的是识别产品潜在的隐患和薄弱环节，并通过设计预防与改进，有效地消除隐患和薄弱环节，从而提高产品贮存可靠性水平，以满足贮存可靠性要求。本章针对导弹贮存可靠性要求，介绍了常用的贮存可靠性分配、预计、设计与分析方法，并给出了导弹备件规划方法。

6.1　贮存可靠性要求

导弹贮存可靠性要求是导弹武器系统作战使用要求的重要组成部分，它是开展导弹武器系统贮存可靠性设计与分析、试验与评价的依据。贮存可靠性要求可以分为两大类。第一类是定性要求，即用一种非量化的形式来设计、评价以保证产品的特性；第二类是定量要求，即规定产品的贮存可靠性参数、指标和相应的验证方法。

贮存可靠性定性要求对产品设计、工艺、软件及其他方面提出的非量化要求，通常为可靠性设计措施，以保证提高产品贮存可靠性。例如，采用成熟技术、简化、冗余和模块化等设计要求，有关元器件使用、降额和热设计要求，以及环境适应性、人机与环境工程的要求等。

贮存可靠性定量要求是确定产品的贮存可靠性参数、指标以及验证时机和验证方法，以便在设计、生产、试验验证、使用过程中用量化方法评价或验证导弹的贮存可靠性水平。贮存可靠性参数要反映导弹武器系统战备完好性、任务成功性、维修人力费用及保障资源等方面要求。

制定贮存可靠性定量要求，是指对定量描述产品贮存可靠性的参数的选择及其指标的确定。对不同发射平台或在不同环境条件下使用的导弹武器系统，描述产品贮存可靠性定量要求的贮存可靠性参数与指标是有所不同的。

贮存可靠性要求制定应按照新的作战形势要求及解决现役导弹武器装备存在的贮存可靠性问题和新研导弹武器装备应该达到什么目标，按照一定的推理规则对贮存可靠性要求进行一系列证明的过程。贮存可靠性要求制定工作的任务就是通过收集大量的有用信息，从作战需求、现状分析、发展趋势、国内技术与经济能力等各方面，进行全面系统的分析研究，通过逻辑推理形式，提出切实可行的科学的贮存可靠性要求，并对实现导弹武器装备贮存可靠性要求的指导思想和原则、发展目标、发展方向和重点、主要问题和对策措施等，提出理论依据和现实可行的策略，并做出科学结论并加以检验和证明。

战术导弹武器系统贮存可靠性要求制定结果的科学性与合理性，主要取决于对导弹武器系统在未来作战条件下实际使用与保障情况的准确分析和对整个装备系统的总体效能影响的正确估计，同时也必须要考虑到装备的经济可承受性和技术可实现性。随着装备的发展，基于装备任务需求和系统效能的实战要求不断深化，在新一代战术导弹武器系统研制过程中，充分考虑其贮存可靠性要求，以武器系统实战需求为依据，采用相应的技术方法和工具对未来装备系统战备完好性与任务成功性进行分析和预测，并在导弹武器系统贮存可靠性需求和实际研制能力之间进行权衡，提出科学合理的贮存可靠性要求，对尽可能减少装备的寿命周期费用、降低对维修和综合保障要求，具有举足轻重的地位。

6.2　贮存可靠性分配

6.2.1　可靠性分配的原理和准则

可靠性分配是指把产品的可靠性定量要求按照给定的准则分配给组成部分而进行的工作。导弹可靠性分配就是将规定的导弹武器系统可靠性指标，自上而下，由大到小，从整体到局部，逐步分解，分配到各系统、分系统及单机，是一个演绎分解过程[2]。

可靠性分配是导弹可靠性工作的重要组成部分，具有重要的意义。通过可靠性分配使系统、分系统及单机等各级设计人员明确其可靠性设计要求，根据要求估计所需的人力、时间和资源，并研究实现可靠性要求的可能性及办法。如果性能指标一样，可靠性指标是设计人员的另一个设计目标。

系统可靠性分配就是求解下面的基本不等式

$$\begin{aligned} R_s(R_1, R_2, \cdots, R_i, \cdots R_n) \geqslant R_s^* \\ g_s(R_1, R_2, \cdots, R_i, \cdots R_n) < g_s^* \end{aligned} \tag{6-1}$$

式中　R_s^* ——系统的可靠性指标；

g_s^* ——对系统设计的综合约束条件，包括费用、质量、体积、功耗等因素；

R_i ——第 i 个分系统的可靠性指标。

可靠性分配的关键在于要确定一个方法，通过它能得到合理的可靠性分配值的优化解。考虑到可靠性的特点，为提高分配结果的合理性和可行性，可以选择故障率、可靠度等参数进行可靠性分配。在进行可靠性分配时需要遵循以下几条准则：

1）对于复杂度高的分系统、单机等，应分配较低的可靠性指标。因为产品越复杂，其组成单元就越多，要达到高可靠性就越困难并且费用更高；

2）对于技术上不成熟的产品，分配较低的可靠性指标。对于这种产品提出高可靠性要求会延长研制时间，增加研制费用。

3）对于处于恶劣环境条件下工作的产品，应分配较低的可靠性指标。因为恶劣的环境会增加产品的故障率。

4）当把可靠度作为分配参数时，对于需要长期工作的产品，分配较低的可靠性指标。因为产品的可靠性随着工作时间的增加而降低。

5）对于重要度高的产品，应分配较高的可靠性指标。因为重要度高的产品故障会影响人身安全或任务的完成。

对于已有可靠性指标的产品，不再进行可靠性分配。同时，在进行可靠性分配时，要从总指标中剔除这些单元的可靠性值。

6.2.2　可靠性分配方法

6.2.2.1　等分配法

等分配法是在设计初期，即方案论证阶段，当产品没有继承性，而且产品定义并不十分清晰时所采用的最简单的分配方法。

等分配法的原理是：对于简单的串联系统，认为其各组成单元的可靠性水平均相同。设系统由 n 个单元串联而成，系统可靠度 R_s 为

$$R_s = R^n \tag{6-2}$$

给定系统可靠性指标为 R_s^*，则由式（6－2）可得分配给各单元的可靠度指标 R_i^* 为

$$R_i^* = \sqrt[n]{R_s^*} \tag{6-3}$$

假设各单元寿命服从指数分布，则

$$\lambda_i^* = \frac{\lambda_s^*}{n} \tag{6-4}$$

式中　λ_i^* ——分配给第 i 个单元的故障率；

λ_s^* ——系统的故障率指标。

6.2.2.2　评分分配法

评分分配法是在可靠性数据非常缺乏的情况下，通过有经验的

设计人员或专家对影响可靠性的几种因素评分，并对评分值进行综合分析以获得各单元产品的可靠性相对比值，再根据相对比值给每个分系统或单元分配可靠性指标的分配方法[3]。应用这种方法时，一般应以系统工作时间为基准并假设产品服从指数分布。

利用评分分配法需要考虑的因素有复杂性、技术成熟水平、环境条件、重要性和工作时间。各因素的评分准则如下。

(1) 复杂性

根据产品组成和组装的难易程度来评定，复杂程度因素评分准则如表 6-1 所示。

表 6-1 复杂程度因素评分准则

等级	分数	说明
1	9～10	该产品的元部件数量是所有同级产品最大数量的 100%～80%
2	7～8	该产品的元部件数量是所有同级产品最大数量的 80%～60%
3	5～6	该产品的元部件数量是所有同级产品最大数量的 60%～40%
4	3～4	该产品的元部件数量是所有同级产品最大数量的 40%～20%
5	1～2	该产品的元部件数量是所有同级产品最大数量的 20%以下

(2) 技术成熟水平

根据产品的技术水平和成熟度来评定，技术成熟水平因素评分准则如表 6-2 所示。

表 6-2 技术成熟水平因素评分准则

等级	分数	说明
1	9～10	掌握技术的基本原理或明确技术概念及如何应用
2	7～8	已进行概念验证，主要功能的分析和验证或已在实验室环境中验证主要功能模块
3	5～6	已在相似环境中验证主要功能模块或已在相似环境中验证系统或原型
4	3～4	已在运行环境中验证原型或实际产品已通过试验和验证
5	1～2	实际产品已成功应用

(3) 环境条件

根据产品所处的环境来评定，环境条件因素评分准则如表 6-3 所示。

表 6-3　环境条件因素评分准则

等级	分数	说明
1	9～10	产品处于系统中最恶劣的工作环境之中（如工作温度最高、振动幅度最大、湿度最大等）
2	7～8	产品处于系统中较恶劣的工作环境之中（如工作温度较高、振动幅度较大、湿度较大等）
3	5～6	产品处于系统中适中的工作环境之中（如工作温度适中、振动幅度适中、湿度适中等）
4	3～4	产品处于系统中较好的工作环境之中（如工作温度适中、振动幅度较小、湿度较小等）
5	1～2	产品处于系统中最好的工作环境之中（如工作温度适宜、振动幅度最小、湿度最低等）

(4) 重要性

根据系统各组成部分对系统功能的重要程度来评定，重要性因素评分准则如表 6-4 所示。

表 6-4　重要性因素评分准则

等级	分数	说明
1	9～10	该产品故障不会影响产品安全或任务完成
2	7～8	该产品故障不会影响产品安全，但可能对任务顺利完成有轻微影响
3	5～6	该产品故障可能造成产品安全隐患，可能影响任务完成
4	3～4	该产品故障对产品安全有威胁，影响任务完成
5	1～2	该产品故障会影响产品安全和任务完成

(5) 工作时间

根据产品在系统任务剖面中的实际工作时间确定

$$s = \mathrm{int}\left[\frac{10t}{T}\right]$$

式中　s ——工作时间分数；

t ——产品实际工作时间；

T ——系统任务时间；

int[·] ——取整函数。

为使评分结果准确有效，聘请导弹研制队伍各专业相关人员作为评分专家。各位专家通过了解导弹武器系统及其组成部分的构成、工作原理、功能流程、任务时间、工作环境条件、研制生产水平等情况，按照评分原则对各分系统的可靠性影响因素进行评分。在收集专家的评分表之后，按每一分系统每一评分因素将各位专家的评分值排序，对等去除几个畸高和畸低的评分值，剩下的就是有效分，利用下式计算这些有效评分的算术平均值并圆整化，作为该组成部分该因素的评分值

$$S_{ij} = \frac{1}{m}\sum_{k=1}^{m} t_{ij}(k)$$

式中　S_{ij} ——第 i 个分系统第 j 个因素的平均得分；

m ——有效打分的专家数；

$t_{ij}(k)$ ——第 k 个专家对第 i 个分系统第 j 个因素的打分。

已知各分系统每个因素的评分值，计算分系统的评分值 $S_i = \prod_{j=1}^{5} S_{ij}, i = 1,2,\cdots,n$，进而计算每个分系统的评分分配系数 $C_i = S_i / \sum_{j=1}^{n} S_j$。

设导弹系统的可靠性指标为 λ_s^*，分配给每个分系统的故障率 λ_i^* 可表示为

$$\lambda_i^* = C_i \lambda_s^* \tag{6-5}$$

6.2.2.3　比例组合法

如果一个新设计的系统与老的系统非常相似，也就是组成系统的各单元类型相同，对于这个新系统只是根据新的情况提出新的可靠性要求，那么就可以采用比例组合分配法。比例组合法是根据相似老系

统中各单元产品的故障率或单元产品预计数据，按新系统可靠性的要求，对新系统的各单元按比例进行分配的一种方法。这种方法的本质是认为原有系统基本上反映了一定时期内产品能实现的可靠性水平，新系统的个别单元不会在技术上有什么重大的突破，那么按照实现水平，可把新的可靠性指标按其原有能力成比例地进行调整。

假设某新导弹武器系统继承自某成熟的导弹武器系统，其结构组成非常相似。则新导弹武器系统各组成分系统的可靠性指标满足

$$\lambda_i^* = \lambda_s^* \frac{\lambda_i}{\lambda_s} \tag{6-6}$$

式中　λ_s^* ——新导弹武器系统的故障率指标；

λ_i^* ——新导弹武器系统第 i 个分系统的故障率指标；

λ_s ——某成熟的导弹武器系统的故障率指标；

λ_i ——某成熟的导弹武器系统第 i 个分系统的故障率指标。

在实际工程应用中，新导弹武器系统与某成熟的导弹武器系统构成不可能完全相似，某分系统可能已单独给定可靠性指标，则新导弹武器系统剩余的各组成分系统的可靠性指标满足

$$\lambda_i^* = \frac{\lambda_s^* - \lambda_c}{\lambda_s - \lambda_c}\lambda_i \tag{6-7}$$

式中　λ_c ——已单独给定可靠性指标的分系统的故障率。

6.2.2.4　可靠度的再分配法

对串联系统，当通过预计得到各分系统可靠度 $R_1, R_2, \cdots, R_n$ 时，系统的可靠度为

$$R_s = \prod_{i=1}^{n} R_i \tag{6-8}$$

如果 $R_s < R_s^*$ ，即所设计的系统不能满足规定的可靠度指标要求，那么需要进一步改进原设计以提高其可靠度，即要对各分系统的可靠性指标进行再分配。可靠度再分配的基本思想是：认为可靠性越低的分系统改进起来越容易，反之则越困难。把原来可靠度较低的分系统的可靠度都提高到某个值，而对于原来可靠度较高的分

系统的可靠度仍保持不变。可靠性再分配法具体如下。

1）根据各分系统的可靠度大小，将它们由低到高依次排列为

$$R_1 < R_2 < \cdots < R_{k_0} < R_{k_0+1} < \cdots < R_n$$

2）按可靠度再分配的基本思想，把可靠度较低的 $R_1, R_2, \cdots, R_{k_0}$ ，都提高到某个值 R_0 ，而原可靠度较高的 $R_{k_0+1}, \cdots, R_n$ 保持不变，则系统可靠度 R_s 为

$$R_s = R_0^{k_0} \prod_{i=k_0+1}^{n} R_i \tag{6-9}$$

3）使 R_s 满足规定的系统可靠性指标要求，即

$$R_s^* = R_0^{k_0} \prod_{i=k_0+1}^{n} R_i \tag{6-10}$$

4）确定 k_0 及 R_0 ，即确定那些分系统的可靠度需要提高以及提高到什么程度。

k_0 可以通过下式求得

$$\left(R_s^* / \prod_{i=j+1}^{n+1} R_i\right)^{1/j} > R_j \tag{6-11}$$

令 $R_{n+1} = 1$ ，k_0 就是满足式（6－11）中 j 的最大值，则

$$R_0 = \left(R_s^* / \prod_{j=k_0+1}^{n+1} R_j\right)^{1/k_0} \tag{6-12}$$

6.2.3 贮存可靠性分配程序

导弹武器系统贮存可靠性分配过程如图 6－1 所示。

导弹武器系统贮存可靠性分配应在研制阶段早期开始进行，使设计人员尽早明确其设计要求，研究实现这个要求的可能性和设计措施；根据所分配的贮存可靠性要求估算所需人力和资源等管理信息。贮存可靠性分配应反复多次进行，在方案阶段和初样设计阶段，分配是较粗略的，经粗略分配后，应与经验数据进行比较、权衡；也可以与不依赖于最初分配的可靠性预计结果相比较，来确定分配的合理性，并根据需要重新进行分配。应按成熟期规定值（或目标值）进行分配，分配值作为可靠性设计的目标和依据。为了尽量减

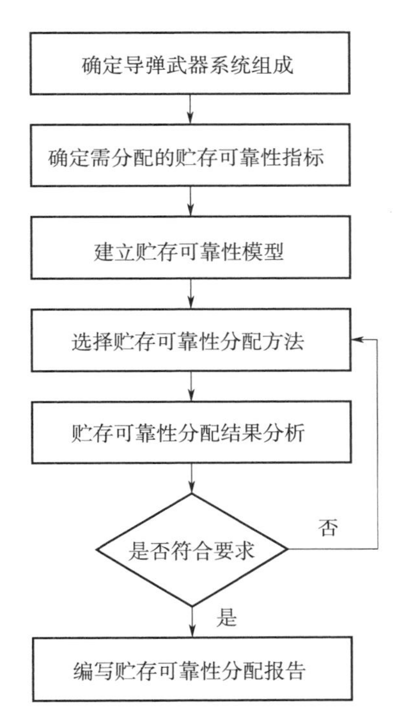

图 6－1　导弹武器系统贮存可靠性分配过程

少可靠性分配的重复次数，在规定的可靠性指标基础上，可考虑留出一定的余量，避免由于少量单元可靠性预计值的变化而重新进行分配，另一方面也为在设计过程中增加新的功能单元留有余地。

6.3　贮存可靠性预计

6.3.1　贮存可靠性预计的目的

贮存可靠性预计是在设计阶段对系统贮存可靠性进行定量的估计，是根据历史的产品贮存可靠性数据、系统的构成和结构特点、系统的工作环境等因素估计组成系统的部件及系统贮存可靠性。系统的贮存可靠性预计是根据组成系统的元件、部件的贮存可靠性来估计的，是一个自下而上，从局部到整体、由小到大的一种系统综合过程。

贮存可靠性预计的目的和用途主要有：

1）评价是否能够达到要求的贮存可靠性指标；

2）通过贮存可靠性预计，比较不同方案的贮存可靠性水平，为最优方案的选择及方案优化提供依据；

3）通过贮存可靠性预计，发现影响系统贮存可靠性的主要因素，找出薄弱环节，采取设计措施，提高系统贮存可靠性。

6.3.2 贮存可靠性预计方法

6.3.2.1 相似产品法

相似产品法就是利用与该产品相似且已有成熟产品的贮存可靠性数据来估计该产品的贮存可靠性。成熟导弹产品的贮存可靠性数据主要来源于导弹在服役过程的信息和贮存相关试验数据的分析结果。

相似产品法考虑的相似因素一般包括：

1）产品结构、性能的相似性；

2）设计的相似性；

3）材料和制造工艺的相似性；

4）贮存使用剖面的相似性。

相似产品法相对简单，可应用于各类产品的贮存可靠性预计，如电子、结构、机电、发动机、火工品等产品，其预计的准确性取决于产品的相似性。这种方法对具有继承性产品或其他相似的产品比较适用，但对于功能、结构改变比较大的产品或全新的产品就不太合适。

6.3.2.2 评分预计法

组成系统的各单元贮存可靠性由于其复杂程度、技术水平、贮存时间和贮存环境条件等主要影响贮存可靠性的因素不同而有所差异。评分预计法是在贮存可靠性数据非常缺乏的情况下，通过有经验的设计人员或专家对影响可靠性的几种因素评分，然后对评分进行综合分析而获得各单元产品之间的贮存可靠性相对比值，再以某一个已知贮存可靠性数据的产品为基准，预计其他产品的贮存可靠性。

评分预计法通常考虑的因素有复杂程度、技术水平、贮存工作时间和贮存环境条件。在工程应用中，可以根据导弹的特点而调整评分因素。各因素的评分原则与可靠性评分分配法中规定的原则一致。

评分预计法主要适用于产品工程研制阶段，可用于各类产品的贮存可靠性预计。这种方法是在产品贮存可靠性数据十分缺乏情况下进行贮存可靠性预计的有效手段，但其预计的结果受人为主观因素影响较大。因此，在工程应用时，尽可能多请几位专家评分，以保证评分客观性，提高预计的准确性。

6.3.2.3　应力分析法

应力分析法可用于产品详细设计阶段的电子元器件贮存失效率预计。由于弹上电子元器件在贮存过程中基本上是处于非工作状态，故可用电子元器件非工作状态的失效率来表征贮存失效率。在预计电子元器件非工作状态失效率时，应用元器件的质量等级、应力水平、贮存环境条件等因素对非工作基本失效率进行修正。元器件非工作基本失效率是指元器件在非工作状态下仅与元器件种类、结构、工艺等有关的失效率，一般是由在实验室的标准应力与环境条件下，通过对大量的试验结果进行统计分析得到的。电子元器件的应力分析法较为成熟，已有成熟的预计标准和手册[4]。

应力分析法计算较为繁琐，不同类别的元器件有不同的非工作状态失效率计算模型，例如晶体管非工作失效率预计模型为

$$\lambda_P = \lambda_b \pi_E \pi_Q \pi_T \pi_C \pi_r \qquad (6-13)$$

式中　λ_b ——非工作基本失效率；

π_E ——非工作环境系数；

π_Q ——非工作质量系数；

π_T ——非工作温度系数；

π_C ——设备电源通断循环系数；

π_r ——晶体管性能额定值系数。

各 π 系数是按照影响元器件贮存可靠性的贮存环境类别及其参数对基本失效率进行修正。由于利用应力分析法预计比较繁琐且费时，可借用相关的软件工具进行。

6.3.2.4　故障率预计法

故障率预计法可用于非电子产品的贮存可靠性预计，其原理与电子元器件的应力分析法基本相同，而且对基本失效率的修正较为简单。同样地，基本失效率可由在实验室常温条件下的试验结果获得。非电子产品失效率预计模型为

$$\lambda = \lambda_b \pi_k \pi_d \tag{6-14}$$

式中　λ_b ——基本失效率；

π_k ——环境因子，可由工程经验确定；

π_d ——降额因子，可由工程经验确定。

6.3.3　系统贮存可靠性预计方法

系统贮存可靠性预计是以组成系统的各单元预计值为基础，根据系统贮存可靠性模型，对系统贮存可靠性进行预计。以串联系统为例，假设系统由 n 个单元组成，各单元之间相互独立，则有

$$R_s(t) = \prod_{i=1}^{n} R_i(t) \tag{6-15}$$

式中　$R_s(t)$ ——系统贮存可靠度；

$R_i(t)$ ——第 i 个单元贮存可靠度。

如果各单元均服从指数分布，则有

$$\lambda_s = \sum_{i=1}^{n} \lambda_i \tag{6-16}$$

式中　λ_s ——系统贮存失效率；

λ_i ——第 i 个单元贮存失效率。

6.4　贮存可靠性设计

6.4.1　元器件的选择与控制

为了将贮存可靠性设计到系统中去，需对构成该系统的元器件进行认真的选择，以便使得到的元器件及其构成的设备在设计寿命内可靠地执行任务，并使费用降到最低。

对电子系统中使用的元器件进行选择和控制是一项极其重要的工作。许多相关的控制办法、指导准则和要求应该制定、评价和实施，其中包括制定行之有效的采购规范，该规范反应设计要求、质量保证和可靠性需求等方面的综合评价。

元器件选择与控制计划的核心，是掌握备选元器件的特征及在预定环境中的故障模式和机理。只有全面地了解它们的优点和缺点之后，才能根据给定的使用条件，对各个备选件作出性能和可靠性最佳且费用最低的综合权衡。

元器件选用与控制措施主要包括：

1）应优选符合国家军用标准、国家标准及专业标准的元器件；

2）应优选温度稳定性好的元器件；

3）应优选耐振动、冲击等机械环境的元器件，尽量避免使用脆性器件；

4）当元器件的性能易受电、磁场环境影响时，应选用屏蔽封装元器件；

5）一般情况下，被选用的元器件其技术条件所规定的环境条件应高于设备技术条件的规定要求。

6.4.2　原材料的选择与控制

导弹在设计过程中应用了数百种材料（金属与非金属），用以保证导弹结构及各项功能的可靠性。导弹的贮存寿命则是由薄弱环节的材料贮存性能决定的。导弹所用原材料按作用功能分类，可分为结构材料与功能材料两大类。结构材料是指利用其力学性能的材料；功能材料指利用其光、声、电、热、磁等功能和效应的材料。为了保证导弹的贮存可靠性，就必须对构成导弹系统的各类原材料进行严格筛选，使得所制造的设备在规定的寿命期内以最低费用能够可靠地执行功能。

原材料的选用与控制措施主要包括：

1）应优先选用符合国家标准及专业标准、三防性能好的材料；

2）材料的物化性能、工艺性能和相容性应满足设计技术要求，不允许有影响功能的缺陷；

3）材料的贮存性能与工作性能应同时考虑；

4）针对原材料要执行的功能和预期的应用环境，确定所需要的材料品种。

6.4.3　防腐蚀、防老化、防霉变设计

（1）防腐蚀设计

腐蚀是材料和周围环境发生作用而被破坏的现象。在腐蚀的定义中包含了三方面的内容，即材料、环境和反应的种类。材料包括金属材料和非金属材料。材料是腐蚀发生的内因，不同材料腐蚀行为差异很大；环境是腐蚀的外部条件，介质的浓度、成分对腐蚀的影响很大；其他因素如温度、压力、流速等都会对材料腐蚀起一定作用。因此，在进行防腐蚀设计时，应考虑如下原则[5]：

1）进行防腐蚀设计时，应了解腐蚀的类型和破坏形式；

2）在满足零部件和整机工作性能的条件下，采取各种防腐蚀措施；

3）选择防腐蚀措施时，既要考虑材料的防腐蚀性，又要考虑防腐蚀措施的适应性；

4）力求方法简单、可靠、经济美观、施工方便。

进行防腐蚀设计，采取的具体措施主要为：

1）应针对特定的环境，考虑选择适应性较好的耐蚀材料；

2）在进行产品构件设计时，应采取措施以避免电偶腐蚀；

3）通过改善环境条件以减轻腐蚀；

4）采用电化学防蚀法、涂层防护等方法加强表面防护；

5）通过采用防护层、控制腐蚀环境条件、加强非金属材料和印制电路板组件防护等措施对电子设备进行防蚀设计。

（2）防老化设计

防老化设计对象主要包括橡胶和塑料产品。防止橡胶老化的措施主要包括应用抗氧剂和抗臭氧剂。利用抗氧剂抑制或延缓聚合物的氧化降解过程，延长高分子材料的寿命。利用抗臭氧剂提高橡胶的抗臭氧性能，例如在橡胶化合物中添加石蜡，在橡胶表面形成物理保护膜，使橡胶表面和含有臭氧的空气隔开。

预防塑料老化的措施在于提高材料自身的抗老化性能，使聚合物的性能继续保持最初的状态。可采取的措施主要包括：

1）利用共聚、共混、增强等改性方法，减少材料结构的弱点；

2）在材料中加入抗氧剂、热稳定剂、光稳定剂等，保证加工时的热稳定性；

3）将多种抗氧化剂配合使用，提高抗氧化效果；

4）采用充氮密封等，抑制光、热、氧、湿气等外界因素对材料、零组件的破坏作用。

（3）防霉变设计

通常将预防产品发生霉变的工作叫防霉，为了提高产品的抗霉能力，根据霉变机理，采取的防霉变措施主要包括：

1）优选无菌的材料或采用对霉菌不敏感的惰性材料；

2）对关键性电路，使用防霉剂以提高抗霉能力；

3）进行系统抗霉设计；

4）采取使用防霉剂、改善生产工艺和进行防霉试验等综合防治措施；

5）按照相关标准要求进行霉菌试验。

6.4.4 贮存微环境设计

通过对产品自身采取防护措施，进行贮存微环境设计，使产品与周围环境隔离，免受外界环境因素影响。贮存微环境设计是一种环境防护冗余设计，又是贮存环境应力降额设计。通过对元器件、设备和系统逐级采取不同的设计措施，建立一个多级防护层，控制产品内部的相对湿度，减少环境对产品的影响。

通过对那些易受贮存环境因素影响的元器件加以保护，确保元器件的贮存可靠性。元器件采取的最有效措施就是对元器件进行密封，使潮湿空气和水分无法对元器件产生腐蚀，从而减少元器件的结构性故障及性能蜕化。但对那些密封影响其功能的元器件，一般不进行密封。

在元器件采取措施的基础上，通过对设备采取进一步措施，以提高设备的可靠性。通过对设备进行密封，使组件与周围环境因素隔离。当元器件是非密封时，则需要采用设备密封来确保设备内部的贮存环境。

对于导弹系统，在各类设备密封设计的基础上，还需要对总装对接面、壳体操作口盖、脱落插座、行程开关等部位进行密封。在工程应用中，通常采用密封圈和密封胶进行密封。

6.5 贮存可靠性分析

贮存可靠性分析是导弹贮存延寿工作一个重要的、必不可少的组成部分，具有重要的意义。通过对导弹武器系统开展贮存可靠性分析，从产品设计、生产和使用角度发现各种影响贮存可靠性的缺陷与薄弱环节，并采取针对性的措施进行控制，以提高导弹武器系统任务成功性，降低使用风险。

FMEA 是分析产品中所有可能的故障模式及其对产品造成的所有可能影响，并按每一个故障模式的严重程度及其发生可能性予以分类的一种归纳分析方法[7]。20 世纪 80 年代初开始，我国大力推行 FMEA 技术，在武器装备发展和科技工业建设中广为应用，取得显著的效果。近年来，在导弹武器系统研制过程中，为了确保导弹武器系统达到规定的可靠性要求，以满足导弹战备完好性和任务成功性要求、降低对保障资源的要求、减少寿命周期费用，越来越重视可靠性工作的开展，其中 FMEA 是导弹武器系统可靠性工作必不可少的重要技术基础之一。为此，将 FMEA 引入导弹贮存延寿工程，作为开展贮存可靠性分析的一种重要手段。鉴于导弹武器系统贮存延寿工程的特点，传统的 FMEA 技术已无法对导弹武器系统在贮存过程中的薄弱环节进行充分识别分析，同时难以对其技术风险进行有效控制。为此结合导弹武器系统贮存使用任务剖面，利用基于功能和时序的导弹综合 FMEA 技术开展贮存可靠性分析。

基于功能和时序的导弹综合 FMEA 技术是一种在功能分析和时序分析基础上，将功能 FMEA 和硬件 FMEA 相结合，对导弹在典型任务剖面下的故障模式及影响进行分析与控制的技术，流程如图 6 -2 所示。针对导弹在典型任务剖面下每个任务阶段所要实现的功能，通过对导弹在该阶段进行功能分析和时序确认，给出导弹在该阶段的任务框图，进而利用功能 FMEA 方法自上而下分析全弹在该任务阶段的故障模式，从硬件、软件、接口和功能等多方面详细分析故障原因，采取措施消除或降低故障模式发生的可能性，并核实采取措施的有效性。在功能 FMEA 的基础上，结合导弹在每个阶段的任务框图，对每个任务的功能/时序进行分析，进而利用硬件 FMEA 方法，从硬件方面自下而上分析全弹各个单机在每个任务阶段的故障模式，从功能实现的角度详细分析各单机的故障原因，采取措施消除或降低故障模式发生的可能性，并核实采取措施的有效性。在全弹 FMEA 基础上，根据相应的判断准则，确定重要件和关键件，在设计、生产和试验过程中，对重要件和关键件在设计文件和工艺文件中进行明确标识，在生产过程中进行严格把关。在 FMEA 的基础上，通过对导弹在典型任务剖面下全任务阶段的技术

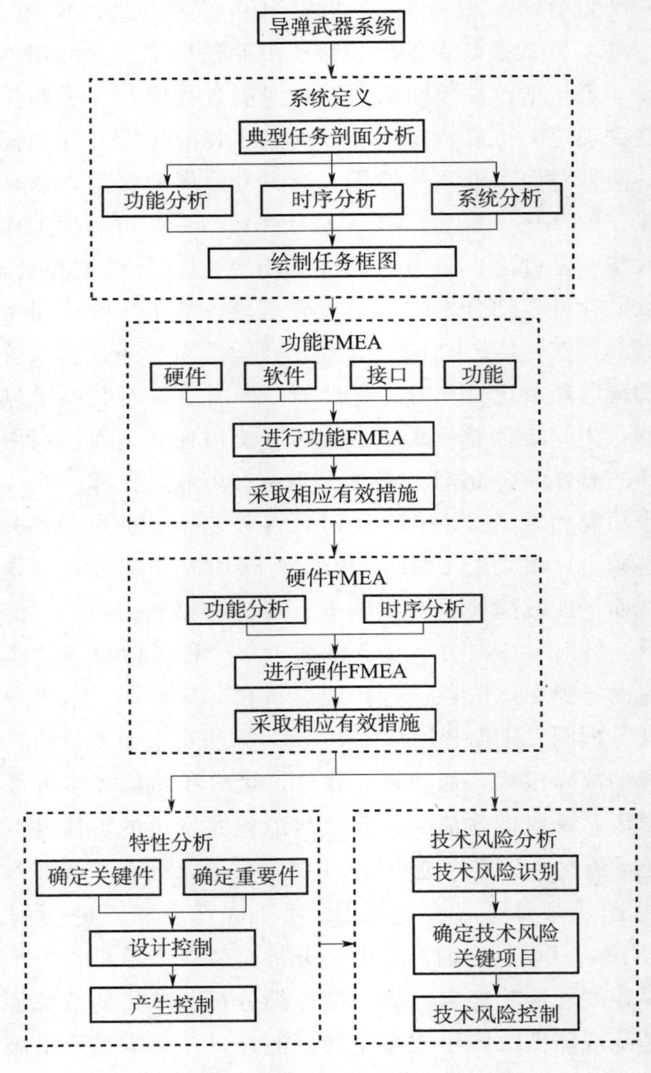

图 6-2 综合 FMEA 实施流程

风险进行识别，确定技术风险关键项目，并对技术风险关键项目进行了逐项分析，对风险产生的原因、风险产生的后果、飞行或地面试验充分性分析、理论计算和仿真模拟情况、工程保证措施进行了综合分析。

6.5.1　系统定义

系统定义是综合 FMEA 技术的第一步，其目的是使 FMEA 人员有针对性地对被分析产品在给定任务功能下进行所有故障模式、原因和影响分析。系统定义主要可概括为典型任务剖面分析（功能分析、时序分析和系统分析）和绘制任务框图（功能框图、任务可靠性框图）两部分。导弹武器系统的系统定义可归纳为：确定导弹武器系统典型任务剖面，把整个任务剖面可分为几个任务段，并对导弹武器系统在每个任务阶段分别进行功能分析和时序分析。针对导弹武器系统在各个任务阶段应完成的功能，结合系统分析，确定导弹武器系统各分系统在各个任务阶段应完成的功能，并编制导弹武器系统功能层次与结构层次对应图和可靠性框图。

6.5.2　基于功能与时序的综合 FMEA

针对导弹在每个任务阶段所要实现的功能，利用功能 FMEA 方法自上而下分析全弹在该任务阶段的故障模式，从硬件、软件、接口和功能等多方面详细分析故障原因和故障影响，从设计改进和使用补偿方面采取措施，并结合试验核实措施的有效性，分析步骤如图 6 - 3 所示。

在功能 FMEA 的基础上，结合机载武器在每个阶段的任务框图，对每个任务的功能/时序进行分析，分析流程如图 6 - 4 所示。

进而利用硬件 FMEA 方法，从硬件方面自下而上分析全弹各个单机在每个任务阶段的故障模式，从功能实现的角度详细分析各单机的故障原因，采取措施消除或降低故障模式发生的可能性，并核实采取措施的有效性。硬件 FMEA 分析步骤如图 6 - 5 所示。

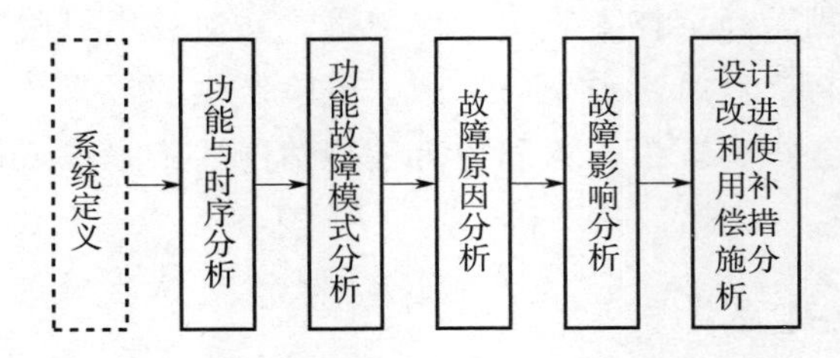

图 6-3 导弹功能 FMEA 步骤

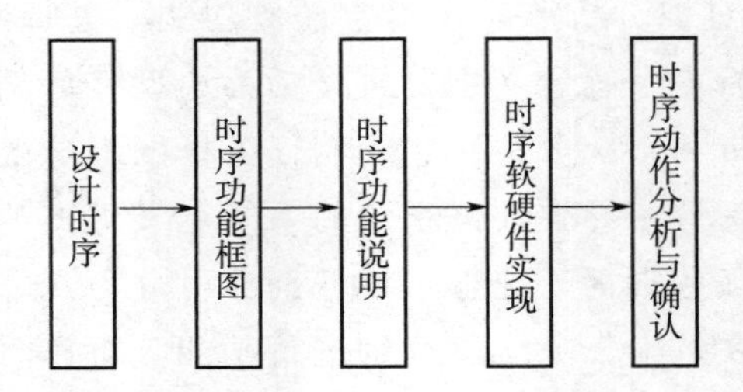

图 6-4 功能/时序分析流程图

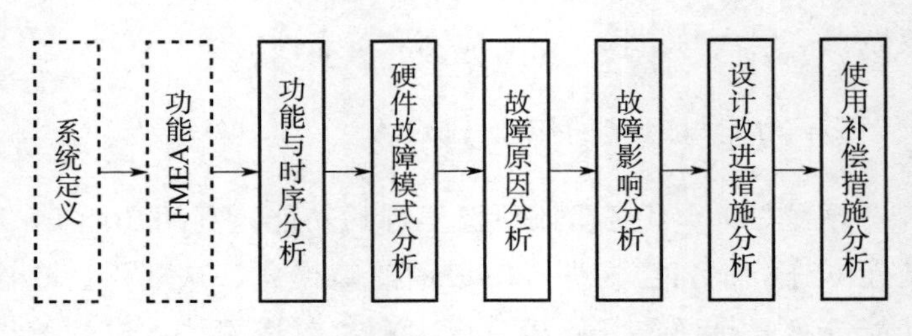

图 6-5 导弹硬件 FMEA 步骤

6.5.3 特性分析

在 FMEA 基础上，根据导弹武器系统各单机的功能要求和性能要求，进行特性分析，根据关键特性和重要特性确定原则，确定关键件和重要件。在设计、生产和试验过程中，对此产品在设计文件和工艺文件中进行明确标识，在生产过程中进行严格把关，确保其质量得到有效控制。

关键特性是指某类特性如达不到设计要求或发生故障，可能迅速地导致导弹系统或主要系统失效或对人身财产的安全造成严重危害。在 FMEA 基础上，通过特性分析，确定具有关键特性的导弹武器系统单机为关键件。

重要特性是指某类特性如达不到设计要求或发生故障，可能导致产品不能完成预定的使命，但不会引起型号或主要系统失效。在 FMEA 基础上，通过特性分析，确定具有重要特性的导弹武器系统单机为重要件。

6.5.4　技术风险分析

在 FMEA 的基础上，通过对导弹在任务剖面下每个任务阶段的技术风险进行识别，确定技术风险关键项目，并对技术风险关键项目进行逐项分析，对风险产生的原因、风险产生的后果、飞行或地面试验充分性分析、理论计算和仿真模拟情况、工程保证措施进行综合分析，确保技术风险可控。

6.6　备件规划

备件是进行导弹装备使用和实施维修等保障任务的重要物质基础。备件规划合理与否是影响导弹贮存可靠性的重要因素之一，对导弹武器系统的战备完好性和全寿命周期费用有重要的影响[8]。在满足战备完好性的前提下，准确规划备件量，并合理地权衡费用，这不仅是装备综合保障领域的一个研究热点[9]，也是装备贮存延寿工程领域的重要研究内容。导弹备件规划受装备数量、维修策略、战备完好性、可靠性水平和费用等影响[10]。而导弹装备数量、维修策略通常都是确定的，在满足战备完好率和尽量降低全寿命周期费用约束下，贮存可靠性水平就成为了决定其备件量的主要因素。

目前，国内外导弹武器系统通常采用基层级、中继级和基地级三级维修体制。在基层级通常采用换件修理方式对现场可更换单元（LRU）进行维修，因此采用 LRU 作为备件形式。鉴于导弹武器系统具有长寿命、高可靠的特点，同时导弹 LRU 的维修时间通常较短，故可不考虑维修时间对备件量的影响。导弹 LRU 的寿命一般服从指数分布，记为 $F(t)=1-\exp(-\lambda t)$。对于批量为 n_0 的导弹，某 LRU 在规定时间 τ 内出现失效时，即可进行维修更换，不考虑维修时间对寿命时间的影响，此过程可以看成是截尾时间为 τ 的有替换定时截尾试验，此时某 LRU 的更换次数 $X(\tau)$ 服从 Poisson分布

$$P\{X(\tau)=s\}=\frac{(n_0 n_1 \tau\lambda)^s}{s!}\exp(-n_0 n_1 \tau\lambda) \tag{6-17}$$

式中　n_1 ——某 LRU 产品在一发导弹上的装配量；

s ——初始备件量。

假设在规定时间 τ 内，某 LRU 产品既没有追加新的备件，也没有修复故障件的加入，则某 LRU 的更换次数 $X(\tau)$ 满足

$$P\{X(\tau)\leqslant s\}\geqslant\gamma \tag{6-18}$$

式中　γ ——初始备件满足率，是指在规定的时间周期 τ 内，现有备件量 s 可以满足 LRU 更换次数需求的概率，它反映了备件保障水平。

根据现役导弹武器系统装备部队以来多年积累的维修保障经验，可将 LRU 分为一般件、易损件和特易损件。对于一般件，初始备件量满足概率 γ 应该较小，一般可取 0.85，而对于易损件和特易损件，γ 一般可分别取 0.9 和 0.95。

记初始备件量置信下限为 s_L，s_L 满足

$$\sum_{x=0}^{s_L}\frac{(n_0 n_1 \tau\lambda)^x}{x!}\exp(-n_0 n_1 \tau\lambda)=\gamma \tag{6-19}$$

由 Γ 分布与 Poisson 分布累积项间的恒等式，可将式（6-19）表示为不完全 Γ 函数

$$I_{n_0 n_1 \tau\lambda}(s_L)=1-\gamma \tag{6-20}$$

由式（6-20）可知，LRU 的备件量与其失效率、寿命时间、

导弹装备数量、装配量和置信水平等直接相关。已知各参数 n_0 、n_1 、τ 、λ 和 γ 代入式（6－20），由 matlab 软件中的函数 poissinv（$1-\gamma$ ，$n_0 n_1 \tau\lambda$ ），可得初始备件量置信下限 s_L 。

在贮存过程中，导弹要定期进行检测。在定期检测过程中，可能对某些 LRU 造成损坏，需要进行更换。故在计算备件量时，需要考虑贮存过程中消耗的 LRU。

对于在贮存过程中定期检测后需要更换的 LRU，其年度备件需求数 s_a 满足

$$s_a = \frac{n_0 n_1 q}{t_0} \tag{6-21}$$

式中　t_0 ——检测周期；

q ——定期检测需要消耗的 LRU 更换率。

对于可修复的 LRU，鉴于 LRU 的维修需要返回中继级或基地级，维修周期一般较长。为了简化计算，不考虑在贮存过程中随机失效的 LRU 的可修复性。但由于定期检测周期一般较长，检测消耗的 LRU 有充足的维修时间，修复后可以归入周转备件继续使用，故式（6－21）备件需求数可变化为

$$s_a = \frac{(1-\varepsilon) n_0 n_1 q}{t_0} \tag{6-22}$$

式中　ε ——可修复 LRU 的修复率，对于不可修复的 LRU，$\varepsilon = 0$。

在贮存过程中，受贮存环境因素的影响，备件也可能发生失效。记某 LRU 的备件失效率为 λ_0 ，假设在规定时间 τ 内，LRU 的失效比例（失效数与导弹装备 LRU 总数之比）与 LRU 的失效率满足线性关系，则 LRU 备件的失效比例 ρ 满足

$$\rho = \frac{\lambda_0 s_L}{\lambda n_0 n_1} \tag{6-23}$$

考虑到备件自身的失效，由式（6－23）可得 LRU 备件的总数为

$$s_0 = \frac{s_L + s_a}{1-\rho} \tag{6-24}$$

由于备件量为整数，利用式（6－24）确定备件量时，需要对计算结果进行取整化。在工程应用中，为了便于对不同 LRU 备件情况进行对比分析，通常还需要确定储备比例，记备件储备比例为 δ，则有

$$\delta = \frac{s_0}{n_0 n_1} \tag{6-25}$$

由式（6－20）、式（6－24）和式（6－25）可以看出，LRU 的装备量和备份量之间并不是线性关系，即储备比例 δ 与装备量 $n_0 n_1$ 相关。这是因为在装备数量较大时，相同 LRU 的备件是可以互换的，储备比例下降，备份量也相应地减少。因此在对不同的 LRU 备件情况进行对比分析时，需要考虑各自的装备量情况。

在贮存过程中，环境上的差异特性是系统的一个重要特性，在不同环境条件下，其可靠性会表现出不同的水平。如忽略贮存环境条件对可靠性的影响，则备件规划的结果往往会有较大的偏差，影响了导弹的战备完好性，并最终会增加产品的全寿命周期费用。

由导弹贮存使用剖面分析可知，导弹在贮存过程中通常存在多种任务剖面。假设存在 n 种典型任务剖面，记为 $M_1, M_2, \cdots, M_n$。对于不同的任务剖面，其对应的环境剖面也不一致。而产品的可靠性受环境条件影响较大，在不同的环境下会表现不同的可靠性水平。故在不同任务剖面下，产品的可靠性水平也存在较大差异，记剖面 M_i 所对应的失效率为 λ_i（$i = 1, 2, \cdots, n$）。通过对贮存过程中各种典型任务剖面所经历的时间进行统计分析，记剖面 M_i 所经历的时间占整个寿命时间的比例为 η_i（$i = 1, 2, \cdots, n$）。综合考虑不同任务剖面对产品可靠性的影响，可得产品在贮存过程中的平均失效率

$$\bar{\lambda} = \sum_{i=1}^{n} \eta_i \lambda_i \tag{6-26}$$

在工程实践中，通常难以确定产品在所有典型任务剖面下的失效率，但一般比较容易确定产品在存放剖面下的失效率，记为 λ_0。由于不同任务剖面下的环境条件不同，通常可利用环境因子来描述

不同环境条件下的寿命等价折合关系。由于环境折合的目的是对产品进行可靠性分析，故可认为环境折合的准则是可靠性不变，即产品在某一环境下经历一定寿命的可靠性应该与另一环境下经历折合后对应寿命的可靠性一致。记任务剖面 M_i 对贮存任务剖面的环境因子为 k_i ，则有

$$\lambda_i = k_i \lambda_0 \tag{6-27}$$

将 λ_i 代入式（6-26）可得

$$\bar{\lambda} = \lambda_0 \sum_{i=1}^{n} \eta_i k_i \tag{6-28}$$

将平均失效率 $\bar{\lambda}$ 代入式（6-20），可得初始备件量置信下限 s_L ，进而代入式（6-24）可得备件总数。

例子：某导弹武器系统装备数量 $n_0 = 100$ ，每台导弹武器系统某 LRU 的装配量 $n_1 = 1$ 。通过对该导弹武器系统的全寿命周期任务剖面进行分析，确定运输、库房存放、测试和战斗值班为 4 种典型任务剖面。该 LRU 在贮存任务剖面下的失效率 $\lambda_0 = 0.008\ (1/a)$，在不同任务剖面下的寿命信息如表 6-5 所示。

表 6-5　某 LRU 任务剖面信息

序号	任务剖面类型	时间比例	环境折合系数
1	运输	0.02	10
2	库房存放	0.8	1
3	测试	0.04	2.5
4	战斗值班	0.14	5

将表 6-5 的数据代入式（6-28）可得该 LRU 的平均失效率 $\bar{\lambda} = 0.0144\ (1/a)$。取备件满足概率 $\gamma = 0.9$ ，在定期检测时不会造成损耗，计算可得该 LRU 在不同储备时间 t 时的备件量和储备比例，如表 6-6 所示。

表 6-6 某 LRU 备件量和储备比例

序号	n_0	n_1	τ/a	初始备件量	备件失效数	总备件量	储备比例
1	100	1	5	4	0.1	4	0.04
2	100	1	8	7	0.3	7	0.07
3	100	1	10	10	0.6	11	0.11
4	100	1	12	12	0.85	13	0.13
5	100	1	15	16	1.6	18	0.18

通过对表 6-6 进行分析可知，在不考虑备件自身贮存失效的情况下，备件量和贮存时间近似满足线性关系。而在考虑备件自身失效时，备件量随贮存时间递增，不再满足线性关系。在实际工程应用中，可结合导弹装备数量、导弹批次生产周期、导弹贮存寿命、备件生产周期和备件费用等诸多因素选择合理的备件周期和总备件量。

参考文献

[1] 王自力．可靠性维修性保障性要求论证［M］．北京：国防工业出版社，2011.

[2] 曾声奎，赵廷弟，张建国，等．系统可靠性设计分析教程［M］．北京：北京航空航天大学出版社，2001.

[3] 曾声奎．可靠性设计与分析［M］．北京：国防工业出版社，2011.

[4] GJB/Z108A. 电子设备非工作状态可靠性预计手册［S］．中国人民解放军总装备部，2006.

[5] 李久祥，刘春和．导弹贮存可靠性设计应用技术［M］．北京：海潮出版社，2001.

[6] GJB150A. 军用装备试验室环境试验方法［S］．中国人民解放军总装备部，2009.

[7] 康锐，石荣德．FMECA 技术及其应用［M］．北京：国防工业出版社，2006.

[8] 赵建忠，徐廷学，李海军，等．基于改进 Theil 不等系数的导弹备件消耗预测［J］．系统工程与电子技术，2013，35（8）：1681－1686.

[9] 程海龙，康锐，肖波平，等．备件满足率约束下的备件模型［J］．系统工程与电子技术，2007，29（8）：1314－1316.

[10] 郭霖瀚，章文晋，康锐．导弹武器系统维修保障建模与仿真［J］．兵工学报，2006，27（5）：851－856.

第 7 章　贮存寿命与可靠性模型

在贮存延寿工程中，如何建立合适的模型能较好地描述寿命与可靠性和环境条件的关系，是贮存可靠性评估的难题。如果模型建立不当，则贮存可靠性评估结果与实际偏差较大。而且随着导弹武器系统贮存可靠性要求的提高和其使用环境的复杂化，贮存可靠性评估的精度要求也越来越高。本章介绍了导弹贮存寿命与可靠性建模方法，为导弹武器系统贮存延寿提供强有力的技术支撑。

7.1　贮存寿命与可靠性建模

贮存寿命与可靠性建模是指利用模型来描述产品的寿命特征参数和贮存环境因素之间的关系，进而结合试验数据对模型进行统计推断。常用的描述寿命特征参数与贮存环境因素关系的模型主要包括物理模型、类物理模型和经验模型三类[1]。在工程应用中，上述三类模型通常又分为加速寿命模型与统计寿命模型。

（1）物理模型

在有些情况下，能较好地了解某一材料或零部件随着环境因素的微弱变化而发生的变化，以及在该环境因素作用下产品的失效过程，从而建立用于描述产品寿命与环境因素关系的模型。由于许多因素会同时影响失效机理，这些模型通常较为复杂。在大多数情况下，需要对模型进行合理的简化。一个合理的物理模型能够使寿命与可靠性评估具有较高精度。不过环境条件必须适当，从而保证产品在不同环境条件下的失效机理一致。通常这些模型只适用于某一特定的失效机理，不适用于其他失效机理。

(2) 类物理模型

这类模型通常不是直接基于影响失效过程的特定失效机理，而是来源于已知的物理或化学理论，或者是基于宏观的失效机理。大多数常用的加速寿命模型，例如 Arrhenius 模型属于这类模型。由于这类模型并不是由特定的失效机理获得的，它们比真正的物理模型应用更广泛。

(3) 经验模型

在大多数情况下，并不了解材料或部件在应力下的物理或化学反应。当不了解产品的失效机理时，通常是无法建立相应的物理模型。此时一般通过统计的方法，用经验模型来拟合试验数据，故又称经验模型为统计模型。经验模型可以较好地拟合已有的试验数据，但是用其来外推产品在正常条件下的寿命与可靠性具有一定的风险。

7.2　加速寿命模型

为了对高可靠性、长寿命的产品进行可靠性评估，基于概率统计理论而来的传统可靠性试验通常会需要很多试验样本或者较长的试验时间。实际上，对于大多数这类产品来说，传统可靠性试验方法在工程上是不能实现的。为了缩短产品的研制周期，减少研制费用，必须采用加速寿命试验方法。加速试验的特点是选择一些比正常使用环境严酷的应力水平，使产品在这些应力水平下进行寿命试验[2]。由于产品的试验环境变严酷，从而加速了产品失效，缩短了试验时间。在获得的失效数据基础上，运用加速寿命试验模型，对产品在正常应力水平下的各种可靠性特征进行统计推断。加速模型反映了寿命特征量与应力水平的关系，其重要性在于：通过加速试验数据的分析，利用数据确定加速寿命模型参数，然后再由加速寿命模型对正常应力水平下的特征量做出推断。加速寿命模型是利用加速寿命试验信息外推产品在正常应力水平下的各种可靠性特征的关键。对于许多产品，特别是电子产品，其加速寿命模型可以根据物理、化学原理得到。加速模型在通常情况下是一个非线性曲线，但是可以通过对寿命数据和应力水平进行适当的数学变换，如对数变换、倒数变换等，将其转换为线性模型，以方便实际使用。按加速试验应力数的不同，加速寿命模型可分为单应力和多应力加速寿命模型。

7.2.1 单应力加速寿命模型

7.2.1.1 阿伦尼斯（Arrhenius）模型

在加速寿命试验中，常用温度作为加速应力。因为高温能使产品（如电子元器件、绝缘材料等）内部加快化学反应速度，促使产品提前失效。阿伦尼斯通过研究这类化学反应，总结大量实验数据的基础上，提出了如下加速模型[3]

$$\theta = A\exp\left(\frac{E_a}{kS_T}\right) \tag{7-1}$$

式中 θ——寿命特征，如平均寿命、中位寿命等；

A——与产品特性、几何形状、实验方法有关的正常数；

E_a——激活能，与材料有关；

k——波尔兹曼常数，$k = 1.38 \times 10^{-23}\,\text{J/K}$；

S_T——绝对温度。

Arrhenius 模型表明，寿命特征随着温度的上升而呈指数下降的趋势，对式（7-1）两边取对数，可得

$$\ln\theta = a + \frac{b}{S_T} \tag{7-2}$$

其中

$$a = \ln A,\ b = \frac{E_a}{k}$$

由此可见，寿命特征的对数是温度倒数的线性函数。

7.2.1.2 逆幂律模型

在加速寿命试验中用电应力（如电压、电流、电功率等）作为加速应力也是常见的。譬如，加大电压能使产品快速失效。在物理

上已被很多试验数据证实，产品的某些寿命特征与应力之间有如下关系

$$\theta = \frac{A}{S_V^B} \tag{7-3}$$

式中　θ——寿命特征，如平均寿命、中位寿命等；

A——一个正常数；

B——一个与激活能有关的正常数；

S_V——电应力，常取电压。

上述关系称为逆幂律模型，它表示产品的某种寿命特征是电应力 S_V 的负次幂函数[4]。逆幂律模型是由动力学理论导出，除了电压之外，它还可以应用于其他应力，如机械载荷、气压和电流等。

对该模型两边取对数，可得

$$\ln\theta = a + b\ln S_V \tag{7-4}$$

其中　$$a = \ln A \text{ , } b = -B$$

因此，寿命特征的对数是电应力对数的线性函数。

阿伦尼斯模型和逆幂律模型是最常用的加速模型。它们的线性化形式可统一表示为

$$\ln\theta = a + b\varphi(S) \tag{7-5}$$

式中　θ——寿命特征；

$\varphi(S)$——应力水平 S 的已知函数（当 S 为绝对温度时，$\varphi(S) = \frac{1}{S}$；当 S 为电压时，$\varphi(S) = \ln S$）。

式（7-5）中的 a 和 b 是待定参数，它们的估计需要从加速寿命实验的数据中获得。在常用寿命分布中的应用如下。

1）当产品的寿命服从参数为 θ 的指数分布时，常用平均寿命 θ 作为寿命特征，其加速模型为

$$\ln\theta = a + b\varphi(S) \tag{7-6}$$

2）当产品的寿命服从 Weibull 分布 $W(m,\eta)$ 时，常用特征寿命 η 作为寿命特征，其加速模型为

$$\ln\eta = a + b\varphi(S) \tag{7-7}$$

3）当产品的寿命服从对数正态分布 $LN(\mu,\sigma^2)$ 时，常用中位寿命 $t_{0.5}$ 作为寿命特征，其加速模型为

$$\ln t_{0.5} = a + b\varphi(S) \tag{7-8}$$

通过加速寿命试验数据分析，获得加速模型中的两个未知参数 A 、B 的估计是加速寿命试验的关键之一。若记 A 、B 的估计为 $\hat{A}$ 、$\hat{B}$ ，则由加速模型得

$$\ln\theta = \hat{A} + \hat{B}\varphi(S) \tag{7-9}$$

这样，可对正常应力水平 S_0 下的寿命特征 θ 作出估计。

7.2.1.3　单应力艾林（Eyring）模型

在加速应力为温度时，通常还采用艾林模型作为加速方程[3]

$$\theta = \frac{A}{S_{\mathrm{T}}}\exp\left(\frac{B}{S_{\mathrm{T}}}\right) \tag{7-10}$$

式中　A ——待定常数；

S_{T} ——温度应力。

艾林模型是根据量子力学理论导出的，它与 Arrhenius 模型只相差一个系数 $\frac{A}{S_{\mathrm{T}}}$ 。当温度 T 的变化范围较小时，$\frac{A}{S_{\mathrm{T}}}$ 可近似看作常数。这时，艾林模型近似为 Arrhenius 模型。在很多场合下，可以使用这两个模型去拟合数据，并根据拟合好坏来决定选用哪个模型。

7.2.1.4　Coffin - Manson 模型

热循环也是一种温度应力，但是它激发失效的模式通常与恒定温度不同。通常用失效周期来描述产品寿命受热循环的影响。Coffin 和 Manson 提出了额定失效周期 θ 和温度范围之间的关系[5]

$$\theta = \frac{A}{(\Delta T)^B} \tag{7-11}$$

其中 ΔT 是温度范围 $T_{\max} - T_{\min}$ ，A 和 B 是材料属性和产品设计的特征常数，其中 B 通常为正数。Coffin - Manson 模型是提出用于描述热循环造成的金属疲劳失效，之后被广泛应用于机械和电子零件。

该模型是 $S-N$ 曲线的变形，用于描述实效周期数 N 和应力 S 之间的关系。

对该模型两边取对数，可得其线性函数为

$$\ln\theta = a + b\ln\Delta T \tag{7-12}$$

其中
$$a=\ln A, b=-B$$

7.2.1.5　Norris - Landzberg 模型

Coffin - Manson 模型假定疲劳寿命只与热循环的温度范围有关。在某些应用中，疲劳寿命同样是频率周期和高温的函数，Norris 和 Landzberg 将热周期变量的影响综合起来对传统的 Coffin - Manson 模型进行了修正[6]

$$\theta = A(\Delta T)^{-B} f^{C} \exp\left(\frac{E_a}{kT_{\max}}\right) \tag{7-13}$$

式中　θ——额定失效周期；

A,B,C——与材料属性、产品设计和失效判据相关的特征常数；

$T_{\max}$——最高绝对温度；

E_a——激活能；

f——频率周期。

随着频率周期的增大，如果 $C>0$，则疲劳寿命增大；如果 $C<0$，则疲劳寿命减小；如果 $C=0$，则疲劳寿命保持不变。这使得模型具有较大的灵活性，适用于大量频率特性。

对该模型取对数，可得其线性函数为

$$\ln\theta = a + b\ln\Delta T + c\ln f + \frac{d}{T_{\max}} \tag{7-14}$$

其中
$$a=\ln A, b=-B, c=C, d=\frac{E_a}{k}$$

7.2.1.6　寿命—振动模型

振动有时可以作为加速电子产品、机械产品疲劳失效的应力。疲劳寿命与振动之间的关系与逆幂律模型相似，可以表示为

$$\theta = \frac{A}{G^B} \tag{7-15}$$

式中 θ——表示疲劳寿命；

A、B——常数；

G——表示 $G_{rms}(g)$，为加速度均方根。

对于正弦振动，$G_{rms}(g)$ 等于加速度峰值乘以 0.707；对于随机振动，$G_{rms}(g)$ 等于功率谱密度（$PSD, \frac{g^2}{Hz}$）的均方根。MIL-STD-810F 给出了不同类型产品的 B 值[7]，比如随机振动下航空军用电子设备取 4，正弦振动下取 6。一般地，B 可由实验数据估计得到。对该模型进行转换可得

$$\ln\theta = a + b\ln G \tag{7-16}$$

其中
$$a = \ln A \text{ , } b = -B$$

7.2.1.7 指数型模型

MIL-HDBK-217E 给出适用于各种电容器加速寿命试验的指数型模型[8]

$$\theta = A\mathrm{e}^{-BS_V} \tag{7-17}$$

式中 A,B——待定常数；

S_V——电应力。

对式（7-17）进行对数变换，则有

$$\ln\theta = a + bS_V \tag{7-18}$$

其中
$$a = \ln A \text{ , } b = -B$$

7.2.1.8 范特霍夫模型

1884 年荷兰物理化学家范特霍夫根据实验数据总结出一条经验规则，温度每升高 10℃，化学反应速率常数增加 2～4 倍，即

$$\frac{K_{t+10}}{K_t} = 2 \sim 4 \tag{7-19}$$

式中 K_t——t ℃时的反应速率常数；

K_{t+10}——$(t+10)$ ℃时的反应速率常数。

7.2.1.9　朱可夫动力学模型

朱可夫的断裂分子理论认为，材料的断裂是一个松弛过程，宏观断裂是微观化学键断裂的一个热活化过程，与时间有关，材料从完好状态到完全断裂的时间为 t ，在拉伸应力 σ 下，t 与 σ 有指数关系

$$t = t_0 \exp\left(\frac{U - \omega\sigma}{kS_T}\right) \tag{7-20}$$

式中　U ——断裂激活能；

t_0 ——与温度无关的常数；

ω ——应力系数；

k ——波尔兹曼常数；

S_T ——绝对温度。

模型认为应力降低了断裂活化能。贮存过程中的应力主要是使材料产生物理老化，因此假设在材料的老化过程中，内部应力的作用也等效降低了材料老化表观活化能。

由于该模型是 Arrhenius 模型的改进，模型中增加了拉伸应力参数，用于评估温度和恒定拉伸应力为主要老化因素时的情况。

7.2.1.10　凯默尼模型

加速电压试验的凯默尼模型是以综合温度和电压载荷为基础建立的模型

$$\lambda = \exp\left(C_0 - \frac{E_a}{kS_T}\right)\exp\left(\frac{C_1 S_{V0}}{S_{V1}}\right) \tag{7-21}$$

式中　S_T ——结点温度；

S_{V0} ——集成电极电压；

S_{V1} ——在断开电压之前的最大集成电极电压；

E_a ——损伤机理和材料的激活能；

k ——波尔兹曼常数；

C_0 ，C_1 ——材料常数。

但在某些情况下，电压并不是理想的加速载荷，因为作用电压不应超过装置的崩溃电压，崩溃电压不比工作电压高很多，因此放

大量有限，故可能的试验时间压缩量有限。在同样的电压下，不同的损伤机理可以造成不同程度的影响。这意味着产品的变化不会以相同的速率产生。

7.2.1.11 累计损伤模型

外界应力对产品的作用有两种类型。一种是可逆的，即当应力作用于产品或材料时，其参数会发生变化，而当应力消失后，产品又恢复原状；另一类作用是不可逆的，即当应力消失后，应力作用的后果仍然存在或部分存在，这样每次应力的作用都会给产品带来损伤。这些损伤累计起来超过某一临界值时，产品就会发生故障或失效，这种模型就是累计损伤模型。

材料的裂纹扩展是典型的累计损伤模型，在冲击、振动等应力的作用下，材料产生疲劳裂纹。每次冲击裂纹都会有新的扩展，随着冲击次数的增加，损伤累计到一定程度，当裂纹长度超出了规定的容许限度时，产品就要报废。

运用累计损伤模型分析产品故障的前提假设是：即使应力大小变化，失效机理也不变。在进一步分析时，一般采用 Miner 法则：若在某一特定的交变应力 l_i 下，产品平均可承受的循环次数（寿命）为 N_i，则若在应力 l_i 下实际循环 n_i 次，则应当满足

$$\sum \frac{n_i}{N_i} = 1 \tag{7-22}$$

就可以认为产品到达平均使用寿命。

7.2.1.12 累计损伤—反应论模型

反应论模型以及与其相结合的加速老化寿命分析方法可以相当广泛地应用于各种退化模式，但是由于它们所考虑的是通过确定模型参数来预估某一特定环境（或应力）下的寿命，当环境变化时，便难以准确地进行寿命预估。Miner 法则虽然考虑了变化应力的累积效应，但它是在假设材料产生机械能量积累的前提下得到的，对于其他形式的老化或退化就未必能使用这个累计能量的离散考虑方法。因此，可以考虑将反应论模型连续化，并与反应论模型结合起

来，以达到预估材料在变化环境下的剩余寿命的目的。

假设材料在贮存、使用途中所经历的环境因素强度是连续变化的，如设定某时刻 t_1 的环境温度是 T_1 ，t_2 的环境温度是 T_2 等，所对应的函数关系是 $T = f(t)$ ，则在老化过程符合阿伦尼斯模型条件（温度为主要老化因素）的情况下，t_1 时刻温度下的平均寿命为

$$L(T_1) = C\mathrm{e}^{\frac{B}{f(t_1)}} \tag{7-23}$$

虽然环境强度在变化，但采用微元法的思想，可以假设在 t_1 时刻，环境温度在微小的时间段 Δt_1 内保持为 T_1 。

将累计损伤模型中的离散寿命概念扩展为反应论模型中的连续寿命概念，即把“循环次数”用实际的时间来代替。则 $L(T_i)$ 就相当于 N_i ，Δt_i 则相当于 n_i ，于是 Miner 法则变为

$$\sum \frac{\Delta t_i}{C\mathrm{e}^{\frac{B}{f(t_i)}}} = 1 \tag{7-24}$$

参照积分定义，式（7 - 24）可表示为

$$\frac{1}{C}\int_0^{\mathrm{MTTF}} \mathrm{e}^{\frac{B}{-f(t)}}\,\mathrm{d}t = 1 \tag{7-25}$$

即

$$\int_0^{\mathrm{MTTF}} \mathrm{e}^{\frac{B}{-f(t)}}\,\mathrm{d}t = C$$

根据已知的参数求解此积分方程，即可得出变化环境下的平均使用寿命。

7.2.2　多应力加速寿命模型

7.2.2.1　广义艾林模型

产品在使用中受到的环境应力比较复杂，比如会同时受到温度、振动和湿度等应力的影响。实际上，也正是这些应力的综合效果影响了产品的寿命。虽然产品受到的是多种环境应力，但想将它们同时都和产品的寿命联系起来，却是一件非常困难的事情。因为各种应力引起产品失效的机理不一样，同时不同应力之间也存在着相互

耦合的作用，要将它们和寿命相结合，还必须了解产品本身的属性，比如材料和几何特性等。因此要找出一个能真实描述实际情况的加速模型存在着相当大的困难。为了简化问题，在考虑应力时，可以针对产品类型，只考虑对产品寿命影响较大的几种。

在加速寿命试验中，温度经常和一些非热应力同时作用，比如湿度、电压、电流、振动和机械载荷等。通常用广义艾林模型来描述寿命与温度和非热能的关系[9]

$$\theta = \frac{A}{S_{\mathrm{T}}}\exp\left(\frac{D}{S_{\mathrm{T}}}\right)\exp(BS)\exp\left(\frac{CS}{S_{\mathrm{T}}}\right) \tag{7-26}$$

式中 S 是非热能应力，A，B，C 和 D 是和材料属性、失效判据和产品设计等因素相关的特征常数，其他符号与 Arrhenius 模型一致。该模型中包含参数 C 的项表示 S_{T} 和 S 的交互作用。交互作用项表示温度在应力水平 S 下的加速效果，反之亦然。如果交互作用不存在，则 $C=0$ 。在很多实际应用中，通常省略第一项 $\frac{1}{S_{\mathrm{T}}}$ ，而且取 S 为非热能应力的函数，如电压 S_{V} ，则取 $S=\ln(S_{\mathrm{V}})$ 。

7.2.2.2 温度和电应力加速寿命模型

电子密封器件的寿命主要受到温度和电应力的影响，并且由于器件结构本身相对简单，研究元器件级的温度和电应力加速模型成为多应力寿命模型研究的一个主要趋势。一般来说，电应力与寿命的关系服从幂律或指数律，温度应力与寿命的关系服从指数律。因此当忽略了应力间的相互作用时，为了得到多应力寿命关系，最直接的方法就是将单应力加速模型相乘，然后通过修正模型中的参数来对实际数据进行拟合。

在电容、电阻、二极管、微电子电路和绝缘介质的电子电气产品的测试过程中，温度和电压经常被同时作为应力用于加速试验。可利用下述模型来描述寿命和温度及电压之间的关系[1]

$$\theta = \frac{A}{S_{\mathrm{V}}^{B}}\exp\left(\frac{D}{S_{\mathrm{T}}}\right)\exp\left(\frac{C\ln(S_{\mathrm{V}})}{S_{\mathrm{T}}}\right) \tag{7-27}$$

式中 S_{V} ——电压；

S_T ——绝对温度；

A，B，C，D ——常数。

在实际中，如果温度和电压间的交互作用较弱，可以省略最后一项。简化后的模型主要体现了应力对寿命主要的影响，可分别由 Arrhenius 模型和逆幂率模型表示。

有时候，电流和温度会一起作用于加速失效模式，比如电迁移和腐蚀。寿命和电流、温度联合应力的关系如下

$$\theta = \frac{A}{S_I^B}\exp\left(\frac{C}{S_T}\right) \tag{7-28}$$

式中　S_I ——电流；

A，B，C ——常数；

S_I ——在电迁移的背景下，表示单位面积的电流密度。

式（7－28）又被称为 Black 模型，并且应用较为广泛。

Fallou 于 1979 年提出了一种指数模型[10]

$$\theta = \exp\left(A(S) + \frac{B(S)}{S_T}\right) \tag{7-29}$$

其中　$$A(S) = A_1 + A_2 S,\ B(S) = B_1 + B_2 S$$

式中　S_T ——绝对温度；

S ——电应力；

A_1，A_2，B_1，B_2 ——由试验数据而来。

这个模型并不能全面描述应力与寿命之间的关系。因为电应力在某个水平时，产品寿命与之无关，在对数坐标中表现为：电应力越高寿命越短，这种对数线性关系只在电应力水平高于它的极限时存在，而在此之前寿命不随电应力变化。由于指数性质的约束，这个模型不仅不能描述这个变化实质，同时也忽略了电应力极限的存在。

Simoni 在考虑到了电应力极限之后，认为电应力和温度应力会对产品寿命产生累积损伤的影响，于 1984 年提出了描述电应力和温度应力与产品寿命关系的加速模型[11]

$$\frac{\theta}{\theta_0} = \left(\frac{S}{S_0}\right)^{-N} \exp(-B\Delta T) \tag{7-30}$$

其中 $$N = n - b\Delta T\ ,\ \Delta T = \frac{1}{S_{T_0}} - \frac{1}{S_T}$$

式中 n ——逆幂律模型中的参数；

b ——材料系数；

S_{T_0} ——室温；

S_T ——绝对温度；

B ——Arrhenius 模型中的参数；

S ——施加的电应力水平；

S_0 ——产品进行加速试验的最小电应力（在这个电应力水平和室温的条件之下，产品的寿命可认为是无限的）；

θ_0 ——当 $S < S_0$ 且在室温 S_{T_0} 下产品的基本寿命。

由这个模型可以看出，Simoni 将描述电应力寿命关系的逆幂率模型与描述温度的指数律模型相乘，并将各自模型中的常数认为是另一个应力的函数，进而得到多应力寿命模型。这是目前运用较为广泛的复合电应力温度应力寿命模型。

7.2.2.3　温度和湿度加速寿命模型

除了温度之外，湿度也对产品的寿命影响较大，特别是电子产品，其往往会同时受到温度和湿度的影响。为此，Peck 在 1986 年提出了用于描述温度和湿度的加速寿命模型[12]

$$\theta = AS_H^B \exp\left(\frac{C}{S_T}\right) \tag{7-31}$$

式中 S_H ——相对湿度；

S_T ——绝对温度；

A , B , C ——常数。

Reich - Hakim 提出了用于描述产品中位寿命与温度及相对湿度关系模型[13]

$$t_{50\%} = \exp[-(A + B(S_T + S_H))] \tag{7-32}$$

式中 $t_{50\%}$ ——中位寿命；

S_H ——相对湿度；

S_T ——绝对温度；

A , B ——常数。

Flood 和 Sinnadurai 证明给出了中位寿命与水蒸气压强的关系[13]

$$t_{50\%} = A\exp\left(\frac{B}{V_p - K}\right) \tag{7-33}$$

式中　$t_{50\%}$ ——中位寿命；

V_p ——水蒸气压强；

K ——常数，为 131 mmHg；

A , B ——常数。

Lawson 给出了产品失效时间与温度和湿度之间的关系[14]

$$t_f = AS_H^2\exp\left(\frac{B}{S_T}\right) \tag{7-34}$$

式中　t_f ——失效时间；

A , B ——常数；

S_H ——相对湿度；

S_T ——绝对温度。

Weleh 通过研究温度和湿度对材料老化寿命的影响，提出的材料在湿热环境中老化寿命模型

$$\begin{cases} \dfrac{C}{K'} = \tau \cdot [H_2O] \\ \ln\dfrac{C}{K'} = A + B\dfrac{1}{T} \end{cases} \tag{7-35}$$

式中　$\dfrac{C}{K'}$ ——与湿度有关的老化速率常数；

τ ——寿命；

$[H_2O]$ ——水蒸气摩尔浓度；

T ——温度；

A , B ——常数。

7.2.2.4　温度与振动应力加速模型

除了温度和湿度外，振动也是影响产品寿命的重要环境因素之一。1991 年 Donald B. Barker 等人通过对印刷电路板（PWB）焊点的研究，提出了温度与振动应力共同加载时对产品寿命影响的加速模型[15]。他们认为在产品的寿命过程中，热应力和随机振动是影响其寿命的主要因素。对于无铅焊料和有铅焊料分别为

$$N_f = \frac{1}{2}\left(\frac{F}{2\varepsilon_f}\cdot\frac{L_D\Delta a\Delta T_e}{h}\right)^{\frac{1}{c}}$$

$$N_f = \frac{1}{2}\left(\frac{F}{2\varepsilon_f}\cdot\frac{k\ (L_D\Delta a\Delta T_e)^2}{200Ah}\right)^{\frac{1}{c}} \tag{7-36}$$

式中　N_f ——疲劳寿命；

ε_f ——疲劳延性系数；

L_D ——器件焊点间的最大距离；

$\Delta\alpha$ ——部件和衬底之间高热胀系数的绝对误差；

ΔT_e ——等价温度范围；

h ——焊点高度；

A ——焊点面积；

F，c ——常数。

7.2.2.5　电应力、温度和机械应力加速模型

1992 年 Srinivas 和 Ramu 提出了综合考虑电应力、温度应力以及机械应力的加速寿命模型[16]。他们将机械应力产生的疲劳损伤建立在 Paris 断裂力学疲劳定律之上，经过一系列的简化和等价变形之后，机械应力与寿命的关系表示为 $L = kS^A$ 。假设电应力寿命模型为 $L = kE^B$ ，而温度寿命模型为 $L = C\exp\left(\frac{D}{S_{\mathrm{T}}}\right)$ 。通过假设电应力寿命模型中的常数 k 和 B 是温度 S_{T} 和机械力 S 的函数，将各种寿命模型相乘可以得到复合应力模型

$$L = L_0K(S_{\mathrm{T}},S)\left(\frac{E^S}{E_0^S}\right)^C\left(\frac{E}{E_0}\right)^B\left(\frac{E^{1/S_{\mathrm{T}}}}{E_0^{1/S_{\mathrm{T}}}}\right)\left(\frac{S}{S_0}\right)^A\exp\left(D\left(\frac{1}{S_{\mathrm{T}}}-\frac{1}{S_{\mathrm{T}_0}}\right)\right) \tag{7-37}$$

7.2.2.6　多应力的广义 Arrhenius 模型

当应力较多时，通常利用广义 Arrhenius 模型来描述寿命与应力的关系[3]

$$\theta = \exp(c_0 + c_1\varphi_1(S_1) + \cdots + c_l\varphi_l(S_l)) \tag{7-38}$$

式中　$S_1, S_2, \cdots, S_l$ —— l 维应力；

$c_0, c_1, \cdots, c_l$ ——未知系数；

$\varphi_1(\cdot), \cdots, \varphi_l(\cdot)$ ——已知函数。

7.3　统计寿命模型

与加速寿命模型不同，统计寿命模型并不是根据产品的物理失效原理推导而来的，而是根据工程经验和相似产品的信息，选取统计模型来表述寿命和环境因素的关系，再结合试验数据对模型进行统计推断。当环境因素较多，难以对产品进行失效物理分析时，通常利用统计寿命模型进行统计分析。

统计寿命模型通常适用于多环境因素的试验数据，通过寿命特征量与环境因素的多项式回归来建立模型。对于单因素变环境试验而言，统计模型可以得到与物理模型相符的结论。由于物理模型是失效物理分析的结果，其模型形式依赖于具体的失效物理/化学过程，适用性较差；而统计模型统计分析的结果，不依赖于具体的失效物理/化学过程，适用性较强。与物理模型相比，统计寿命模型缺乏失效物理基础，寿命预测风险较高。

统计寿命模型主要分为参数模型和非参数模型。参数模型需要预先确定产品的寿命分布形式，而非参数模型是一种无分布假设的模型[17]。广泛使用的参数模型是加速失效时间模型，该模型假设协变量对产品失效时间有一个倍乘的效果，例如位置—刻度模型等。广泛使用的非参数模型是比例危险模型和比例优势模型以及拓展统计模型等。

7.3.1　位置—刻度模型

位置—刻度模型是一种常用的寿命与可靠性模型。它已普遍应用于电子元器件、机械产品的疲劳、金属材料断裂及材料老化等寿命试验中。当寿命分布服从位置—刻度分布族时，可以利用位置—刻度模型来描述寿命与环境协变量的关系。在位置—刻度模型中通常假设位置参数依赖于环境协变量 $X=(x_1,x_2\cdots,x_p)'$，而刻度参数为与时间无关的常数。记寿命变量为 $T(\theta)$，位置—刻度模型[18]为

$$T(\theta)=\mu(X)+\sigma\varepsilon \tag{7-39}$$

式中　$\mu(X)$ ——位置参数；

σ ——刻度参数；

ε ——分布函数为 $G(t)$ 的随机变量，其中 $G(t)$ 与位置参数及刻度参数无关。

一般利用线性模型来描述 $\mu(X)$ 与 X 的关系

$$\mu(X)=\beta_0+\beta_1 f_1(X)+\cdots+\beta_p f_p(X) \tag{7-40}$$

为了便于工程应用，通常取 $f_i(X)$ 为低阶多项式[19]，故式（7-40）又可表示为

$$\mu(X)=\beta_0+\beta_1 x_1+\cdots+\beta_p x_p \tag{7-41}$$

对式（7-39）进行变换可得可靠度函数

$$R(t\mid X)=1-G\left(\frac{t-\mu(X)}{\sigma}\right) \tag{7-42}$$

常用的寿命分布包括正态分布、对数正态分布、Weibull 分布、Logistic 分布和极值分布等，经过适当的变换，在一定的参数约束下，都满足式（7-42）的位置—刻度模型。当 $T(\theta)$ 服从 Weibull 分布，则有 $F(t\mid X)=1-\exp\left(-\left(\frac{t}{\eta(X)}\right)^m\right)$，其中尺度参数 $\eta(X)$ 依赖于环境协变量，形状参数 m 为与环境协变量无关的常数。记 $y=\ln t$，$\sigma=\frac{1}{m}$，$\mu(X)=\ln\eta(X)$，则 Weibull 分布函数为 $F(y\mid X)=1-$

$\exp\left(-\exp\left(\frac{y-\mu(X)}{\sigma}\right)\right)$。此时寿命 $Y=\ln T$ 和环境协变量 X 满足位置—刻度模型，其中 $G(t)=1-\exp(-e^{t})$ 为标准极值分布函数。

7.3.2　比例风险模型

比例风险模型从失效率的角度描述可靠性与环境因素的关系。假设协变量为 X 时，寿命 T 的密度函数为 $f(t\mid X)$，可靠度函数为 $R(t\mid X)$，则风险率函数（又称失效率函数）为 $\lambda(t\mid X)=\frac{f(t\mid X)}{R(t\mid X)}$，若当 $X_1\neq X_2$ 时，比值 $\frac{\lambda(t\mid X_1)}{\lambda(t\mid X_2)}$ 与 t 无关，则称寿命与协变量的关系符合比例风险模型[20]。风险率函数通常依赖于时间和环境协变量，利用比例风险模型可以把其分解为分别只依赖于时间和环境协变量的两部分

$$\lambda(t\mid X)=\lambda_0(t)\exp(g(X)) \tag{7-43}$$

式中　$\lambda_0(t)$——基准风险率函数，与环境协变量无关。

由于包含协变量的部分必须为正数，故式（7-43）中第二项通常表示为指数形式。通常假设环境协变量对寿命的影响是独立，而且是相乘的，即取 $g(X)=\beta X$，但这个假设不是必须的。关于 $\lambda_0(t)$ 通常会做很多不同的假设，如果假设寿命服从连续分布，则 $\lambda_0(t)$ 是关于时间 t 的光滑函数。而在比例风险模型中，把 $\lambda_0(t)$ 处理为与分组实验中的分组因素类似，只在失效发生的时刻才给出风险率，从而不需要假设 $\lambda_0(t)$ 关于时间 t 的趋势。在生存分析中，是否给出基准函数 $\lambda_0(t)$ 的形式所导致的参数 β 在估计与推断方面的差异常常很小。

对式（7-43）进行变换可得可靠度函数

$$R(t\mid X)=\exp(-\Lambda(t)\exp(g(X))) \tag{7-44}$$

其中

$$\Lambda(t)=\int_{-\infty}^{t}\lambda_0(u)\mathrm{d}u$$

7.3.3　比例优势模型

近年来，比例优势模型在生存分析中应用较多。比例优势模型

是一种有序回归模型，又称为累积 Logistic 模型[21]。记 $p(T \leqslant t \mid X)$ 为产品在环境协变量 X 下寿命 T 小于给定时间 t 的概率，则比例优势模型为

$$\operatorname{logit}(p(T \leqslant t \mid X)) = \Lambda(t) + \beta X \tag{7-45}$$

其中

$$\operatorname{logit}(p) = \ln\left(\frac{p}{1-p}\right)$$

式中 $\Lambda(t)$ ——基准优势函数；

β ——模型参数。

对式（7-45）进行变换可得可靠度函数

$$R(t \mid X) = 1 - \frac{\exp(\Lambda(t) + \beta X)}{1 + \exp(\Lambda(t) + \beta X)} \tag{7-46}$$

7.3.4 线性时变系数比例危险模型

当比例风险模型与假设违背时，可以通过将参数 β 表示为时间函数来解决。解决方法就是将 β 表示为时间的线性函数，即为线性时变系数比例危险模型[22]

$$\lambda(t) = \lambda_0(t)\exp((\boldsymbol{\beta}_1^t + \boldsymbol{\beta}_2^t t)X) \tag{7-47}$$

式中 $\boldsymbol{\beta}_1$，$\boldsymbol{\beta}_2$ ——模型未知参数矢量。

该模型考虑了时变系数效果，对于协变量与时间的交互作用比较明显的情况具有更好的评估精度。

7.3.5 扩展的风险回归模型

Etezadi - Amoli 和 Ciampi 将加速失效时间模型和比例危险模型结合起来，提出了扩展的风险回归模型[23]

$$\lambda(t) = \lambda_0 t\exp(\boldsymbol{\alpha}^t X + \boldsymbol{\beta}^t X) \tag{7-48}$$

其中 $\boldsymbol{\alpha}$ 和 $\boldsymbol{\beta}$ 是模型位置参数矢量，当 $\boldsymbol{\alpha}=0$ 时，该模型即是比例危险模型，当 $\boldsymbol{\alpha}=\boldsymbol{\beta}$ 时，该模型是加速失效时间模型。

该模型既考虑了危险率倍乘效果，又考虑了时间尺度变化效果，相当于比例危险模型和加速失效时间模型具有更广泛的适用范围。

7.3.6 比例风险—比例优势模型

Huang 等将 Aranda - Ordaz 参数族及其衍生模型引入加速寿命试验领域，给出了加速寿命试验领域的比例风险—比例优势模型[24]。该模型定义的 $g(t;z)$ 函数为

$$g(t) = g_0(t)\exp(\beta' X) \tag{7-49}$$

式中　c ——转移参数。

当 $c \to 0$ 时，$g_{c\to 0}(t) = \ln R(t)$ ，即为累积风险率函数；当 $c = 1$ 时，$g_{c=1}(t) = \dfrac{F(t)}{R(t)}$ ，即为优势函数。

比例风险—比例优势模型将比例风险模型和比例优势模型结合起来，将这两种模型成为该模型的特殊情况。当比例风险模型和比例优势模型的假设成立时，该模型可以获得与它们的评估结果具有相同精度的评估值；当比例风险模型和比例优势模型的假设都违背的情况下，该模型仍能适用，并且在这种情况下能够获得比它们评估结果都精确的评估值。因此，比例风险—比例优势模型相对于比例风险模型和比例优势模型具有更广泛的适用范围。

7.4 退化模型

7.4.1 退化量模型

在实际问题中，由于存在测量误差等因素，退化量实际测量值 $x(t)$ 往往与真实值 $D(t)$ 存在一定的差异，即有如下的测量方程

$$x(t) = D(t) + \varepsilon \tag{7-50}$$

式中　ε ——测量误差。

在有些情况下测量误差可以忽略，则直接有 $x(t) = D(t)$ ；当测量误差无法忽略时，一般假设 $E(\varepsilon) = 0$ ，$\mathrm{Var}(\varepsilon) = \sigma^2$ ，且 ε 与 $x(t)$ 独立。

退化量统计模型可表示为

$$x_{ij} = D(t_{ij}) + \varepsilon_{ij} \text{ , } i = 1,2,\cdots,n \text{ , } j = 1,2,\cdots,m \tag{7-51}$$

其中 $\varepsilon_{ij} \sim N(0,\sigma^2)$ ，σ^2 为误差方差，对该模型进行统计推断的目的是确定产品的退化规律 $x(t)$ 。

产品发生失效与否是通过失效标准来判定的，实际工程问题中，失效标准可能是一个固定值，也可能是一个随机变量，即存在确定性失效标准和随机失效标准两种情况。比如，裂缝疲劳失效问题中往往规定疲劳裂缝宽度达到某一固定值时即判定产品失效；而对于应力强度干涉失效模型来说，当产品的强度低于其所受应力时，产品便会发生失效，产品所受应力往往是一个随机变量，此时的失效阈值是一个随机变量。

t 时刻产品的退化量为 $x(t)$ ，根据退化失效的定义，当退化量随时间变化达到失效标准 D_f 时，产品即发生失效，对应的时间即为产品的寿命（或失效时间），即可以规定退化量 $x(t)$ 首次达到失效标准时产品失效，因此可以定义产品的寿命为

$$T_D = \inf\{t : x(t) = D_f ; t \geqslant 0\} \tag{7-52}$$

在某些实际问题中，经常还会碰到用退化量 $x(t)$ 关于其初始值 $x(0)$（或产品性能特征量初始值）的比值表示产品功能的情况，规定当 $\dfrac{x(t)}{x(0)}$ 达到失效标准时，则判定产品失效，产品对应的失效寿命为

$$T_R(D_f) = \inf\{t : \frac{x(t)}{x(0)} = D_f ; t \geqslant 0\} \tag{7-53}$$

式（7-53）是通过退化量与初始值的比定义的，因此将此时的失效标准称为相对失效标准，对应的记式（7-52）中的失效标准为绝对失效标准。大多数情况下，产品退化量初始值是一个服从某一分布的随机变量，因此处理以上两种失效标准下的退化失效问题的方法会有所不同[25]。

显然，产品的寿命与失效标准的值有关，它是失效标准值的函数，因此称之为退化失效的寿命变量。

7.4.2 退化失效模型

根据寿命变量的定义，产品的失效分布函数为

$$F(t \mid D_f) = P\{T_D \leqslant t\} \tag{7-54}$$

它是对产品退化失效统计规律完整描述，称上式为退化失效模型[26]。

退化量的统计模型和退化失效模型之间存在着很大的不同。退化量的统计模型是处理退化失效问题的统计推断基础，然而它并不是统计推断的最终目标，在退化问题中进行统计推断的最终目标是建立产品总体退化失效的统计规律，产品总体退化失效的统计规律是由退化失效模型加以刻画的。退化量的统计模型和退化失效模型两者之间的根本区别在于，前者所描述的是产品退化量的统计规律，而后者所描述的则是产品退化失效的统计规律。这两种模型之间存在着极其重要的内在联系，前者是后者的基础，退化失效模型的统计推断往往可转化为退化量的统计模型的统计推断。

7.4.3 性能退化模型

7.4.3.1 退化轨迹模型

产品的退化过程可以用退化轨迹来进行描述。常见的退化轨迹可分为线形、凸形和凹形三种。每种退化轨迹又包含递增和递减两类。

线性轨迹一般用来描述比较简单的退化过程，如弹上橡胶产品的磨损等。凸形退化轨迹表示产品退化率随退化量的增加而减缓，如弹上金属裂纹的生长等。凹形退化轨迹表示产品退化率随退化量的增加而加快，如弹上电子元器件的退化规律。一般来说，凸形退化轨迹与凹形退化轨迹也可以通过某种转换变为线性轨迹。

目前关于退化轨迹模型的研究主要包括：线性退化模型、非线性退化模型与随机过程模型。

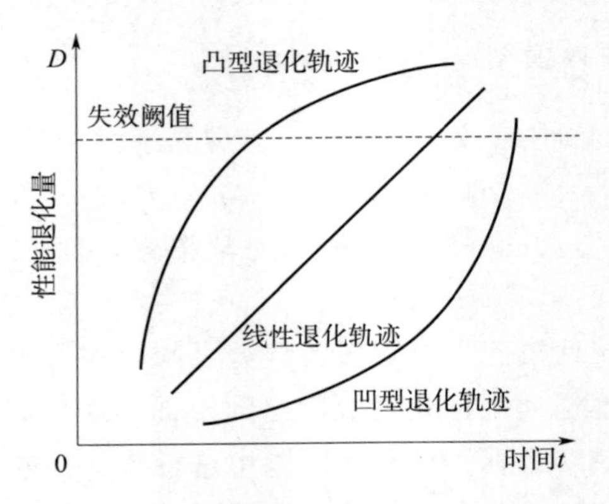

图 7－1 产品递增退化轨迹可能的形状

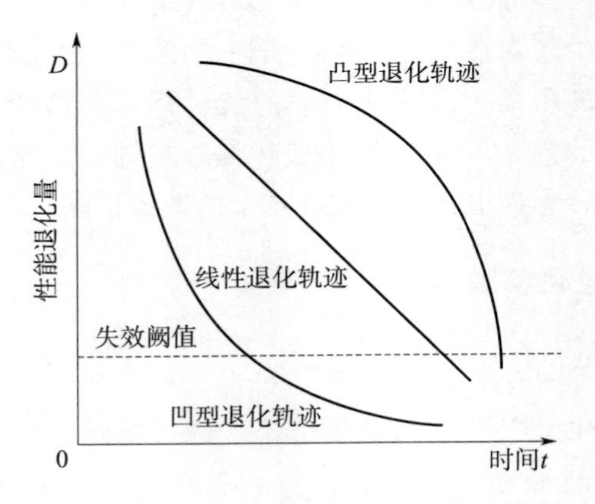

图 7－2 产品递减退化轨迹可能的形状

(1) 线性退化模型

线性退化模型包括简单线性退化模型和单调回归模型。

①简单线性退化模型

简单线性退化模型包括线性随机误差模型、线性随机截距模型、线性随机斜率模型、线性混合系数模型以及可转换为线性形式的对数线性退化模型

$$y_i = \alpha_i + \beta_i t + \varepsilon \tag{7-55}$$

$$\ln y_i = \alpha_i + \beta_i t + \varepsilon \tag{7-56}$$

$$\ln y_i = \alpha_i + \beta_i \ln t + \varepsilon \tag{7-57}$$

式中　t ——试验时间；

y_i ——第 i 个加速应力水平下产品的性能参数指标；

α_i ，β_i ——未知参数，可以通过退化数据估计获得。

对于不同的样本轨迹，可以估计得到不同的 α_i 和 β_i 。因此，可以假定 α_i 和 β_i 为服从 $f(\mu_\alpha,\sigma_\alpha^2)$ 与 $f(\mu_\beta,\sigma_\beta^2)$ 的随机变量。事实上，上述模型包含了两种重要的退化模型：随机斜率模型（ α_i 为固定变量，β_i 为随机变量）与随机截距模型（ α_i 为随机变量，β_i 为固定变量）。

②单调回归模型

单调回归模型是在线性模型的基础上推广而来的一种退化模型形式

$$y_i = \alpha + \beta m(t) + \varepsilon \tag{7-58}$$

式中　$m(t)$ ——单调函数；

α,β ——随机变量，α 反映了退化的初始状态，β 反映了退化变化率。

（2）非线性退化模型

非线性模型从变量类型上来区分可分为非线性随机误差模型和随机非线性混合系数模型。从模型的导出过程来区分，又包括非线性统计模型与非线性物理模型。

①混合系数模型

在非线性退化模型中，混合系数模型具有突出的代表性。一般的混合系数模型可表示为

$$\begin{cases} y_{ij} = f(t_j, \beta_i; \Theta_i) + \varepsilon_{ij} \\ \varepsilon_{ij} \sim N(0, \sigma_\varepsilon^2) \end{cases} \tag{7-59}$$

式中　β_i ——固定系数；

Θ_i ——随机系数。

事实上，当 $f(\cdot)$ 为线性形式时，即为线性退化模型。

②Carey - Koenig 模型

Carey 和 Koenig 提出了一种分析 ILF 的非线性退化模型

$$y_i = \alpha_i(1 - \exp(\sqrt{\lambda_i t})) \tag{7-60}$$

式中 y_i ——退化量；

α_i ，λ_i ——随机变量，可由不同的样本轨迹对数字特征进行估计。

③Paris 模型

Paris 模型是断裂力学里的一个重要模型，可用于描述裂纹扩展的规律。Paris 公式可表示为

$$\frac{\mathrm{d}a}{\mathrm{d}N} = c\,(\Delta K(a))^m \tag{7-61}$$

式中 a ——裂纹长度；

N ——载荷循环数；

$\Delta K(a)$ ——应力强度因子；

c,m ——待估参数。

退化量的形式可表示为

$$a(N) = \frac{a(0)}{(1 - a\,(0)^{m-1}c(m-1)N)^{1/(m-1)}} \tag{7-62}$$

式中 $a(0)$ ——初始裂纹长度。

④幂指数模型

幂指数模型是较为简便的一种退化模型形式，其实质是对线性模型进行了指数形式的修正，变为非线性形式。其函数形式为

$$y_i = a_i + b_i t^{c_i} + \varepsilon \tag{7-63}$$

式中 y_i ——退化量；

a_i,b_i,c_i ——待估模型参数。

7.4.3.2 退化量分布模型

在工程应用中，常用的退化量分别主要为 Weibull 分布和正态分布。

(1) Weibull 分布

由于 Weibull 模型在寿命与可靠性分析中具有重要的地位，因此关于该模型的研究较多，当退化量服从 Weibull 分布时，其分布

函数为

$$F(t) = 1 - \exp\left(-\left(\frac{t}{\theta(t)}\right)^{m(t)}\right) \tag{7-64}$$

W_1 模型：$\theta(t) = at + b, a < 0, b > 0$；$m(t) = \text{const}$。

W_2 模型：$\theta(t) = b\exp(-at), b > 0$；$m(t) = \text{const}$。

W_3 模型：$\theta(t) = b\exp(-at), b > 0$；$m(t) = ct, c > 0$。

W_4 模型：$\theta(t) = bt^{-1}\exp(-at), b > 0$；$m(t) = ct, c > 0$。

W_5 模型：$\theta(t) = \theta$；$m(t) = d\exp(-ct), d > 0$。

（2）正态分布

当退化量服从正态分布时，其概率密度函数为

$$f(t) = \frac{1}{\sqrt{2\pi}\sigma(t)}\exp\left(-\frac{(t-\mu(t))^2}{2\sigma^2(t)}\right) \tag{7-65}$$

其中　$\mu(t) = b\exp(-at), b > 0$，$\sigma = \text{const}$

当退化量服从对数正态分布时，其概率密度函数为

$$f(t) = \frac{1}{\sqrt{2\pi}\sigma(t)t}\exp\left(-\frac{(\ln t-\mu(t))^2}{2\sigma^2(t)}\right) \tag{7-66}$$

其中　$\mu(t) = at + b, a < 0, b > 0$，$\sigma = \text{const}$

7.5　非电产品贮存寿命与可靠性模型

7.5.1　固体发动机

通过对固体发动机的失效机理分析可知，在贮存过程中，影响固体发动机寿命的主要为固体推进剂，而影响推进剂性能的环境因素主要为温度和湿度。如果只考虑温度的影响，则可采用 Eyring 模型作为推进剂的贮存寿命与可靠性模型。

如果同时考虑温度和湿度的影响，从反应论角度，将 Eyring 模型与逆幂律模型相结合，作为推进剂的贮存寿命与可靠性模型

$$\theta = \frac{A}{S_{\mathrm{T}}}\exp\left(\frac{B}{S_{\mathrm{T}}}\right)\frac{1}{S_{\mathrm{H}}^{C}} \tag{7-67}$$

式中 θ ——寿命；

S_{T} ——温度；

S_{H} ——相对湿度；

A , B , C ——常数。

7.5.2 火工品

在贮存过程中火工品的失效往往是由多种失效机理引起的，是多个退化过程同时发生的结果，但整个退化反应的速度取决于最快的过程[27]。当对材料、产品有害的反应持续到一定限度，失效即随之发生，这样的模型就是反应速度论模型。这种反应速度 ξ 与温度 T 的关系可以用经典的 Arrhenius 模型来描述

$$\xi = A\exp\left(-\frac{E_{\mathrm{a}}}{kS_{\mathrm{T}}}\right) \tag{7-68}$$

式中 A ——常数；

E_{a} ——激活能，与材料有关是个经验常数；

k ——波尔兹曼常数。

假设引入火工品性能退化量函数为 $\varphi(x)$ ，当 $t=0$ 时为 $\varphi(x_0)$ ，则有

$$\xi = \frac{\mathrm{d}\varphi(x)}{\mathrm{d}t} \tag{7-69}$$

由此可得某时刻 t 前的退化量为

$$\varphi(x) - \varphi(x_0) = \xi t \tag{7-70}$$

当反应退化量达到 $\varphi(x_s)$ 就看作为寿命终点，则有

$$\frac{\varphi(x_s) - \varphi(x_0)}{A} = \exp\left(-\frac{E_{\mathrm{a}}}{kS_{\mathrm{T}}}\right)t \tag{7-71}$$

对式（7-71）两边取自然对数，则有

$$\ln t = \ln\frac{\varphi(x_s) - \varphi(x_0)}{A} + \frac{E_{\mathrm{a}}}{kS_{\mathrm{T}}} \tag{7-72}$$

令

$$a = \ln\frac{\varphi(x_s) - \varphi(x_0)}{A}$$

则有

$$t = \exp\left(a + \frac{E_{\mathrm{a}}}{kS_{\mathrm{T}}}\right) \tag{7-73}$$

对式（7-73）取自然对数可转化为线性形式

$$\ln t = a + b\frac{1}{S_{\mathrm{T}}} \tag{7-74}$$

加速系数是加速寿命试验的一个重要参数，是正常应力下产品某种寿命特征值与加速应力下寿命特征值的比值，反映加速寿命试验中某加速应力水平的加速效果。由式（7-73）的加速寿命模型可得火工品的加速系数

$$\beta = \exp\left(\frac{E_{\mathrm{a}}}{kS_{\mathrm{T}}}\left(\frac{1}{S_{\mathrm{T0}}} - \frac{1}{S_{\mathrm{T1}}}\right)\right) \tag{7-75}$$

根据范特霍夫近似规则，与反应温度系数 ν 对应的温度变化取10K，ν 取2.7，即火工品试验方法71℃试验法[28]

$$\xi = 2.7^{\frac{S_{\mathrm{T1}} - S_{\mathrm{T0}}}{10}} \tag{7-76}$$

利用加速系数 ξ，由高温（71℃）下的试验时间推算常温（21℃）下的贮存时间。

美国航天航空工业协会发布的标准给出了一种适用于火工品的加速方程[29]

$$H_{\mathrm{L}} = H_{\mathrm{T}} \cdot 3.0^{\left(\frac{S_{\mathrm{T1}} - S_{\mathrm{T0}}}{11.1}\right)} \tag{7-77}$$

式中　H_{L} ——火工品的正常贮存寿命；

H_{T} ——加速贮存寿命；

S_{T0} ——火工品的正常贮存温度；

S_{T1} ——火工品的加速试验温度。

7.5.3　非金属材料

非金属材料的贮存老化过程是一个化学反应过程或物理变化过程，材料贮存老化的结果是材料性能的变化（退化），而这种材料性能的变化可用老化动力学模型进行描述。在加速贮存试验中，首先确定对材

料贮存寿命起决定作用的性能参数（老化特征性能），采用强化环境应力的试验方式，加速材料性能退化，利用材料老化寿命（或老化速率）与环境应力的相关性模型（寿命外推模型），拟合外推材料在正常环境应力下特征性能随老化时间的变化关系和贮存寿命。

（1）老化动力学模型

老化动力学模型用于反映材料老化过程中材料性能随老化时间的变化规律，常用材料特征性能老化动力学模型如下。

1）指数衰减模型

$$Y = 1 - A\mathrm{e}^{-\xi\tau^{\alpha}} \tag{7-78}$$

2）幂函数模型

$$Y = A\tau^{B} \tag{7-79}$$

3）单对数模型

$$Y = A + B\ln\tau \tag{7-80}$$

4）S 曲线模型

$$Y = \frac{1}{A + B\mathrm{e}^{-\tau}} \tag{7-81}$$

式中 α ——常数；

τ ——老化时间；

ξ ——老化速率；

A , B ——反映老化速率的拟合常数；

Y ——材料老化特征性能或其变化量。

以橡胶密封圈为例，在贮存过程中，橡胶密封圈受到热、氧化、机械应力和油介质的作用，橡胶材料产生交联或降解等化学变化，宏观上表现为物理—力学性能的改变，如拉伸强度、拉断伸长率、压缩永久变形等性能随贮存时间呈一定规律变化。可选用温度作为加速应力，对其进行加速试验。相关研究表明橡胶材料的性能变化与环境温度及贮存时间满足以下模型

$$1 - \varepsilon = B\exp(-\xi t^{\alpha}) \tag{7-82}$$

式中 $1-\varepsilon$ ——压缩永久变形保留率；

B，α——模型系数；

t——贮存时间；

ξ——理化反应速度，在一定范围内，ξ与热力学温度S_T满足Arrhenius模型。

压缩永久变形满足以下模型

$$\varepsilon = \frac{H_0 - H_t}{H_0 - H_1} \times 100\% \tag{7-83}$$

式中　H_0——样本原始高度；

H_t——试验后高度；

H_1——夹具限制环高度。

（2）材料加速寿命模型

影响材料贮存寿命的环境应力，主要为温度和湿度，故在工程应用中通常选取Arrhenius模型、范德霍夫寿命模型和Weleh模型作为材料的加速寿命模型。

7.6　导弹系统贮存可靠性模型

根据导弹系统贮存可靠性模型和贮存可靠性变化基本规律，可以建立导弹系统贮存可靠度预测模型，以定量地、直观地反映导弹系统贮存可靠性随贮存年限变化的规律，以此为依据就可以对导弹系统贮存寿命进行研究。常用的模型如下所示。

（1）模型1[30]

导弹在贮存周期内，间隔特定时间后对导弹进行检查和测试，发现故障后即对故障设备进行修复或更换，之后继续贮存。大量的跟踪测试数据显示，每个检测修复间隔末端的可靠度有一个明显的下降趋势。这说明，虽然每次修复是一次更新，即刚经检测修复的导弹贮存可靠度可以达到1，但修复后，导弹的故障率比修复前的故障率更高一些。

假设导弹在开始贮存时可靠度为1，在不修复条件下贮存寿命服

从参数为 θ_0 的指数分布，在第 i 次检测修复后的贮存寿命服从参数 θ_i 的指数分布，则导弹在检测修复条件下的贮存可靠度函数为

$$R(t) = \exp\left(-\frac{t - i\tau}{\theta_i}\right) \tag{7-84}$$

式中 τ——检测间隔时间。

令 $\lambda_0 = \dfrac{1}{\theta_0}$ ，$\lambda_i = \dfrac{1}{\theta_i}$ ，其中 λ_0 为固有贮存故障率，λ_i 是导弹经第 i 次检测修复后的故障率，λ_i 关于 i 是单调非降的，其变化趋势反映了导弹贮存可靠度的退化规律，可以用 Weibull 方程来描述

$$\lambda_i = \lambda_0 (i + 1)^\beta \tag{7-85}$$

式中 β——贮存寿命的退化系数，表明导弹故障率随贮存时间增长而增大。

于是导弹贮存可靠度可以表示为

$$R(t) = \exp(-\lambda_0 (i + 1)^\beta (t - i\tau)) \tag{7-86}$$

（2）模型 2[31]

导弹在贮存过程中，各组成部分必然会有缓慢的退化。对整个导弹来说，更换或修复的只是局部的某几个故障部件，因此导弹不可能达到原来的贮存可靠性水平。将导弹各部分分为更换部件与不更换部件，并假设不更换部件基本控制在偶然故障阶段，认为贮存寿命服从指数分布。于是，这部分部件可靠度可描述为

$$R_1(t) = \exp(-\beta t) \tag{7-87}$$

一般情况下，故障修复时所更换的备件都是新品，可靠度视为1，则由更换部件所引起的导弹可靠度变化可表述为

$$R_2(t) = \exp(-\lambda_0(t - i\tau)) \tag{7-88}$$

设导弹在开始贮存时的初始可靠度为 R_0 ，则导弹贮存可靠度函数为

$$R(t) = R_0 R_1(t) R_2(t) = R_0 \exp(-\lambda_0(t - i\tau) - \beta t) \tag{7-89}$$

（3）模型 3[31]

导弹经测试后的可靠性略低于原有可靠性，假设可靠度的降低取决于测试效率 ω（$0 < \omega < 1$）。

由测试引起的可靠度下降可表示为

$$R_{\omega}(t) = \exp(-i(1-\omega)\lambda\tau) \tag{7-90}$$

假设导弹的失效率为常数，其基本的可靠度下降函数为

$$R_{i}(t) = R_{0}\exp(-\lambda(t-i\tau)) \tag{7-91}$$

则导弹整体在 i 次测试周期后的可靠度函数为

$$R(t) = R_{i}(t)R_{\omega}(t) = R_{0}\exp(i\lambda\omega\tau-\lambda t) \tag{7-92}$$

（4）模型 4[32]

按 Cox - Lewis 的建模思想，可以建立如下模型

$$R(t) = \exp(-\exp(b_1+b_2 t)) \tag{7-93}$$

其中 b_1 和 b_2 为未知参数。

（5）模型 5[32]

按 Lewis - Shedler 的建模思想，建立如下导弹贮存可靠度预测模型

$$R(t) = \exp(-\exp(b_0+b_1 t+b_2 t^2)) \tag{7-94}$$

其中 b_0 ，b_1 和 b_2 是未知参数。

（6）模型 6[32]

参考 Gompertz 建模思想，还可以建立以下的导弹贮存可靠度预测模型

$$R(t) = ab^{c^t} \tag{7-95}$$

其中 a ，b ，c 为常数。

参 考 文 献

[1] YangGuangbin. Life Cycle Reliability Engineering [M]. Hoboken: John Wiley&Sons, Inc, 2007.

[2] Nelson W. Accelerated Testing: Statistical Model, Test Plans, and Data Analyzes [M]. John Wiley & Sons, 1990.

[3] 张志华. 加速寿命试验及其统计分析 [M]. 北京: 北京工业大学出版社, 2002.

[4] Feilat E. A., Grzybowski S., Knight P. Accelerated Aging of High Voltage Encapsulated Transformers for Electronics Applications [A]. Proceeding IEEE International Conference on Properties and Applications of Dielectric Materials [C]: IEEE, 2000: 209-212.

[5] Coffin L. F. A Study of the Effects of Cyclic Thermal Stresses On a Ductile Metal [J]. Transactions of ASME, 1954, 76 (6): 931-950.

[6] Norris K. C., Landzberg A. H. Reliability of Controlled Collapse Interconnections [J]. IBM Journal of Research and Development, 1969, 13: 266-271.

[7] MIL-STD-810F. Test Method Standard for Environmental Engineering Considerations and Laboratory Tests [S]. USA: Department Of Defense, 2000.

[8] 赵宇. 可靠性数据分析 [M]. 北京: 国防工业出版社, 2011.

[9] Mann N. R., Schafer R. E., Singpurwalla A. P. Methods for Statistical Analysis of Reliability and Life Data [M]. New Yorks: John Wiley and Sons, 1974.

[10] Fallou B., Buruiere C., Morel J. F. First Approach On Multiple Stress Accelerated Life Testing of Electrical Insulation [A]. NRC Conference on Electrical Insulation and Dielectric Phenomena in Pocono [C]: IEEE, 1979: 621-628.

[11] Simoni L., Mazzanti G. A General Multi-Stress Life Model for Insulation

Materials with Or without Evidence for Thresholds [J] . IEEE Transaction on electrical insulation, 1993, 16 (3): 349 - 364.

[12] Peck D. S. Comprehensive Model for Humidity Testing Correlation [A]. Proceedings 24th Annual Reliability Physics Symposium [C]: IEEE, 1986: 44 - 50.

[13] Minomiya Takeo. Quality and Reiability Handbook [M]: Sony Corporation, 2000.

[14] Lawson R. A Review of the Status of PlasticEncap Sulated Semiconductor Component Reliability [J] . British Telecom Technology Journal, 1984, 2 (2): 95 - 111.

[15] Barker D. B. , Dasgupta A. , Pecht M. G. Pwb Solder Joint Life Calculations Under Thermal and Vibrational Loading [A] . Proceedings Annual Reliability and Maintainability Symposium [C]: IEEE, 1991: 451 - 459.

[16] Srinivas M. B. , Ramu T. S. Multifactor Aging of Hv Generator Insucation Including Mechanical Vibration [J] IEEE Fransaction on electronical insulation, 1992, 27 (5): 1009 - 1021.

[17] 黄婷婷，姜同敏. 加速寿命试验中统计加速模型综述 [J] . 装备环境工程，2010，7 (4): 57 - 62.

[18] 陈家鼎 . 生存分析与可靠性 [M] . 北京：北京大学出版社，2005.

[19] Wendai W. , Dimitri B. K. Fitting the Weibull Log - Linear Model to Accelerated Life - Test Data [J] . IEEE Transaction on Reliability, 2000, 49 (2): 217 - 223.

[20] Cox D. R. Regression Models and Life - Tables [J] . Journal of the Royal Statistical Society, 1972, 34 (2): 187 - 220.

[21] Abeysekera WWM, Sooriyarachchi Roshini. A Novel Method for Testing Goodness of Fit of a Proportional Odds Model: An Application to an Aids Study [J] . Journal of the National Science Foundation of Sri Lanka, 2008, 36 (2): 125 - 135.

[22] Wang X. An Extended Hazard Regression Model for Accelerated Life Testing with Time Varying Coefficients [D] . NJ: Rutgers University, 2001.

[23] Etezadi - Amoli J, Ciampi A. Extended Hazard Regression for Censored Survival Data with Covariates: A Spline Approximation for the Baseline

Hazard Function [J]. Biometrics, 1987, 43 (1): 181 - 192.

[24] Huang T, Elsayed E, Jiang T. An ALT Proportional Hazard - Proportional Odds Model [C]. USA: Florida, 2008.

[25] 尤琦，赵宇，马小兵. 产品性能可靠性评估的时序分析方法 [J]. 北京航空航天大学学报，2009，35 (5): 644 - 648.

[26] 马小兵，王晋忠，赵宇. 基于伪寿命分布的退化数据可靠性评估方法 [J]. 系统工程与电子技术，2011，33 (1): 228 - 232.

[27] 赵婉，韩天龙. 基于活化能的火工品加速贮存寿命试验优化设计方法 [J]. 含能材料，2009，17 (4): 475 - 477.

[28] GJB 736.8 火工品试验方法 71℃试验法 [S]. 北京：国防科工委军标出版社发行部，1990.

[29] AIAA S - 113 - 2005 Criteria forExplosive Systems and Devices Used on Launch and Space Vehicles (DRAFT) [S]. American Institute of Aeronautics and Astronautics, 2005.

[30] 童雨，李晓钢. 导弹贮存可靠性预测模型 [J]. 装备环境工程，2005，2 (5): 42 - 45.

[31] 孙亮，徐廷学，代莹. 基于定期检测的导弹贮存可靠性预测模型 [J]. 战术导弹技术，2004 (4): 16 - 19.

[32] 罗吉庭，熊志昂. 武器系统贮存可靠性的三种预测模型的比较 [J]. 系统工程与电子技术，1994 (10): 76 - 81.

第 8 章　贮存寿命试验技术

贮存寿命试验是贮存延寿工程的重要组成部分，通过贮存试验验证产品对贮存环境的适应能力，暴露产品在贮存过程中的薄弱环节，为设计改进提供依据。同时贮存试验是获取导弹贮存寿命与可靠性相关数据，对贮存寿命与可靠性进行评价的重要手段。本章主要介绍了贮存寿命试验相关的理论和方法。

8.1　贮存寿命试验

按试验场所的不同，贮存寿命试验分为现场贮存寿命试验和实验室贮存寿命试验[1]。

（1）现场贮存试验

现场贮存试验是指产品在实际贮存环境条件下进行的贮存试验。如库房贮存、贮运发射箱内贮存和待机阵地的贮存等。其主要特点有：

1）贮存环境条件真实，产品经受多种环境应力的综合影响，试验结果可信；

2）不受试验件体积大小的限制，导弹系统、整机设备、元件、材料均可贮存；

3）试验周期长，一般要几年到十几年；

4）适用于研制阶段要求贮存期较短的产品贮存、服役导弹及其延寿试验。

现场贮存试验通常在导弹的贮存现场开展，除了对整弹进行必要的测试外，还要安排一定数量的试验件每年进行性能测试。特别是性能测试为破坏性的产品，需要安排一定数量的平贮件，如火工品、战斗部装药试件、固体发动机方坯、非金属材料试件等。每年进行的测试项目应该做到全面、准确，以便对产品的寿命做出准确的预计，为加速贮存试验提供参考。

（2）实验室贮存试验

实验室贮存试验是指产品在实验室模拟现场贮存环境和状态的试验。其特点为：

1）试验条件控制较为准确；

2）能模拟的环境因素较少；

3）试验时间长，成本较高。

实验室贮存试验通常是在产品的研制单位开展，可以安排一定数量的整机、材料级试验件，定期对产品的性能进行测试，开始贮存时测试周期略长，以后测试周期相应缩短。对于性能测试为破坏性的产品，应安排较多的试验件。

8.2 加速贮存寿命试验

8.2.1 试验类型

按试验施加强度的不同，贮存寿命试验又分为正常应力贮存寿命试验和加速应力贮存寿命试验。

加速贮存寿命试验是在不改变贮存失效机理的前提下，通过加大应力的方法在较短的时间内获得比正常贮存应力下更多的产品信息。加速贮存试验的特点是能在短时间内得到更多的失效数据和失效信息，并可得到高应力水平下的可靠性指标。而且可以利用贮存寿命和应力的关系，推导出产品在正常应力水平下的贮存寿命。根据试验目的和产品自身特点的不同，常用的加速方法主要分为过应力、增加使用率、改变控制因子水平和紧缩失效阈值，其中过应力加速贮存试验是最常用的加速试验方式。应用这类加速方式的试验包括恒定应力试验、步进应力试验、序进应力试验、循环应力试验和随机应力试验。常用的应力主要分为环境应力、电应力、机械应力和化学刺激，例如温度、湿度、热循环、辐射、电压、电流、振动和机械载荷等。

按照受试产品所经历的应力水平历程，加速试验又可分为恒定应力加速试验、步进/步退应力加速试验、变应力加速试验[2]。这几种试验类型通常分别简称为恒加试验、步进/步退试验和变应力试验。具体如图 8－1 所示。

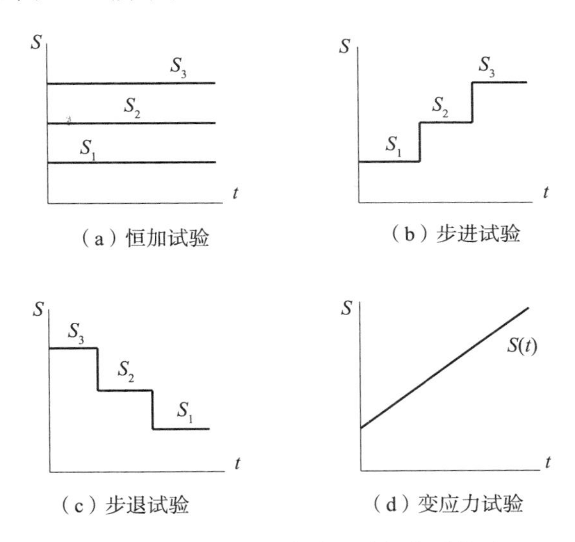

图 8－1　加速试验应力—时间关系类型

几种加速试验的特点如下：

1）恒定应力加速试验的实施过程、数据分析等相对简单，寿命评估结果比较准确；

2）步进应力加速试验可以使样品失效更快，所需样本量更少，但寿命评估结果不如恒加试验准确；

3）步退应力加速试验是近年来提出的一种新的加速试验方法，与步进试验类似，但比步进试验效率高；

4）变应力加速试验对设备要求很高，且数据分析十分复杂，在实际应用中通常不采用此类加速试验。

加速贮存寿命试验的试验时间取决于试验的截尾方式。按截尾方式的不同，加速贮存寿命试验可以分为完全寿命试验和截尾寿命试验。截尾寿命试验通常分为如下 3 类。

（1）定时截尾寿命试验

定时截尾寿命试验是指试验到指定时间就立刻停止，此时样本中的失效个数是随机的。

（2）定数截尾寿命试验

定数截尾寿命试验是指试验到指定失效个数就立刻停止，此时试验时间是随机的。

（3）随机截尾寿命试验

随机截尾寿命试验中，每个样本的试验结束时间是随机的，此时试验的停止时间和样本的失效个数都是随机的。

8.2.2 试验步骤

不同类型产品由于失效机理和测试方法等的不同，加速贮存试验的实施步骤也不尽相同，但典型加速贮存寿命试验实施步骤如图 8-2所示。

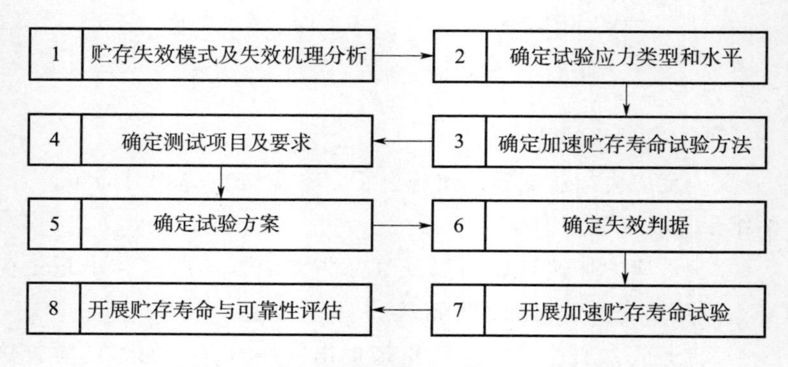

图 8-2 典型加速贮存寿命试验实施步骤

(1) 贮存失效模式及失效机理分析

贮存失效模式及失效机理分析是开展加速贮存试验的基础，是指导试验应力和加速模型选择的依据。通过开展贮存失效模式及失效机理分析，以确保加速贮存试验的有效性，提高试验效率。

(2) 确定试验应力类型与水平

根据贮存失效机理的分析结果，确定加速贮存试验的应力类型。根据产品薄弱环节的失效机理和敏感应力确定适用的加速模型。根据产品的特点，结合极限应力摸底试验，确定加速贮存试验的最低、最高应力水平，再根据选取的加速模型确定中间应力的数量及其量级。以恒定应力加速寿命试验和步进（步退）应力加速寿命试验为例，其应力水平选择原则如下：

1) 应力水平不应该超过产品的工作极限；

2) 应力水平数应在 3～5 个之间；

3) 应力步长不为常数，应随应力增大而减小。

(3) 确定加速贮存寿命试验方法

根据产品的特点选择恒加、步进、步退或变应力加速贮存试验方法。

(4) 确定测试项目及要求

不同产品有不同的测试项目，应根据产品的使用要求合理安排测试项目。测试间隔时间的选取，直接影响后续评估的精度，测试间隔的长短，与产品的失效分布、施加应力的大小及性能退化规律有关。一般情况下，当产品失效规律是递减型时，测试周期可先密后疏；当产品失效规律是递增时，测试周期可以先疏后密；在高应力水平下，测试间隔时间短；在低应力水平下，测试间隔时间长；每个应力水平应该有 8 次以上的测试。

(5) 确定试验方案

根据产品特点、测试项目、测试间隔及相关标准的要求，确定试验样本量，并根据产品的失效特点、试验件的数量确定加速贮存试验的截止条件。

(6) 确定失效判据

失效判据如下：

1) 产品性能参数出现超差；

2) 产品出现不符合技术条件规定的硬件性结构故障；

3) 产品出现软件性功能故障；

4) 由于非样品本身原因（如设备原因、人为原因、意外事故等）所造成的失效，不计入失效数。

(7) 开展加速贮存寿命试验

做好加速贮存试验的各项准备工作后开展试验。

(8) 开展贮存寿命与可靠性评估

根据加速贮存寿命试验数据，选择合适的方法对参试产品的贮存寿命与可靠性进行评估。

8.2.3 加速失效机理一致性检验

8.2.3.1 方法分类

在加速贮存寿命试验中，为了确保模型选择的合理性和试验结果统计推断的准确性，产品在正常应力和加速应力下必须具有相同的失效模式和失效机理，这是进行加速寿命试验设计的重要前提[3-4]，因此需要开展加速失效机理一致性检验。

加速试验失效机理一致性检验方法主要分为三类[5]。第一类是基于激活能不变的一致性检验方法，其原理是在激活能不变的前提下，可利用产品寿命与温度应力之间的对数线性关系来检验 Arrhenius、Coffin - Manson、逆幂率、艾林模型等加速寿命模型的一致性。第二类是基于试验观察的一致性检验方法，主要包括直接观察法、化学分析法、显微镜观察法三种。第三类是基于统计方法的一致性检验方法，如针对正态分布的方差一致性检验，Weibull 分布的产品形状参数一致性检验等。这种方法的原理是若产品的失效模式、机理不变，则加速系数是与可靠度值无关的常数，因此可以推出产品寿命分布的变异系数不变。这样，只要对变异系数进行假设检验，若其发生变化，则可推出失效模式、机理发生了变化。

8.2.3.2　基于激活能不变的一致性判定

产品从正常的未失效状态向失效状态转换的过程中存在着势垒，这就是激活能，而跨越这种势垒所必须的能量是由环境提供。

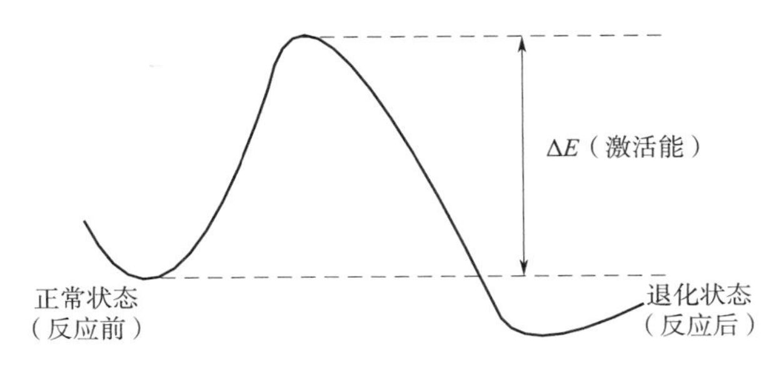

图 8-3　产品失效过程

Arrhenius 模型是最广泛应用的基于失效物理的加速模型。一般地，不同的反应对应不同的激活能，也就是说不同的失效模式和失效机理对应不同的激活能。因此，可以通过判断不同加速应力下激活能水平是否相当来判断失效模式、机理的一致性。

通过计算不同温度应力下激活能，对失效机理的一致性进行判定。若激活能值与常温下激活能值相当，则判定失效模式和失效机理没有发生变化；若激活能与常温下的数值差距较大，则判定失效模式和失效机理已经发生了改变。

虽然基于激活能不变的一致性判定方法被广泛应用于工程，但在失效机理不变的情况下，激活能是否随温度变化，尚未有一个统一的认识。目前最重要的两种基元反应速度理论——过渡状态理论和双分子碰撞理论，也都认为 Arrhenius 激活能与温度有关。同时基于激活能不变的一致性判定方法只适用于某几类包含激活能的加速模型，适用范围有局限。

8.2.3.3　基于试验观察的一致性判定方法

某些产品的失效模式、机理变化可以通过试验的方法直接观察。

目前常用的方法有：直接观察法、化学分析法和显微观察法。

（1）直接观察法

某些常用材料和产品可以通过试验观察其失效模式的变化，再通过分析，判定其失效机理改变的条件。如果在某加速应力下的参试产品出现的故障现象是正常应力下的寿命试验中未曾发生过的故障现象，则可认为其失效模式与失效机理与正常应力下的不同。此时该应力不适宜作为加速寿命试验应力。

（2）化学分析法

对于加速腐蚀试验等化学反应试验，可以使用分析反应生成物的方法，观察加速应力下反应的生成物和正常应力下反应的生成物是否相同，判断失效机理的一致性。通过对腐蚀产物成分进行分析，如果加速腐蚀试验的产物与正常应力下的产物无显著差异，则可认为加速腐蚀试验与正常应力水平下的失效模式和失效机理一致。如果加速腐蚀试验的产物和正常应力下的产物有明显差别，则认为失效模式和失效机理发生了变化。

（3）显微观察法

材料的退化过程伴随着物理化学的变化，因此退化会引起材料微观结构发生变化。通过观察材料微观结构就可以判断失效机理是否发生改变。

与激活能不变一致性检验方法相比，试验观察的方法适用范围更广泛，对失效模式和失效机理变化的判别更为直接，这种基于试验观察判别方法也存在一些不足，主要体现在以下几个方面：

1）有些产品的失效模式和失效机理变化不容易被观察到，化学分析和显微观察的方法有可能由于技术水平不足或放大倍数不够等原因而没有发现失效模式和失效机理发生变化的真正应力水平。

2）该方法在使用上有一定的局限性，化学分析的方法只适用于加速腐蚀试验；显微观察的方法不适用于复杂产品；直接观察的方法虽然可以用于复杂产品，但某些产品的失效模式和失效机理不一定一一对应，直接观察法观察到的失效模式变化并不一定代表失效模式和失效机理发生了变化，没有观察到失效模式的变化也不能说明失效机理就没有变化，这使得直接观察法缺乏说服力。

3）在观察产品失效机理是否发生改变时，缺乏从理论上说明失效机理是否改变的标准，尤其是在显微观察中，放大倍数的选择以及对失效机理是否发生改变的判断需要一定的经验，因此该方法带有一定的主观性。

8.2.3.4　基于统计方法的一致性判定方法

统计方法是一种普遍适用的失效机理一致性判定方法，适用性非常广泛。统计方法的基本思想是：若失效模式和失效机理不变，则加速系数是与可靠度无关的常量。也就是说，由加速系数是与可靠度无关可以推出产品寿命分布的变异系数不变。这样，只要对变异系数进行假设检验，如果发生改变，则可推出失效模式和失效机理发生了改变。只要假设变异系数没有发生改变，再进行假设检验就能得知失效模式和失效机理是否发生了改变。

变异系数又称为变差系数，以正态分布为例，通常用样本均值 $\bar{x}$ 和样本标准差 s 估计变异系数

$$C_v = \frac{s}{\bar{x}} \tag{8-1}$$

不同的产品有不同的寿命分布，不同的寿命分布对应不同的变异系数，假设检验方法也不相同，具体见表 8-1。

表 8-1　常见的寿命分布的变异系数及假设检验方法

分布类型	分布函数	变异系数	假设检验方法
正态分布	$\Phi\left(\frac{t-\mu}{\sigma}\right)$	$\frac{\sigma}{\mu}$	似然比检验
对数正态分布	$\Phi\left(\frac{\ln t-\mu}{\sigma}\right)$	σ^2	F 检验、似然比检验
Weibull 分布	$1-\exp\left(-\left(\frac{t}{\eta}\right)^m\right)$	m	F 检验、似然比检验
gamma 分布	$\Gamma(\alpha,\lambda)$	α	F 检验

正态分布、对数正态分布和 Weibull 分布等常见的寿命分布可

以统一表示为位置刻度模型。利用位置刻度模型来描述寿命与环境应力的关系，一般假设位置参数是关于环境应力的函数，而刻度参数与环境应力无关，即刻度参数不变是产品在不同环境应力下失效机理不变的表征形式，因此利用统计方法通过对产品在不同环境应力下的刻度参数的一致性进行检验，可作为失效机理是否发生变化的依据。

与基于激活能和基于试验观察的方法相比，基于统计方法一致性判定方法适用范围更广泛，几乎所有的失效模式和失效机理变化问题都可以用该方法解决。该方法从统计的角度解决产品失效模式和失效机理一致性的问题，避免了试验观察法的失效分析过程，特别适合复杂产品。此外该方法对于失效机理变化的判别有统一的判别标准，不掺杂主观的判断。但这种方法也存在一定不足，统计方法的假设物理意义不明确，没有从物理的角度给出变异系数（刻度参数）与机理的关系。而且有学者经研究认为假设刻度参数与环境应力无关没有理论依据，金属损伤、微电子可靠性和可靠性物理的理论与试验研究表明刻度参数依赖于环境因素，通常刻度参数随环境因素取值的减小而降低[7-9]。此时，如果通过利用统计方法检验刻度参数或者变异系数的一致性，以判断失效机理的一致性，结果则可能会出现较大的偏差。因此，还有待进一步研究，对原有的理论与方法进行修改完善，以便于利用统计方法对失效机理一致性进行合理检验。

8.3 加速退化寿命试验

8.3.1 性能退化试验

传统的寿命与可靠性评估方法仅将失效数据作为其统计分析的对象，而对于高可靠、长寿命产品，包括加速寿命试验方法在内的寿命试验通常只能得到少量失效数据或者根本得不到失效数据。因此传统的寿命与可靠性评估方法在对高可靠、长寿命产品进行可靠性评估时存在局限：

1）需要大量的试验样本进行试验，同时试验时间必须充足；

2）仅仅测量失效时间，忽略了系统或其组件的失效实际上应归因于某些随时间变化的进程（这些进程引起了系统或组件电子和机械性能的退化）的事实；

3）传统的寿命与可靠性评估方法在分析过程中将突发型失效模式与退化型失效模式统一处理，分析结果反映的是产品总体在给定条件下的“平均属性”，不能真实反映环境对产品工作状态的影响。

由于大部分高可靠、长寿命产品的失效机理最终能够追溯到产品潜在的性能退化过程，可以认为性能退化最终导致了产品失效（或故障）的产生。如果能够理解产品的失效机理和测量产品的性能退化量，那么就可以根据产品性能达到退化的时间来确定其可靠性。这种方法意味着即使出现可能永远观测不到产品实际的失效时间的情况，仍可以通过估计产品在给定应力下的退化轨迹，外推确定高可靠长寿命产品的可靠性。因此学者们经研究提出了利用产品性能退化数据来估计高可靠长寿命产品的寿命与可靠性的思想[10-13]。

对于导弹这类长期贮存一次使用的产品，由于贮存寿命较长，贮存可靠性较高，在贮存试验过程中，产品的失效数往往较少。通常需要通过增加样本数量或增长试验时间来获取充足的失效数据，这不仅延长了试验周期，还大大增加试验成本。事实上，导弹的组成整机或元器件规定完成的功能通常可由其性能参数表征，并且动态环境对其贮存可靠性的影响也体现在性能参数的变化上。在贮存过程中，导弹失效与性能退化通常存在着必然的联系，性能退化可导致其失效。由于性能退化过程中包含着大量可信、精确而又有用的与贮存寿命有关的信息，从整机或元器件性能参数的变化着手，通过对表征性能的某些量进行连续测量，获得退化数据，利用退化数据对性能的退化过程进行分析，即可对整机或元器件贮存可靠性与贮存寿命做出准确有效的评估。

对于贮存可靠性高、贮存寿命长的整机，可以从其性能参数的变化着手，利用退化数据评估贮存可靠性。然而在贮存过程中，其性能退化量随时间的变化极其缓慢，在相当长的试验时间内，退化量的变化极其微小，甚至这种微小的变化比不上测量误差。在这种情况下，进行退化试验时通常要求：

1）试验时间足够长；

2）测量次数足够多；

3）试验样本量足够大。

由于实际因素的限制，部分整机的退化试验很难满足以上三方面的要求。因此与加速寿命试验思想相似，需要考虑提高某些应力的水平，使产品的性能加速退化，从而在较短的时间内获得可用的退化信息[14]。

8.3.2　加速退化试验

采用加大应力（如热应力、电应力、机械应力等）而又不改变产品失效机理的方式，使能够表征产品可靠性的性能指标退化过程加速，这样的试验称为加速退化试验[15]。加速退化试验克服了加速寿命试验仅记录产品失效时间，忽略产品的失效机理、失效的具体过程以及产品的性能变化情况等不足。通过对加速退化数据的处理可以对整机的贮存可靠性或贮存寿命进行较好的估计，给出较为精确的评估结果，从而弥补了加速寿命试验对诸如无失效等试验数据处理方面的缺陷。这是一种新的对高可靠产品的寿命与可靠性进行评估的有效方法，也是对加速贮存寿命试验的有力补充。

加速退化试验技术也是一种基于失效物理，并结合数理统计方法，外推预测产品寿命与可靠性的试验技术，因此试验中所需的样本量越大越好。但由于加速退化试验中不必观测到产品实际失效的发生，其检测的产品关键性能参数就蕴含了大量的产品寿命与可靠性信息，因此这种试验技术相比加速寿命试验而言，可节省一定样本和时间。加速退化试验一般采用定时截尾的方式，根据加速退化试验类型不同，为了确保寿命数据分析的可信性，必须尽可能多地获得性能退化数据。

对于具有高可靠性、长寿命的产品来说，其失效机理最终能够追溯到产品潜在的性能退化过程，可以认为性能退化最终导致了产品失效（或故障）的产生。因此，加速退化试验只对预先确定的产品性能退化指标进行监控，记录其退化数据。通过这些在加速退化试验中获得的产品性能退化数据，我们可以得到产品性能的退化趋势，从而评估产品的寿命和可靠性相关指标。

加速退化试验考虑产品如何失效及失效的具体过程，通过对加速退化数据的处理可以对具有高可靠性、长寿命产品的可靠性及寿命进行较好的估计，是一种用来评估高可靠、长寿命产品可靠性和寿命的有效方法。

加速退化试验的目的是找出产品性能退化是如何发生、何时发生的，在保持失效机理不变的条件下，把样品放在比通常条件严酷的环境条件或工作应力下进行试验，加速样品性能的退化，以确定系统、子系统、元器件、材料的退化轨迹，从而通过外推的方法得到产品在设计或使用条件下的寿命或可靠性指标。

加速退化试验施加的环境应力和工作应力可以是变化的，其试验过程是通过施加比常规使用应力高的应力来加速产品性能指标的退化。按照试验中试验应力的施加方式，加速退化试验可以分为恒定应力加速退化试验、步进应力加速退化试验和序进应力加速退化试验等。

8.3.3　退化过程的加速性

加速性是指在加速退化试验中，理想的退化应该随着应力水平的提高而具有一个规律性的过程，即受试产品在短时间高应力作用下表现出的性能指标与产品在长时间低应力作用下表现出的性能指标是一致的。退化过程的加速性是加速退化试验的前提，在进行加速退化试验时，首先需要对产品中退化失效过程是否存在加速性进行判断。由于加速退化试验很多方面与加速寿命试验类似，因而其具有加速性的判断条件可以采取与加速寿命试验相似的判断条件。

(1) 退化（失效）机理的一致性

退化机理一致性指在不同的应力水平下产品的退化失效机理保持不变。只有在退化失效机理一致性的前提下才能进行不同应力水平下性能退化信息的折算与综合，利用高应力水平下的性能退化数据外推正常使用条件下的各种性能退化特征。通常情况下，退化机理一致性可以通过试验设计保证。

(2) 退化失效加速过程的规律性

加速退化过程的规律性指产品性能退化量或寿命特征量与应力之间存在一个确定的函数关系，即加速模型的存在性。在大部分场合，加速模型都是未知的，但是客观存在。在某种意义上讲，加速退化试验的主要任务就是建立加速模型的数学描述。

(3) 退化的分布模型具有同一性或规律性

性能数据在不同应力下的分布具有相同的分布形式，或者通过性能数据得到的不同应力水平下产品的伪失效寿命服从同一形式的分布。失效分布同一性，目前已经被大量试验数据所证实。

加速退化试验的主要目的，便是对性能退化加速过程的规律性进行量化，然后利用退化数据实现产品可靠性与寿命评估。条件(1) 给出的退化机理一致性是实施加速退化试验的必要条件，但不是充分条件。在实际应用中，性能退化随试验条件而变化，而且有可能因多个退化过程混合从而无法实现加速过程规律性的描述，所以需要条件 (2) 加以补充。即使退化过程符合条件 (1) 与条件 (2)，如果希望通过试验加以严格的证实，还必须满足条件 (3) 才能进行试验数据分析与寿命预测。因此，加速性条件与条件 (2) 是满足加速退化试验失效物理的要求，而条件 (3) 是进行加速退化试验统计分析应满足的要求。

一旦退化过程满足以上三个条件，即具有加速性时，最终需解决的问题就是究竟如何获得和量化条件 (3) 给出的退化分布模型同一性或规律性。

8.3.4　加速退化试验的方案设计

加速退化试验技术在工程应用中首先必然面临着试验方案的设计问题，即如何在有限的时间和费用下科学合理地安排试验应力水平、受试样本、试验时间等试验方案，以获得最有效的性能退化信息，使产品寿命与可靠性评估最准确。如果能很好地解决这一问题，采用优化的试验方案，不仅可以得到产品准确的寿命与可靠性评估结果，为产品研制和使用提供正确的决策依据；还可以大大提高试验效率，使试验资源得到充分利用，降低产品的研制成本。

加速退化试验的方案主要包括：

1）进行试验所用到样品的数量，即样本量；

2）在试验中对样品的性能进行检测的时间间隔；

3）试验中所使用的应力水平；

4）对于恒定加速退化试验，还包括各应力水平下所使用的样本量；

5）试验的截止时间，各应力水平下的试验时间。

这些因素都会对试验的评估精度有影响，通过对试验方案的合理设计，对以上因素进行科学的选取，就能在有限的资源条件下，得到较好的试验评估精度。

在工程应用中，加速退化试验优化设计是将试验优化设计问题转化为约束极值问题。其核心是建立优化目标和约束条件，明确优化问题。优化目标反映了产品寿命或可靠性的“预测”精度或模型参数的“评估”精度，一般取最小化“预测”误差或“评估”误差为优化目标。依据施加应力的种类，加速退化试验可分为单应力加速退化试验和多应力加速退化试验。

（1）单应力加速退化试验优化设计

单应力的加速退化试验优化设计大多根据经验给定试验应力水平，最优方案中只提供各应力下试验样本、监测间隔（监测频率）、监测次数或试验截尾时间。但试验应力水平是试验方案中重要的一项，只有在合适的应力水平下才能更好地激发产品性能退化，获得更有效的退化数据，从而提高产品可靠性评估精度。将试验应力水平也作为一项优化变量，对试验应力水平、各应力下样本量、试验时间和监测次数进行系统的优化。优化设计的框架如图 8－4 所示。

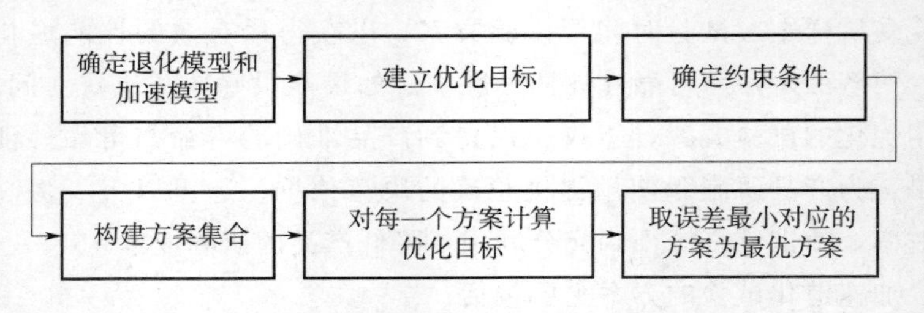

图 8－4　单应力加速退化试验优化设计框架

首先，根据受试产品的特点、敏感应力、相似产品的性能退化规律等信息，确定产品的退化模型和加速模型，根据先验信息确定模型参数的取值。其次，利用大样本渐近理论、极大似然估计理论，建立优化目标与加速退化试验各要素，包括各应力水平、总试验时间、样本量、各应力水平下样本分配、试验时间分配、监测间隔等之间的关系，确定试验费用与试验各变量之间的关系，试验各变量在工程实际中的取值范围等，明确约束条件，将试验优化设计问题转化为约束极值问题。然后，根据约束条件构建试验方案集合，对集合中的每一个方案，计算其优化目标。最后，选择预测或评估误差最小对应的方案为最优方案。

（2）多应力加速退化试验优化设计

一般利用试验设计中多因素多水平的设计方法[16-17]进行多应力加速退化试验优化设计，给出多种应力的组合方式，各应力水平、各应力下样本量、试验时间、监测间隔等试验变量。多应力加速退化试验优化设计与单应力相比，难点在于多种应力的组合搭配[18-19]。优化设计的框架如图 8－5 所示。

首先，根据受试产品的特点、敏感应力、相似产品的性能退化

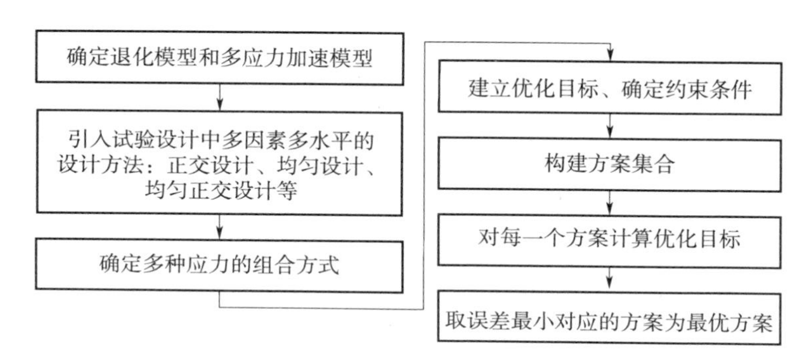

图 8－5　多应力加速退化试验优化设计框架

规律等信息，确定产品的退化模型和多应力加速模型，根据先验信息确定模型参数的取值。其次，引入试验设计中多因素多水平的设计方法，如正交设计、均匀设计、均匀正交设计等，研究多种应力的组合方式。然后，利用大样本渐近理论、极大似然估计理论，建立优化目标与加速退化试验各要素，包括各应力水平、总试验时间、样本量、各应力水平下样本分配、试验时间分配、监测间隔等之间的关系，确定试验总费用与试验各要素之间的关系等，明确约束条件，将试验优化设计问题转化为约束极值问题。最后，根据约束条件构建试验方案集合，对集合中的每一个方案，计算其优化目标，选择预测或评估误差最小对应的方案为最优方案。

参考文献

[1] 姜同敏. 可靠性与寿命试验［M］. 北京：国防工业出版社，2012.

[2] 陈循，张春华，汪亚顺，等. 加速寿命试验技术与应用［M］. 北京：国防工业出版社，2013.

[3] 孙祝岭. 失效机理不变的一个条件［A］. 电子产品可靠性与环境试验，2008，26（4）.

[4] 孙祝岭. 失效机理不变的假设检验［A］. 电子产品可靠性与环境试验，2009，27（2）.

[5] 王欢. 导弹贮存加速模型适用性分析方法研究［D］. 北京航空航天大学，2013.

[6] PanXiaoxi，Huang Xiaokai，Chen Yunxia，etc. Connotation of Failure Mechanism Consistency and Identification Method for Accelerated Testing［C］. PHM-2011 Shenzhen Conference 2011，1-7.

[7] Chen C K. Temperature - Dependent Standard Deviation of Log（Failure Time）Distributions［J］. IEEE Transaction on Reliability，1991，40（2）：157 - 160.

[8] Schwarz J A. Effect of Temperature on the Variance of the Lognormal Distribution of Failure Times Due to Electro Migration Damage［J］. Journal of Applied Physics，1987，61：801 - 803.

[9] Meeter C A.，Meeker W Q. Optimum Accelerated Life Tests with a Non-constant Scale Parameter［J］. Technometrics，1994，36（1）：71 - 83.

[10] 尤琦，赵宇，马小兵. 产品性能可靠性评估的时序分析方法［J］. 北京航空航天大学学报，2009，35（5）：644-648.

[11] 邓爱民，陈循，张春华，等. 基于性能退化数据的可靠性评估［J］. 宇航学报，2006，27（3）：546-552.

[12] Huang W，Duane L. An Alternative Degradation Reliability Modeling Approach Using Maximum Likelihood Estimation［J］. IEEE Transactions on

Reliability，2005，54 (2)：310 - 317.

[13] Sun Q，Zhou J L，Zhong Z，etal. Gauss - poisson Joint Distribution Model for Degradation Failure [J] . IEEE Transactions on Plasm a Sciences，2004，32 (5)：1864 - 1868.

[14] 尤琦，赵宇，胡广平，等．基于时序模型的加速退化数据可靠性评估[J]．系统工程理论与实践，2011，31 (2)：328 - 332.

[15] Nelson W. Accelerated Testing：Statistical Models，Test Plans，and Data Analyses [M] . New York：John Wiley & Sons，1990.

[16] Douglas C. Montgomery. Design and Analysis of Experiments. Wiley，New York，1991.

[17] 方开泰，马长兴．正交与均匀试验设计 [M]．北京：科学出版社，2001.

[18] 葛蒸蒸，姜同敏，韩少华，李晓阳．基于 D 优化的多应力加速退化试验设计 [J]．系统工程与电子技术，2012，34 (4)：846 - 853.

[19] Ge Zhengzheng，Li Xiaoyang，Jiang Tongmin. Optimal Design for CSADT with Multiple Stresses. [C] . The Sixth Annual World Congress on Engineering Asset Management

第 9 章　典型产品加速贮存试验

根据加速贮存试验理论方法，在失效模式与失效机理分析的基础上，结合战术导弹武器系统贮存延寿工程经验，给出了电子元器件、非金属材料、弹性元件以及电子类、机电类等典型整机加速贮存试验方法。

9.1　电子元器件加速贮存寿命试验

9.1.1　概述

导弹用电子元器件的种类和数量都比较多，一般多达五百种。在工程中，一般通过对弹上电子元器件的种类和性能进行研究，选取几十种典型产品作为代表进行加速贮存试验，例如继电器、电阻、电容、二极管、三极管、晶振和光耦等。

9.1.2　试验方法

电子元器件在贮存过程中，所经受的环境应力主要有温度应力、湿度应力、机械应力和化学应力等。在导弹实际贮存环境条件下，这些应力的影响权重是不同的。综合分析如下：

1）由于温度的“渗透”与“平衡”特性，贮存环境温度将直接反映到元器件内部。随着四季温度的变化，弹上仪器设备用元器件，势必会受到温度变化的影响。

2）由于集成电路等元器件均为密封器件，内部的水汽含量控制较为严格。经对长期贮存后的元器件进行解剖分析，所残存的水汽，对器件寿命的影响甚微。针对外部湿度的影响，由于采取了印制板

“三防处理”和“机箱密封”等防护措施，可以有效“屏蔽”外部湿度应力对元器件的影响。

3）“屏蔽”作用，对于由盐雾等影响而导致的化学应力同样具有有效的隔离作用。

4）机械应力的主要表现形式为“振动”。由于仪器设备在贮存环境中所受到的振动量级十分有限，远低于产品出厂时的验收试验所规定的振动量级，且不存在长时间处于“振动”的环境。

综合以上分析，就弹上仪器设备所用元器件而言，在产品实际贮存环境中，影响其贮存寿命的主要应力为温度。

选取温度作为应力，开展加速贮存寿命试验。根据元器件的不同和工程需要，可选取恒定加速寿命试验或步进（步退）加速寿命试验。在导弹贮存延寿工程中，选用恒定加速寿命试验的元器件有阻容元件、继电器、连接器等，选用步进加速寿命试验的元器件有集成电路、分立器件、二极管和晶振等。

9.1.3　试验条件

9.1.3.1　应力水平

应力水平的选择基本原则如下。

1）理想的最低应力水平在试验期内应能对产品参数产生足够的退化作用；为保证试验的准确性，最高应力和最低应力之间应有较大的间隔。其中一个应力水平应接近或等于该产品技术标准中规定的额定值。最高应力水平不得大于该产品的结构材料以及制造工艺所能承受的极限应力，以免引入新的失效机理。最高应力水平通过试验样件贮存极限温度摸底试验来确定。

2）通过加速寿命试验推导正常应力下的寿命值，通常要进行多个温度应力水平的试验。应力水平个数太多则耗时、耗经费；个数太少，则影响统计分析精度，导致贮存寿命评估出现较大偏差。一个完整的加速寿命试验应力水平应不少于4个。

开展电子元器件加速贮存试验前，首先要进行极限贮存应力摸底试验，确定加速贮存试验的最高应力水平，避免出现非贮存失效机理导致的产品失效。对于选取温度应力作为加速应力的电子元器件加速贮存试验，其极限贮存温度摸底试验方法为：

1）摸底试验包括步进应力摸底试验和验证最高应力水平与自然贮存失效机理一致的验证试验；

2）先进行步进应力摸底试验，初始试验温度由元器件产品手册规定的最高贮存温度确定，按步长为＋15℃增加温度应力；

3）当温度达到预定温度时，保温 48h，然后将试验箱温度缓慢降低到常温，对样品进行全功能参数测试；

4）测试正常，按步长增加温度继续试验；

5）测试失效，分析失效原因，如果是与温度有关的失效，则记录当前温度为最高温度，另取样品，重新开始进行步进应力摸底试验，步长仍为＋15℃，每个应力下贮存 48h，直到温度比最高温度低 15℃为止，然后，将试验箱温度缓慢降低到常温，对样品进行质量分析；

6）如质量分析合格，则选取该温度为加速寿命试验的最高温度应力；

7）如质量分析不合格，则选取备用样品，重复上述步骤，直到获得所需的最高贮存应力。

9.1.3.2　测试周期

确定测试周期的原则为：在不过多地增加检查和测试工作量的情况下，能比较清楚地了解产品的失效分布情况，不要使失效过于集中在一、二个测试周期内。各应力水平组一般要有五个以上的测试点（指能测到失效产品的测试点），每个测试点上的失效数应尽可能大致相同。

（1）恒定加速贮存寿命试验

在恒定加速贮存寿命试验过程中，试验间歇中应对试验样品进行严格测试。样品测试前，应在实验室环境条件下至少恢复 2 小时。测试时间采用先疏后密的方法进行，当试验样品特性参数有较为明显的变化趋势时，应根据实际情况调整测试间隔。某电子元器件恒定加速贮存寿命试验测试节点选取如图 9－1 所示。

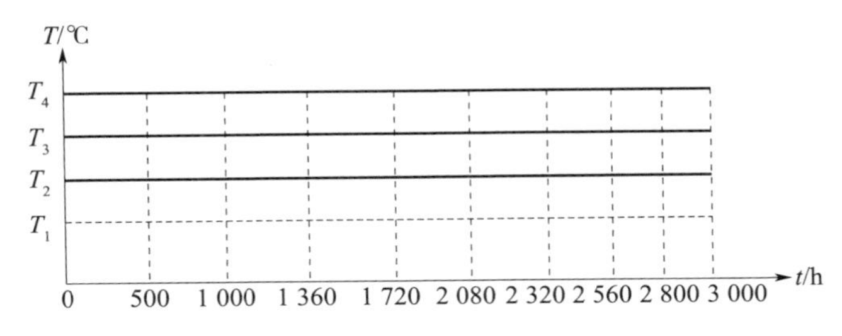

图 9－1　某电子元器件恒定应力测试节点示意图

（2）步进加速贮存寿命试验

在步进加速贮存寿命试验过程中，试验间歇中应对试验样品进行测试。样品测试前，应在实验室环境条件下至少恢复 2 小时。测试时间节点采用先疏后密的方法进行。当试验样品特性参数有较为明显的变化趋势时，应根据实际情况缩短测试间隔。某电子元器件步进加速贮存寿命试验测试节点选取如图 9－2 所示。为了考核元器件在试验间内部结构及参数变化情况，应按测试节点对单片集成电路、晶体谐振器、分立器件抽样 DPA。

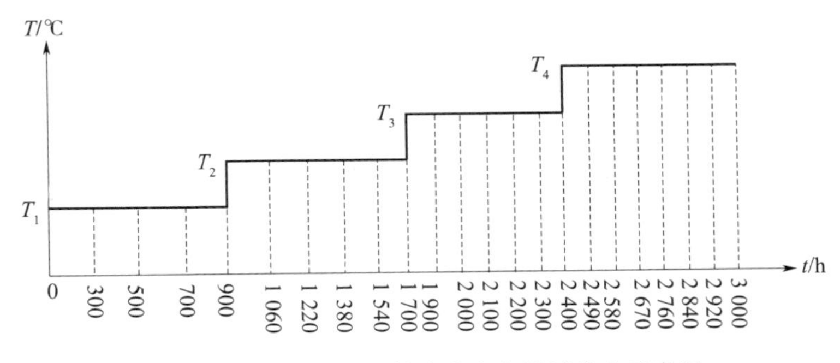

图 9－2　某电子元器件步进应力测试节点示意图

9.1.3.3　试验样品数量

以四应力水平恒定加速寿命试验为例，电阻、电容、继电器、接插件等元件每个品种数量为 125 只，确保每个应力等级样品数不小于 30 只；单片集成电路、晶体谐振器、分立器件等半导体器件每个品种数量为 80 只。

9.1.4 例子

对某电容器开展加速贮存寿命试验，选取温度作为加速应力，确定 Arrhenius 方程作为加速模型，采用 4 个应力水平的恒定应力加速试验方式。在正式试验之前，先开展极限贮存温度摸底试验，试验程序如下。

1）取试验件两只（编号为1＃、2＃）贮存于 85 ℃的高温箱中。

2）贮存 48 h 后，将试验件取出；试验件在室温下自然冷却 2 h 后，进行全参数测试。测试结果：参数合格，外观完好无损。

3）将高温箱温度提高 15 ℃继续试验。重复以上步骤，直至温度升高至 160 ℃。

4）保存 48 h 后，将试验件取出，在室温下自然冷却 2 h 后，进行全参数测试。测试结果：两只样品的漏电流参数均超差。

5）对参数超差的电容进行失效分析，失效分析结论为“温度的升高，导致介质层特性变化，引起介电常数的下降，从而导致漏电流增加”。

6）重新抽取两只试验件（3＃、4＃），重复以上步骤进行试验与测试（初始试验温度为 85 ℃）。

7）直到温度升高至 130 ℃后，测试发现 1＃样品的漏电流超差，失效模式、机理与 2＃样品相同；3＃、4＃样品全参数合格。

8）重新抽取一只样品（5＃），连同未失效的 3＃、4＃样品重复以上步骤进行试验与测试（初始试验温度为 85 ℃）。

9）直到温度升高至 130 ℃后，测试发现 3＃、4＃、5＃样品均合格。

10）依此确定该电容器最高温度应力为 130 ℃。

按 15 ℃的间隔，确定其余三个温度应力水平，故该电容器恒定应力加速贮存寿命试验试验温度分别为：85 ℃、100 ℃、115 ℃、130 ℃，每组试验样品各 30 只。测试节点：0 h、500 h、1 000 h、1 360 h、1 720 h、2 080 h、2 320 h、2 560 h、2 800 h、3 000 h。测试参数为容值和漏电流。

对电容的漏电流、容值两个参数的测试值进行分析整理，并以时间为横轴，参数值为纵轴绘制参数变化趋势图。漏电流的变化趋势如图 9－3～图 9－6 所示。容值变化趋势如图 9－7～图 9－10 所示。

通过对测试结果进行统计分析可知，四组温度应力下的电容值和漏电流均随贮存时间增长呈现统一上升的趋势，温度应力越高，上升趋势越明显，故可以选择容值和漏电流作为敏感参数。

利用加速退化模型来描述电容敏感参数随温度应力和贮存时间的变化关系，结合加速贮存寿命试验数据，评估可得该电容的贮存寿命。由于电容存在容值和漏电流两个敏感参数，利用这两个参数的性能退化数据分别可得电容的贮存寿命，为了便于工程应用，一般不考虑两个敏感参数的关联性以及竞争失效的情况，从保守角度考虑，取较小的评估值作为电容贮存寿命估计。

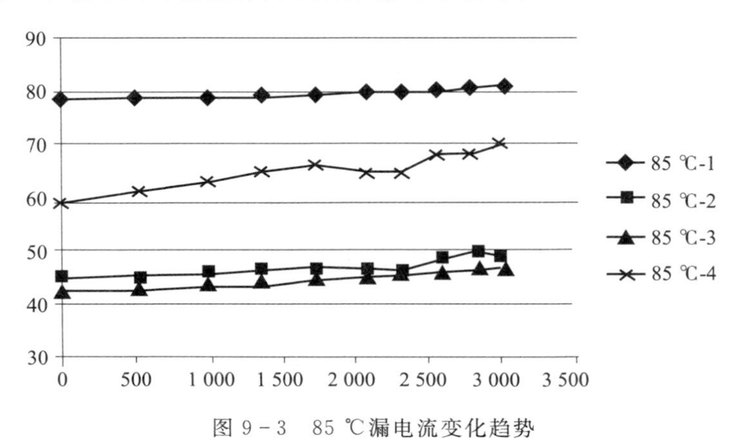

图 9－3　85 ℃漏电流变化趋势

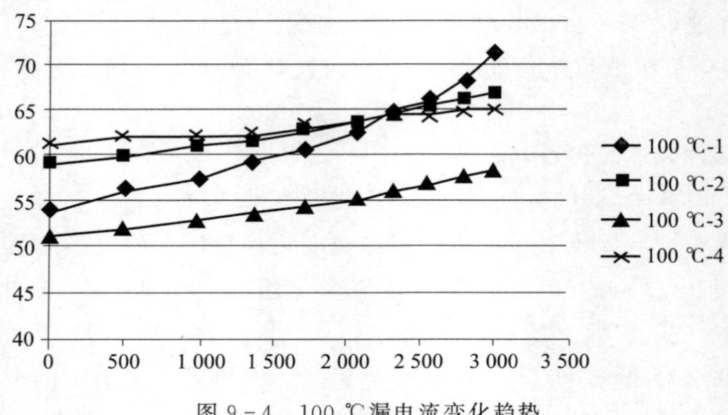

图 9-4 100 ℃漏电流变化趋势

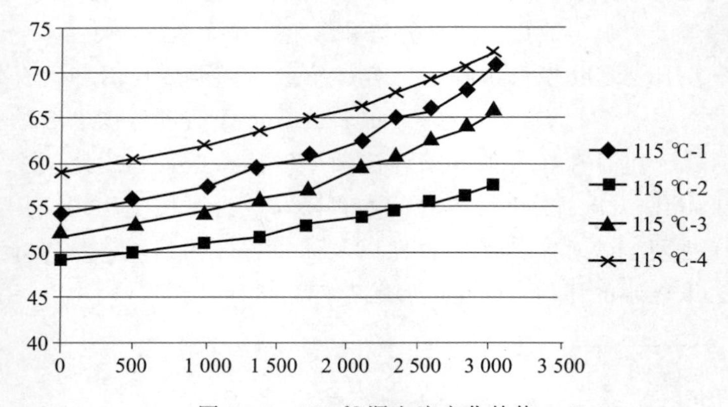

图 9-5 115 ℃漏电流变化趋势

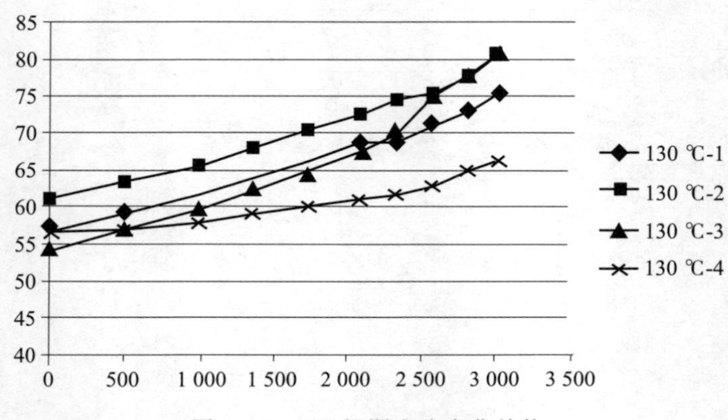

图 9-6 130 ℃漏电流变化趋势

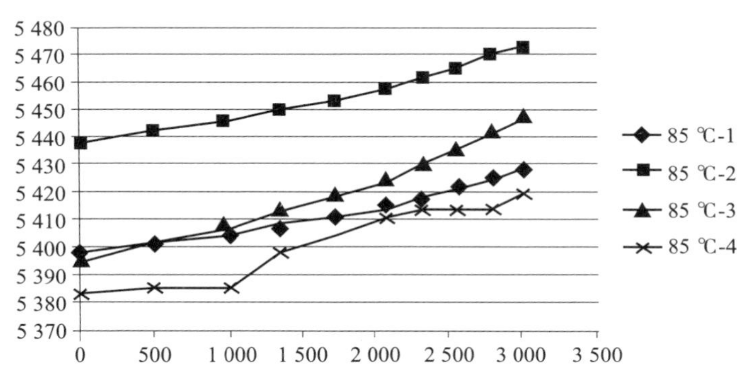

图 9－7　85 ℃容值变化趋势

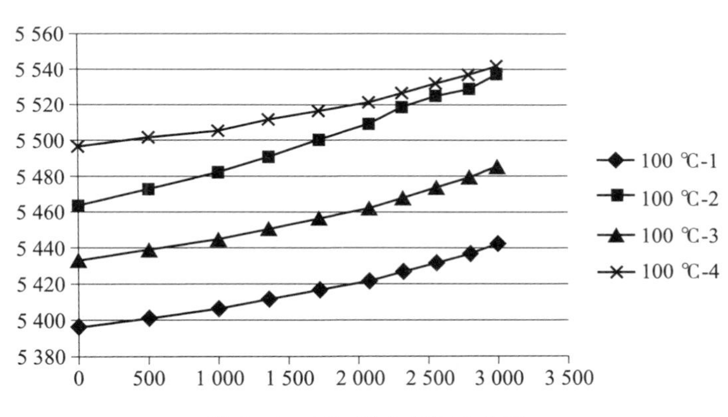

图 9－8　100 ℃容值变化趋势

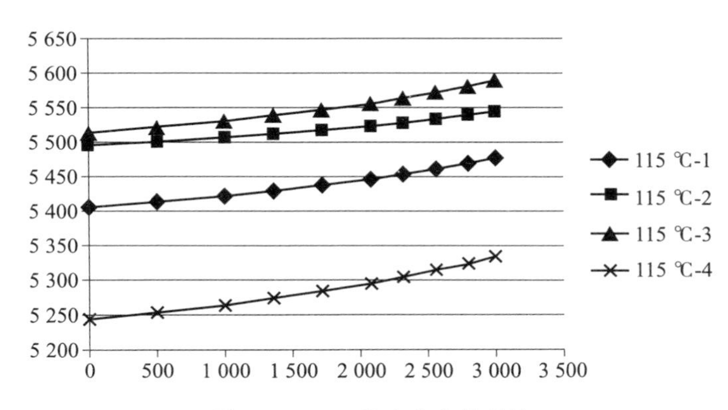

图 9－9　115 ℃容值变化趋势

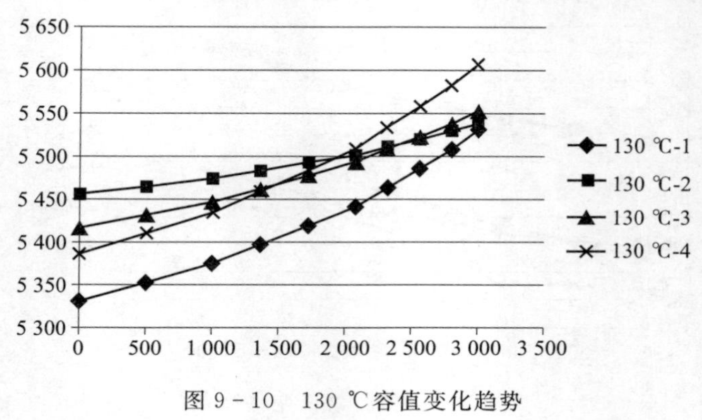

图 9-10　130 ℃容值变化趋势

9.2　非金属材料加速贮存寿命试验

9.2.1　概述

非金属材料被广泛应用于战术导弹武器系统，一般弹体结构和总装直属件含有 60 余项非金属材料、零件。弹上非金属材料主要包括橡胶密封材料、阻尼材料、复合材料、胶粘剂和涂层等。

非金属材料的加速贮存寿命试验一般又称之为加速老化试验，是在材料贮存老化的相关性理论基础之上，对材料的贮存老化失效机理和失效模型赋予一定的假设前提和边界条件，并在试验过程中，不改变材料老化失效机理，也不增加新的老化失效机理，通过合理地强化环境因子（温度、湿度等），获得材料在相对短时间内的性能变化规律，并采用统计分析等手段，评价材料及制品贮存寿命的一种寿命试验。

非金属材料加速贮存寿命试验按下列程序进行。流程图如图 9-11 所示。

1）分析非金属材料的贮存环境条件和性能指标要求，了解材料的类型特性、使用部位、贮存环境、贮存及工作状态、性能要求等相关信息。

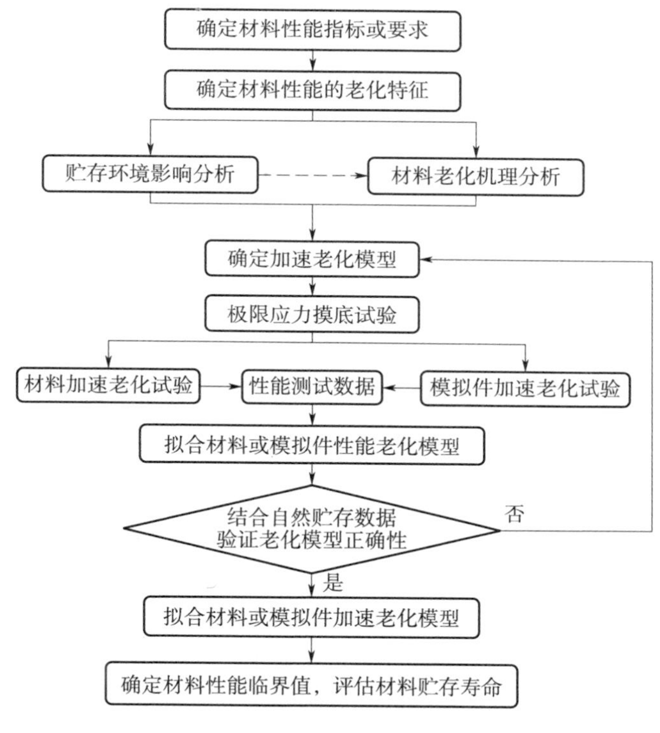

图9-11　非金属材料贮存期试验流程图

2）分析材料在产品贮存环境条件下的失效机理和失效模式，初步确定材料的老化环境因子、老化特征性能。加工制作相应的材料性能试样、产品试验件或模拟件。

3）制定加速老化探索试验方案，针对材料的失效机理、具体工况和贮存环境，选择相应的老化试验方法，拟定加速老化探索试验的试验条件。

4）开展加速老化探索试验，根据试验数据验证材料老化机理，确定或调整加速老化试验条件，制定加速老化试验方案。

5）对非金属材料试验件、产品件或模拟件开展加速老化试验，按材料和产品相关技术条件周期性进行各项性能检测。试验后分解老化失效的产品，分析研究产品失效与非金属件性能退化的关系。

6）数据分析与贮存寿命评估。分析加速老化试验后的材料性能数据和产品性能数据，根据材料性能退化规律和材料老化的动力学模型，建立材料性能退化与老化时间及环境应力条件的关系方程。采用非金属材料加速寿命模型，建立材料寿命或性能退化速率与加速环境应力条件的等效关系。以材料性能设计指标值或满足产品功能所对应的材料特征性能值为评估判据，评估非金属材料在正常贮存环境条件下的贮存寿命。

9.2.2　试验方法

非金属材料的加速贮存试验主要为加速老化试验，针对弹上非金属材料，一般采用热空气加速老化和湿热加速老化两种试验方法。

（1）热空气加速老化试验

热空气加速老化施加的环境应力为温度，热空气老化机理是热的作用加速非金属材料的交联、降解等化学反应和应力松弛、蠕变等物理变化过程，宏观表现为非金属材料设计性能的变化，这些变化可通过适当数学模型描述出材料的老化动力学参数，如老化速率常数、活化能等。再根据老化速率常数与温度的经验关系式 Arrhenius 方程，利用数据统计分析方法评估材料在正常贮存温度下的性能或贮存寿命。

（2）湿热加速老化试验

湿热加速老化试验是适当提高环境温度、湿度应力水平，加速材料性能退化的速率，快速获取材料寿命特征参数，采用温度和湿度加速贮存寿命模型，利用统计分析方法评估材料在正常贮存温湿度应力下的材料贮存寿命。

橡胶类材料根据其失效机理及失效模式一般采用热空气加速老化试验，选取指数衰减动力学模型和 Arrhenius 模型。

复合材料、胶粘剂等对空气及湿度均较敏感，因此，加速老化试验通过热空气加速老化及湿热老化两种方法进行。采用热氧加速老化试验时，拟选取单对数动力学模型和温度外推模型；采用湿热老化时，选用温度和湿度加速寿命模型进行贮存寿命评估。塑料、复合材料、胶粘剂等材料性能数据一般具有较大的分散性，可能引起加速老化过程中所测试性能数据规律性下降的趋势不明显，而难以应用相应动力学模型和加速寿命模型评估贮存寿命时，则选取范德霍夫模型，结合与材料性能指标对比，评估贮存寿命，或与已有贮存寿命信息的同类型材料进行对比分析，给出贮存寿命评估结论。

大多数涂层起表面防护作用，对温度及水分均较为敏感，因此，其加速老化试验采用不同温度下的热空气老化及湿热老化两种方法进行，可选用指数衰减动力学模型或其他适合模型，采用温度加速寿命模型及温度湿度加速寿命模型评估贮存寿命。

9.2.3　试验条件

9.2.3.1　应力水平

加速贮存试验的应力水平数，是根据非金属材料贮存寿命拟合外推的统计计算要求，结合各类非金属材料贮存寿命与贮存应力的相关性水平以及试验经验判断来确定的。应力水平一般取 3～5 个，材料贮存寿命与贮存应力的相关性很好时，应力水平数可取 3 或 4 个。

对于材料特性清楚，老化机理明确，有同类材料可供参考的非金属加速老化试验项目，可按照以往成熟经验方法确定应力水平、试验周期等试验条件；对于老化机理不十分明确，且无同类型材料贮存老化试验数据可供参考的新材料，应先进行贮存老化探索试验，或开展新材料贮存老化机理研究和试验方法研究，再确定加速贮存试验的应力水平等试验条件。

9.2.3.2　测试周期

非金属材料及制品加速老化试验周期的确定，一般来说是根据贮存延寿试验目标，按照各类材料的贮存老化机理和所拟定加速环境应力水平的高低，通过借鉴以往贮存试验的经验，确定加速贮存试验周期在 3～6 个月。以不改变材料贮存老化机理为前提，对于环境适应性范围宽的材料，可适当提高加速应力水平，试验周期相对短一些；环境适应性范围窄的材料，加速应力应控制在相对低的水平，因此试验周期也会长一些。

在整个加速贮存试验过程中，按对数或线性时间坐标均等确定 8～10 个老化特征时间点，在各加速贮存试验条件下，材料老化到特征时间点时，取样测试材料相关性能。加速贮存试验中的特征时间点还应根据材料老化特征性能参数的变化情况做适当的调整，若老化特征性能参数前期变化较快时，后续特征时间点的间隔应缩短；若老化特征性能参数前期变化缓慢时，后续特征时间点的间隔应延长。调整特征时间点的目的是使所拟合的材料老化特征参数动力学曲线与材料的实际老化退化规律更加接近。

9.2.3.3　试验样品数量

每一项非金属材料加速贮存试验的试验件总数量由需要考核的各项性能试验件数量 N_i 总和而成 $\sum N_i$，每项性能试验件数量 N_i 由单次取样数 n_i 和取样次数 P_i 决定，即 $N_i = n_i P_i$。其中，单次取样数 n_i 应按照对应的材料性能测试规范、标准等，严格执行对取样数量的规定，一般标准都规定在 5 件以上，个别要求 3 件以上，部分特殊要求的最高规定 15 件以上；取样次数 P_i 由每个应力水平的老化特征时间点（8～10 个）和应力水平数 S_i（3～5 个）的乘积决定。当某项材料性能试验不产生消耗时（不破坏），一组试验件可反复测试，如电、磁性能试验件、体积/质量变化率试验件、应力松弛/压缩回弹性能试验件等，此时，试验件数量 $N_i = n_i S_i$。

9.2.4　例子

橡胶密封材料是用于防止油、气的泄漏，在弹上状态始终为压缩状态，随着贮存时间的延长，橡胶会产生蠕变和老化，回弹性能降低，失去密封作用，导致油、气的泄漏。橡胶密封件在安装状态下受压缩应力作用，依靠橡胶材料的回弹性能实现密封。在长期贮存过程中，橡胶密封件受压缩应力作用产生蠕变，密封件回弹性能逐步降低，密封应力下降是密封件贮存失效的主要模式，可通过压缩永久变形反映材料的压缩回弹性能，而橡胶材料的拉伸强度等性能也在一定程度上反映材料的老化程度。因而根据加速老化试验过程中的橡胶恒压永久变形及拉伸性能等数据，评估橡胶密封材料在安装状态及规定的贮存环境条件下的贮存寿命。

某橡胶密封材料具有较好的耐高温性能，参考其他类型橡胶密封材料的加速老化试验经验并结合该硅橡胶自身特性，确定加速贮存寿命试验条件，见表 9-1。

表 9-1　某橡胶密封材料加速贮存寿命试验条件

材料名称	试样类型	试验温度	取样周期 / 天
橡胶密封材料	拉伸试样	80 ℃、110 ℃、130 ℃、150 ℃	0、1、2、5、9、15、29、60、90、120、150
	恒压永久变形试样	80 ℃、110 ℃、130 ℃、150 ℃	1、2、5、9、15、29、60、90、120、150
	密封模拟工装	150 ℃	0、47、67、87

根据试验条件，对某橡胶密封材料进行加速贮存寿命试验，通过试验获取拉伸性能数据和恒压永久变形数据。

（1）拉伸性能数据

根据取样周期，分别对 80 ℃、110 ℃、130 ℃、150 ℃四种温度应力水平下的试件进行测试，获得加速贮存试验过程中某橡胶密封材料的拉伸强度与老化时间的关系，如图 9-12 所示。

（2）恒压永久变形数据

根据取样周期，分别对 80 ℃、110 ℃、130 ℃、150 ℃四种温度应力水平下的试件进行测试，获得加速贮存试验过程中某橡胶密封材料的压缩永久变形数据与老化时间的关系，如图 9-13 所示，

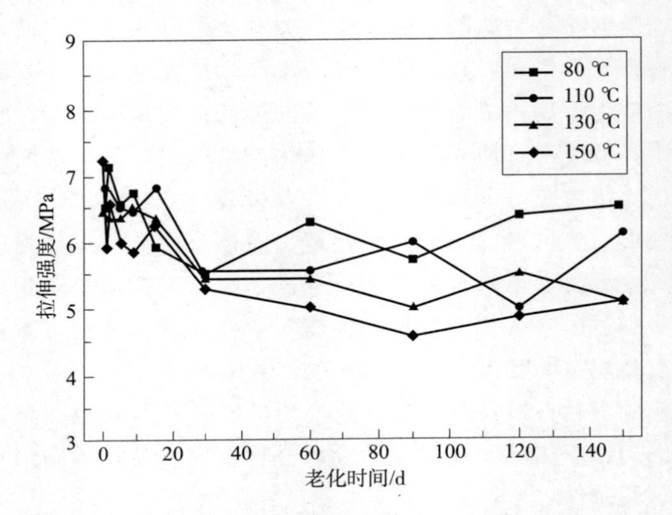

图 9-12　某橡胶密封材料拉伸强度与老化时间关系

其中恒压永久变形值均为三个试样测试值的平均值。

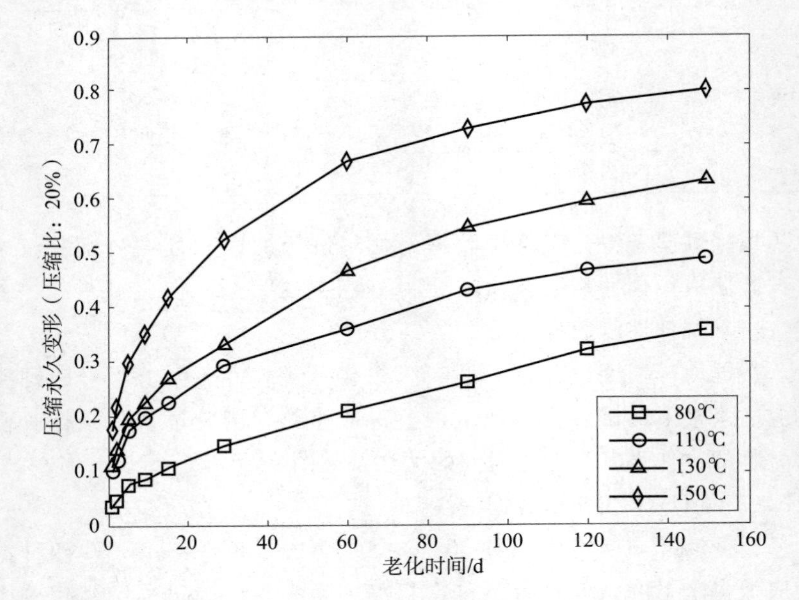

图 9-13　某橡胶密封材料的压缩永久变形数据与老化时间的关系

通过对拉伸性能数据和恒压永久变形数据进行分析可知，拉伸性能数据随老化时间总体上呈下降趋势，但由于每个测试样只能测量一次，样本之间的差异性以及测量的误差等因素，在一定程度上掩盖了真实信息，使得拉伸数据随老化时间和温度变化规律不明显。而恒压永久变形数据，由于选取三个试样测试值的平均值，而且样本在不同时间点可重复观测，在一定程度上消除了样本之间的差异，故数据呈现出来的趋势较为明显。恒压永久变形数据随老化时间逐渐增大，且随温度升高，压缩永久变形的增加速率越快。故采用恒压永久变形数据来对贮存寿命进行评估。应用指数衰减模型来描述在给定温度下压缩永久变形与老化时间的关系，进而利用 Arrhenius 模型来描述老化速率与老化温度的关系，由恒压永久变形数据可得两个模型的未知参数估计。给定某橡胶密封材料满足密封设计要求的临界值，由指数衰减模型和 Arrhenius 模型可得橡胶密封材料在规定贮存条件下的贮存寿命。

9.3　火工品加速贮存寿命试验

9.3.1　加速试验方案

当火工品样本量足够时，可选择恒定温度应力试验法。以 Arrhenius 模型作为火工品寿命与温度关系的模型，通过至少四个温度应力水平的加速寿命试验求出加速系数，由此外推常温下的贮存时间。与其他成败型产品类似，火工品的失效时间是不可测的，通过试验只能判断在一定贮存时间后其是否失效，不仅对试验样本量需求大，而且也难以直接按传统的加速寿命试验方法开展试验。

当火工品平贮件样本量较少时，可利用在美国航天航空工业协会发布的标准中规定的方法[1]，其加速方程为

$$H_{L} = H_{T} \cdot 3.0^{\left(\frac{S_{T1}-S_{T0}}{11.1}\right)} \tag{9-1}$$

式中　H_{L} ——火工品的正常贮存寿命；

H_T ——加速贮存寿命；

S_{T0} ——火工品的正常贮存温度；

S_{T1} ——火工品的加速试验温度。

根据火工品贮存任务剖面确定火工品正常贮存温度 S_{T0} ，通常火工品的贮存温度要求为一区间，即 $[a_1, a_2]$ 。通过火工品的贮存失效模式与失效机理进行分析可知，贮存温度越高贮存寿命越小，从保守上考虑，可取贮存温度上限作为加速试验中的正常贮存温度，即 $S_{T0} = a_2$ 。

结合火工品的正常贮存寿命 H_L 和试验周期合理确定加速贮存试验温度 S_{T1} ，S_{T1} 越高，加速贮存试验时间越短，但 S_{T1} 的选取应保持贮存失效机理不变，通常比极限贮存高温低 10～20 ℃。

在确定正常贮存寿命 H_L ，正常贮存温度 S_{T0} 和加速贮存温度 S_{T1} 后，由式（9－1）可确定加速贮存试验时间 H_T 。已知加速试验温度和时间，选取样本量为 n 的火工品进行加速贮存试验。

由于火工品的试验属于破坏型试验，每个样本只能进行一次测试试验[2]，在加速贮存之后，只能判定试验样品是否失效，而无法获得其寿命。在工程应用中，一般先给定加速贮存时间 H_T ，选取一定样本量 n 的产品在高温 S_{T1} 下进行加速贮存，对贮存后的产品进行性能试验，由性能试验数据检验试验前后性能参数的一致性。如果一致性检验通过，则认为该火工品在高温 S_{T1} 下贮存寿命大于 H_T ，由加速系数可推导出该产品在正常贮存温度 S_{T0} 的寿命大于 H_L 。如果一致性检验未通过，则要降低加速贮存时间 H_T ，重新进行试验。对于发火类火工品，性能试验为感度试验，对于输出类火工品，性能试验为性能输出参数的测试试验。感度试验主要验证火工品的可靠性和安全性能，通常采用模拟实际情况的实验装置，在一定条件下对试件施加特定的刺激能量后，测定初始冲能的强度与试件起爆概率之间的对应关系。输出能力试验主要测定火工品的爆炸或爆燃效应，如输出威力、气体压力、热能等，包括定性和定量两种类型。定性试验以火工品对介质的破坏效果为测试对象，是一种间接测量方法。定量测试主要测定火工品爆炸后产生的冲击波、高速飞散的碎片、高温高压气体的参数及这些参数随时间变化的关系，是火工品输出的动态测量。作用时间测试主要测定火工品的作用时间、同步性等，按时间长短分类，火工品作用时间的测试方法包括微秒、毫秒和秒量级；按获取信号手段分类，包括探针法、靶线法、声电法、光电法和高速摄影法等。

由于火工品的可靠性通常较高，就算在加速贮存后性能参数发生了退化，不能通过一致性检验，其可靠性依然满足指标要求。此时如果判定产品贮存寿命不合格，重新进行试验，不仅评估结果与实际有重大的偏差，而且还大大增加了试验费用。为此可利用加速贮存样品的可靠性评估来代替参数一致性检验。如果评估结果符合可靠性指标，则可判断火工品贮存寿命满足要求。

9.3.2　感度试验

感度试验又称敏感性试验，是一种考核发火类火工品可靠性最常用的可靠性试验。常用的感度试验主要为升降法试验[3]和 Langlie 法试验[4]。

（1）升降法试验

升降法的试验方案包括三个因素：试验量 n 、初始刺激量 x_0 和步长 d 。x_0 和 d 确定之后，用 x_0 作为第一次刺激—响应试验；第二次及以后每次试验所用刺激量的取法如下：如前一次试验结果为“响应”，则本次试验用刺激量为 $x_{i+1} = x_i - d$ ；如为“不响应”，则为 $x_{i+1} = x_i + d$ 。如此循环试验，至完成预定试验量 n 为止。由升降法试验数据可得火工品感度分布参数的极大似然估计，当数据存在“混合区”，即最大不响应刺激量要大于最小响应刺激量时，极大似然估计唯一。在实际应用中，一般认为只有数据存在“混合区”且试验刺激量的个数 k 满足 $4 \leqslant k \leqslant 7$ 时才认为试验有效，否则，需要重新进行升降法试验。

（2）Langlie 法试验

Langlie 法试验可以看作是一种变步长的升降法，它的试验程序规定了一种按当前的响应与否的试验结果，追求以 0 和 1 响应个数相等的两次刺激量平均值作为下一个试验点的刺激量，从而保证总的 0 和 1 个数相等，使得试验刺激量在均值两边的取值概率各为 50%。由于步长在试验过程中随时得到调整，可以使试验刺激量很快收敛于感度分布的均值附近，所以直观上 Langlie 法更有利于获得感度均值的样本信息，均值估计值应该比升降法更为稳定。

根据经验或相似产品信息，取刺激量下限 x_L 和上限 x_U，第一次试验刺激量为 $x_1=\frac{x_L+x_U}{2}$，试验结果用响应数 $n_1=0$ 或 $n_1=1$ 表示。此后，做完第 i 次试验，下一次试验刺激量为 $x_{i+1}=\frac{x_i+x'_i}{2}$，其中 x'_i 的确定方法是：从响应数 δ_i 开始，依次向回数 $\delta_{i-1},\delta_{i-2},\cdots$ 取值 1 和 0 的个数，设当数到 δ_j 时第一次出现两个值个数相等时，则取 $x'_i=x_j$，如果一直数到 δ_1 都没有相等出现，则取 $x'_i=\begin{cases}x_U,\delta_i=0\\x_L,\delta_i=1\end{cases}$。这样一次次地试验，直到完成预定的试验量 N。由试验数据可得感度分布参数的极大似然估计，当数据存在“混合区”时，极大似然估计唯一。在实际应用中，如果数据不存在“混合区”则需要重新进行 Langlie 试验。

9.3.3　例子

某火工品的贮存温度为 5～35 ℃，可靠性要求不低于 0.999 9（置信水平为 0.95），工作刺激量为 4.5 cm，贮存寿命不低于 15 a。由于贮存温度与贮存寿命成反比，从保守上考虑，取 35 ℃作为加速试验中的正常贮存温度。通过对火工品进行分析可知，其极限温度为 100 ℃，故取 85 ℃作为加速贮存温度。由式（9－1）计算可得加速贮存时间为 38.8 d，可令加速贮存时间为 39 d。选取样本量为 50 的火工品，在 85 ℃的条件下，进行为期 39 d 的试验。待加速贮存试验后，利用升降法感度试验。通过数值模拟，获得某火工品加速后的升降法感度试验数据如表 9－2 所示。

表 9－2　火工品感度试验模拟数据

刺激量/cm	2	2.5	3	3.5	4
响应数	0	1	13	10	1
不响应数	1	13	10	1	0

利用表 9－2 的感度试验数据进行可靠性评估，并将评估结果与可靠性要求进行对比，评价火工品贮存寿命是否满足要求。

9.4　电缆类产品加速贮存寿命试验

电缆类产品典型代表为弹上电缆网、脱插电缆和高频电缆等，弹上电缆网主要由电连接器、导线等组成，其功能为：将控制系统弹上所有仪器设备连成一个有机的整体，完成电源配电、火工品电路供电、时序、控制信号的传输，弹上与地面接口、控制与其他系统接口的信息传输，实现系统功能。

通过对电缆类产品的失效模式与失效机理进行分析，明确影响其贮存寿命的环境因素主要为温度，故可选取 Arrhenius 模型作为加速模型。

为了使制定的试验方案更为合理，同时提高试验效率，在加速寿命试验之前，先进行加速摸底试验，获取产品所能承受的极限温度，用于确定加速贮存试验最高温度水平。

对电缆类产品进行加速摸底试验，获取产品所能承受的高温极限。结合产品的特点，选择试验起始温度为 S_{T0}，保温 20 h 后，自然冷却进行通路检查、绝缘电阻检查，若正常则提高温度 10 ℃，重复上述步骤，至产品性能失效，此温度为产品的最高温度应力 S_{Tm}，如图 9－14 所示。在工程应用中，一般选取 $S_{Tm}-10$ 作为加速寿命试验的最高温度应力。电缆网和脱插电缆温度极限应力摸底试验状态分别如图 9－15 和图 9－16 所示。

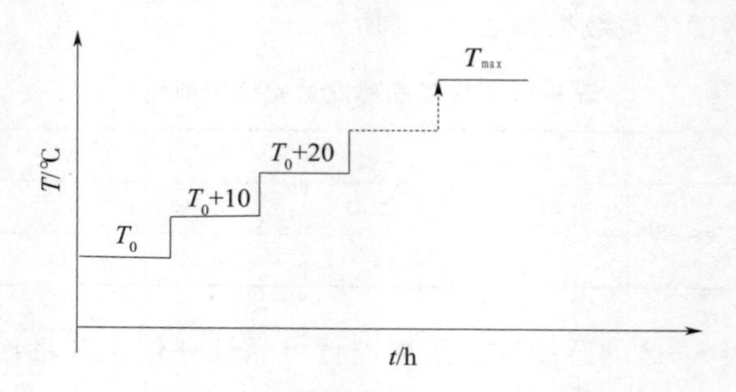

图 9-14 温度极限应力摸底试验

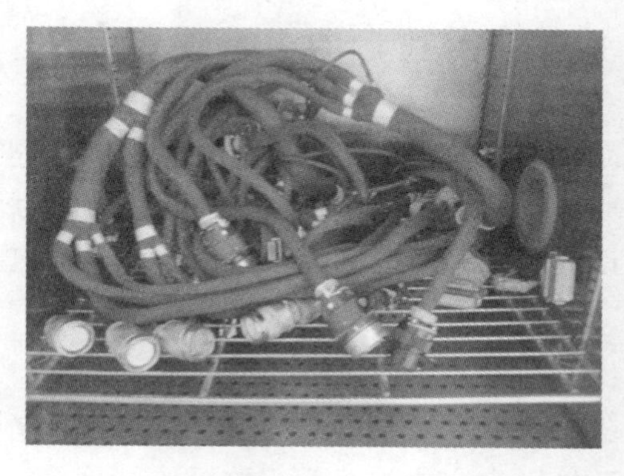

图 9-15 某弹上电缆网温度极限应力摸底试验状态图

图 9-16 某脱插电缆温度极限应力摸底试验状态图

电缆类产品采用步退的试验方式，确定四个应力水平 S_{T1},S_{T2},S_{T3},S_{T4} 。根据摸底试验情况确定最高应力 S_{T4} ，根据产品贮存温度确定最低应力水平 S_{T1} ，已知 S_{T4} 和 S_{T1} 利用线性插值，确定中间两个应力水平 S_{T2} 和 S_{T3} 。

在相对湿度 H_0 的恒定条件下，对电缆类产品进行加速贮存寿命试验。将所有参试产品在 4 个应力水平下进行试验。在每个应力量级转换前，随机抽取 1 套整机进行验收环境试验考核，若产品通过则一起进行下一量级试验，若未通过则计为故障，进行失效机理分析；若产品在长时间内不失效，则采用定时和定数截尾相结合的方式，到达截尾时间，则将温度等级转换到下一量级。具体试验程序如下：

1）完成电缆类产品贮存温度极限应力摸底试验，并确定试验应力量级；

2）按规定进行产品试验前性能测试，确认参试产品性能指标是否符合技术要求，并作为试验过程中测试结果的比较基准；

3）将受试产品按试验技术要求放入试验箱，按步退的试验方式，开始加速贮存试验，首先升温至最高温度应力等级 T_4 进行试验。按规定的测试间隔对产品进行常温和高低温环境下的性能测试，记录失效数据，去除失效产品。当产品失效数或有效试验时间达到预先规定的要求值时，该温度应力水平下的试验结束，随机抽取 1 套产品进行验收条件下的性能测试，测试合格后，试验转入下一等级；

4）试验中如果出现故障，先暂停试验，按照要求进行故障处理；

5）试验结束后，根据选用的模型以及试验数据的特点，开展加速贮存寿命试验数据分析，进而对电缆类产品的贮存寿命进行评估。

9.5　弹性元件加速贮存寿命试验

弹上弹性元件主要包括波纹管、弹簧等。通过失效模式与失效机理分析可知，弹性元件的失效模式主要包括断裂和应力松弛两种。断裂一般为瞬时性的、突发的。应力松弛则是一个累积的过程。对于处于长期贮存状态的弹性元件，应力松弛失效模式更为常见。工程实践表明，一般的弹性元件在高温环境下会快速产生应力松弛，因此，可以选择温度应力作为弹性元件的加速应力。除此之外，对于弹性元件还可以采用预紧力作为加速应力，即加大弹性元件的机械应力水平加速其失效。

弹性元件在应力松弛中的剩余负荷满足以下关系式

$$P = a - b\ln(t+1) \tag{9-2}$$

式中　P——剩余负荷；

a——松弛开始时的初始载荷；

b——载荷松弛率；

t——时间。

（1）温度应力

在应力松弛过程中位错的运动以热激活攀移的方式来克服第二相障碍，在此过程中，位错越过障碍须克服能量势垒，亦即松弛热激活能，其大小决定于温度应力水平，故可用 Arrhenius 模型作为加速模型，用来描述载荷松弛率和温度的关系。

（2）机械应力

某波纹管在贮存中始终处于压缩状态，除温度应力外，机械应力是影响其贮存寿命的另外重要因素，因此也可以选择压缩量作为加速应力。目前关于机械应力的加速寿命模型较少，可选择统计模型作为加速模型，用来描述载荷松弛率与压缩量的关系。

为了使制定的试验方案更为合理，同时提高试验效率，在加速寿命试验之前，先进行极限压缩量试验。随机选取 1 件产品进行极限压缩量试验，将波纹管逐步预压到设计压缩量，在设计压缩量的基础上固定步长，逐步增大压缩量，进行加速贮存最大压缩量试验，波纹管呈非线弹性状态时停止试验，并与理论值对比分析。根据极限压缩量试验结果，确定加速贮存试验最高机械应力水平。

采用恒定应力加速寿命试验方式，确定应力水平个数为 3，在龙门架搭建的试验平台进行加速贮存寿命试验如图 9 - 17 所示。具体试验程序如下：

1）对波纹管组件进行气密性测试；

2）完成波纹管组件极限压缩量试验，并确定试验应力量级；

3）随机选取一件产品进行刚度试验；

4）按试验方案开展加速寿命试验，试验过程中通过液压伺服作动器对波纹管进行加载，加载过程中的载荷通过力传感器反馈得到，位移通过作动器内置的位移传感器反馈得到；

5）在室温环境下保持压力静止贮存，定期对波纹管组件进行一次气密性测试与刚度测试；

6）当刚度下降 20%，或气密性检查中漏气即判为失效；

7）试验结束后，根据选用的模型以及试验数据的特点，开展加速贮存寿命试验数据分析，进而对波纹管的贮存寿命进行评估。

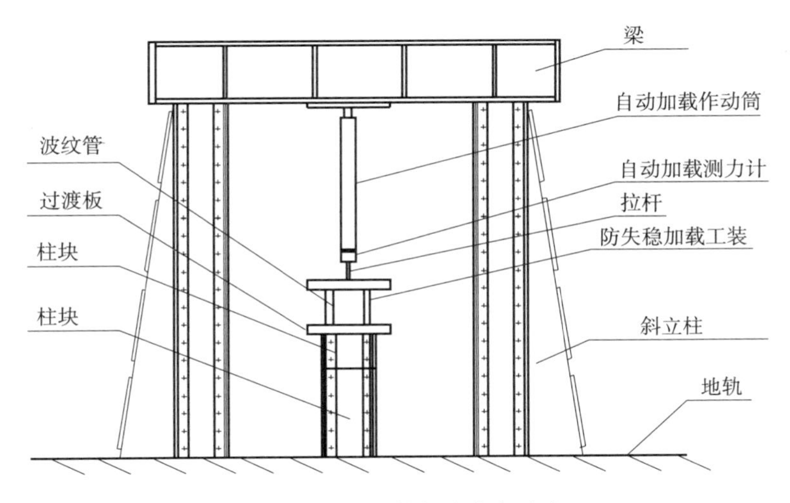

图 9 - 17　波纹管加速寿命试验

9.6 电子类整机产品加速贮存寿命试验

典型电子类整机产品主要包括接收机、弹上计算机、配电器、时序装置、隔离放大器和电源变换器等。

通过对电子类整机产品的失效模式与失效机理进行分析，明确影响其贮存寿命的环境因素主要为温度，故可选取 Arrhenius 模型作为加速模型。同样地在加速寿命试验之前，先进行加速摸底试验，获取产品所能承受的极限温度，用于确定加速贮存试验最高温度水平。

电子类整机产品可采用恒定、步进和步退等加速试验方式，一般采用四个应力水平 $S_{T1}, S_{T2}, S_{T3}, S_{T4}$ 。与电缆类产品类似，根据摸底试验情况确定最高应力 S_{T4} ，根据产品贮存温度确定最低应力水平 S_{T1} ，已知 S_{T4} 和 S_{T1} 利用线性插值，确定中间两个应力水平 S_{T2} 和 S_{T3} 。当采用步进或步退加速试验方式时，电子类整机产品的试验程序与电缆类产品基本一致。当采用恒定加速试验方式时，其具体试验程序为：

1）按规定进行产品试验前性能测试，确认参试产品性能指标是否符合技术要求，并作为试验过程中测试结果的比较基准；

2）将各组受试产品按试验技术要求放入试验箱，按照要求进行各应力量级的加速贮存试验；

3）试验中如果出现故障，先暂停试验，按照要求进行故障处理；

4）试验结束后，根据选用的模型以及试验数据的特点，开展加速贮存寿命试验数据分析，进而对电子类产品的贮存寿命进行评估。

以某隔离放大器为例，恒定湿度下的温度加速贮存试验设计为 4 个温度应力水平，最高温度 80 ℃，最低温度 50 ℃，中间两个应力水平按照温度倒数线性等间隔插值后近似处理为 70 ℃和 60 ℃。采用步退加速试验方式，在试验过程中，湿度保持 RH 75%。具体如

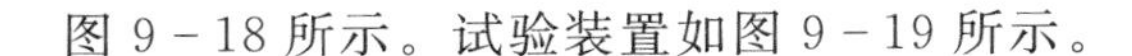

图 9－18 所示。试验装置如图 9－19 所示。

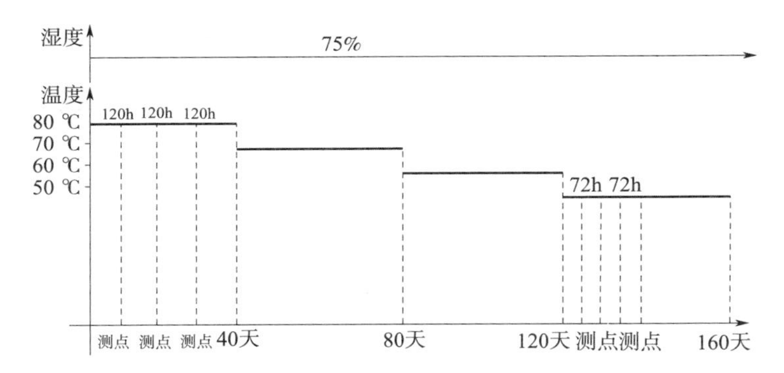

图 9－18　某隔离放大器加速贮存试验剖面图

图 9－19　某隔离放大器加速贮存试验

在试验过程中定期对隔离放大器的零位、输出电压等性能参数进行测试。具体如图 9－20、图 9－21 所示。

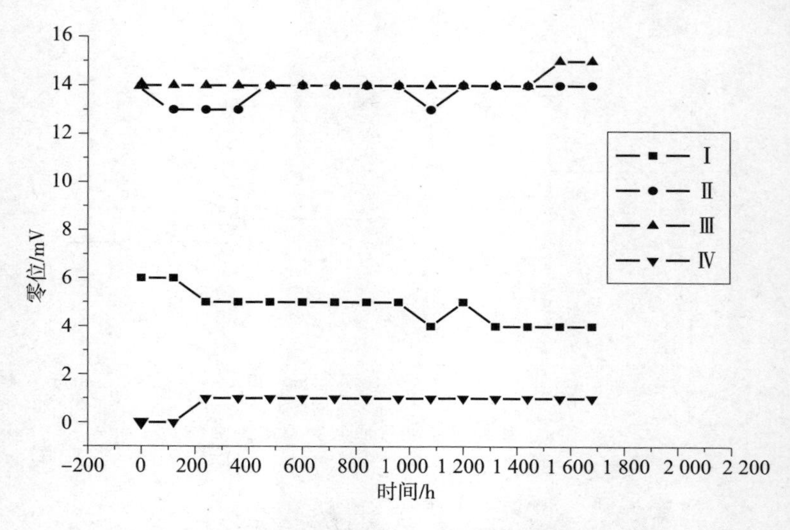

图 9-20 某隔离放大器零位变化图

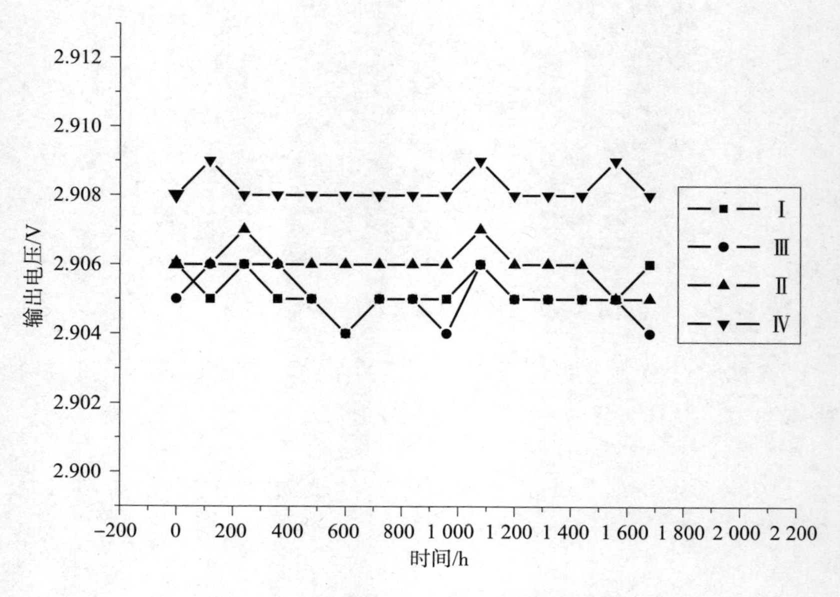

图 9-21 某隔离放大器输出电压变化图

9.7 机电类产品加速贮存寿命试验

典型的机电类产品主要包括惯性测量组合、伺服机构，是弹上重要的单机设备，直接影响了导弹各项战术技术指标。

通过对机电类产品的失效模式与失效机理进行分析，明确影响其贮存寿命的环境因素主要为温度，其中温度循环为主要影响，故可选取 Coffin - Manson 模型作为加速模型。

为了确保评估精度，同时提高试验效率，通过对产品验收条件中的高低温量级、野外待机中的高低温条件以及产品库房贮存中随着昼夜变化存在的微环境进行分析，确定四组温度循环应力等级。采用恒定加速试验方式，分别选取一定的样本在四个应力水平下，开展加速贮存寿命试验，具体试验程序如下：

1）按规定进行产品试验前性能测试，确认参试产品性能指标是否符合技术要求，并作为试验过程中测试结果的比较基准；

2）将各组受试产品按试验技术要求放入试验箱，按照要求进行各应力量级的加速贮存试验；

3）试验中如果出现故障，先暂停试验，按照要求进行故障处理；

4）试验结束后，根据选用的模型以及试验数据的特点，开展加速贮存寿命试验数据分析，进而对机电类产品的贮存寿命进行评估。

9.8 药剂类产品加速贮存寿命试验

9.8.1 推进剂加速贮存寿命试验

通过对推进剂的失效模式与失效机理进行分析可知，贮存温度对推进剂力学性能影响很大，是影响推进剂老化的各种环境因素中最主要的因素。当温度升高时，推进剂的降解和交联加速进行，加速其力学性能的变化。老化性能参数主要包括抗拉强度、伸长率等力学性能以及燃速等性能。其力学性能老化模型主要选取线性模型、对数模型以及指数模型，燃速老化模型选取线性模型。

选取温度作为试验应力，采用 Arrhenius 模型作为加速模型，选用固体发动机推进剂装药方坯制成试样，进行加速老化试验。以某固体发动机推进剂为例，选择温度范围为 40～90 ℃，取 4 个温度应力水平，分别为 40 ℃、55 ℃、70 ℃、85 ℃，进行热老化加速寿命试验，每个温度应力水平下取样测试次数不少于 8 次，测试子样数为 5 个，测试项目包括抗拉强度、伸长率等力学性能和燃速。

9.8.2 战斗部装药加速贮存寿命试验

战斗部中的主、扩药均由混合炸药构成，在其有效期内，一方面不仅要求其具有足够的冲击波感度，以保证可靠而准确地起爆，另一方面从安全方面要求其对机械、热、光、电等的感度较低，同时还应具有良好的物理、化学安定性、相容性以及结构完整性，以保证运输、使用及长期贮存安全。装药失效模式主要包括物理失效和化学失效两种，通过对装药失效机理进行分析可知，热作用及机械作用是引发炸药燃烧或爆轰的主要因素，经过一定的贮存周期，因热应力和内应力的作用，将破坏钝感剂对炸药颗粒的包覆，导致炸药感度急剧升高。严重时，当战斗部受到外界力或热的扰动，炸药就会爆炸导致战斗部的“早炸”事故。

(1) 主装药

通常主装药中含有一定量的 TNT，TNT 熔点约为 80 ℃。当对主装药进行以温度为应力的加速寿命试验时，如温度过高会有明显的 TNT 析出，改变了其失效机理，但温度过低则试验时间过长，失去加速的意义。为了提高主装药加速寿命试验的效率，一般选取温度作为试验应力，采用 Arrhenius 模型作为加速模型，进行单温度点截尾加速试验。记在温度 S_{T0} 下的试验时间为 t_0 ，在温度 S_{T1} 下的试验时间为 t_1 ，已知加速系数 ξ，则有

$$t_0 = \xi t_1 \tag{9-3}$$

根据对炸药的老化试验经验，温度系数在2.5～3.0之间。可以选取ξ分别为2.5、2.7、2.9、3.1，由式（9-3）计算加速时间进行截尾加速寿命试验，通过截尾加速老化的参数与自然贮存状态的参数进行对比及统计分析，主要包括试样CT无损检测、威力性能、安全性能、安定性和力学性能等。根据对比分析结果，选取合适的加速系数，或对加速系数修正，确定最终加速系数。

（2）扩爆药

选取温度应力作为扩爆药的加速应力，扩爆药在不同温度下加速老化分解，根据有效安定剂含量的变化，表示老化分解速度与温度的关系，一般用Berthelot方程描述安全贮存寿命和贮存温度的关系

$$S_T = A + B\lg t \tag{9-4}$$

其中S_T为温度，A和B为常数。在通常情况下，以有效安定剂消耗50%作为火药安全贮存寿命临界点[4]。对扩爆药开展加速贮存寿命试验，通过对试验数据进行统计分析确定加速系数，利用加速系数将产品加速到某特征年，并与自然存在的产品的参数进行对比分析，主要包括试样CT无损检测、威力性能、安全性能、安定性和力学性能等。根据对比分析结果，验证加速方法的合理性，或对加速系数修正，确定最终加速系数。

参考文献

[1] AIAA S - 113 - 2005 Criteria forExplosive Systems and Devices Used on Launch and Space Vehicles (DRAFT) [S]. American Institute of Aeronautics and Astronautics, 2005.

[2] 温玉全，洪东跑. 基于Bootstrap方法的火工品可靠性评估 [J]. 含能材料，2008，16 (5)：535 - 538.

[3] 蔡瑞娇，翟志强，董海平，等. 火工品可靠性评估试验信息熵等值方法 [J]. 含能材料，2007，15 (1)：79 - 82.

[4] GJB 770B. 火药试验方法 [S]. 国防科学技术工业委员会，2005.

第10章　贮存环境与可靠性试验

导弹在经过自然贮存或加速贮存后，通过测试只能获得其性能指标的变化情况，而无法对其可靠性水平和环境适应能力进行评价。而由导弹贮存寿命的定义可知，可靠性和环境适应性是影响导弹贮存寿命的重要因素。通常，在工程中利用飞行试验来考核经过自然贮存或加速贮存后产品的可靠性和环境适应性。为降低飞行试验风险，在飞行试验前，需要在实验室内开展环境试验和可靠性试验来暴露产品经贮存后的薄弱环节，并针对薄弱环节进行整修，提高产品的可靠性和环境适应性。

10.1　环境试验

10.1.1　根据试验目的分类

（1）原型试验

原理样机动力学试验是在专门设计的产品上实施的，该套产品采用与飞行产品相同的设计图纸、材料、加工方法、生产过程、检验方法、人员资质。目的是证明产品在考虑各种设计边界的情况下仍将能达成预期指标。

（2）原型飞行试验

原型飞行试验是指在没有专门的试验件、所有参试产品都将用于飞行时采取的一种试验策略。它的目的涵盖了原型试验和飞行验收试验，用于评估产品设计的充分性，证明产品在期望环境下性能指标的满足程度，暴露生产工艺和材料完整性方面的问题。一般地，原型飞行试验仅适合用于低风险项目，因为它不能获得产品的疲劳、磨损、屈服等设计余量。原型飞行试验一般采用鉴定试验条件的量级和验收试验条件的持续时间。

(3) 研制试验

研制试验属于探索性试验，是对设计的支撑，并且可以简要得到导弹某些结构部件、仪器、设备的谐振频率。研制试验的结果是修改、完善设计的依据。通常被用来确定设计途径和方法、确定接口兼容性、确认分析手段或假设的有效性、寻找未知的响应特性、摸索鉴定试验和验收试验方法等。基于如此多的试验目的，在导弹研制过程中应充分开展研制试验，并对于试验中发生的各种问题，采取相应地解决措施。

(4) 鉴定试验

鉴定试验的目的是要对产品设计进行严格的考核，确认设计不仅能承受预期的最严酷环境条件，而且还有适当的余量，保证产品符合设计规范和可靠性要求。鉴定试验是以设计余量来证明结构硬件设计在不同环境下，足以完成运输、发射和飞行等任务。对弹上电子设备，在每个批次产品交付时，均应随机抽样进行鉴定试验，且试验后的产品不能装弹用于执行飞行任务；对地面可维修设备，只要求在定型前完成鉴定试验，验证该产品是否达到了预定的设计要求。

鉴定试验是考虑可能存在潜在设计不确定性的一种风险减缓策略。

(5) 验收试验

验收试验的目的是发现硬件机械加工和组装的工艺错误以及材料缺陷，暴露产品制造质量上的潜在缺陷（包括制造工艺、装配、元器件及材料的缺陷），尽量排除早期失效，提高任务的成功率，从而证明硬件鉴定合格试验的典型性。在这个意义上，验收试验同时也起着可靠性试验中“环境应力筛选”的作用。

对于弹上电子设备，验收试验可作为质量控制手段，用应力筛选条件筛选出不合格产品；对于大型地面设备，验收试验可以采用老化试验和跑车试验。

验收试验是考虑可能存在潜在生产和装配不确定性的一种风险减缓策略。

10.1.2　根据环境性质分类

10.1.2.1　自然环境试验

（1）高温试验

高温环境条件可能改变构成装备材料的物理性能和电气性能，能够引起装备发生多种情况的故障，比如不同材料膨胀不一致使得部件相互咬死、材料尺寸全部或局部地改变、有机材料褪色、裂解或龟裂纹等，因此高温试验的目的主要是用于评价装备在高温工作、运输及贮存期间，高温环境条件对装备外观、功能和性能等的影响。

制定高温试验方法，首先要研究高温环境在装备寿命周期中出现的位置、形式和时间，以此确定高温试验的试验顺序、程序类型、温度应力和持续时间等，即通过全寿命周期剖面确定全寿命周期环境剖面。

高温试验方法的选择需根据 GJB 4239 确定装备全寿命周期内高温环境出现的阶段[1]，对照 GJB 150A 中的 18 种环境效应[2]，判断是否需要进行高温试验。当确定需要进行高温试验时，且高温试验与其他试验项目作用于同一试件时，需确定高温试验与其他试验的先后顺序。而且给出的 18 种环境效应可以用于指导试验设计人员合理地选择高温试验，避免故障的产品进行高温试验从而造成资源浪费，或者出现需要进行高温试验而未进行的情况。对于选择试验顺序时，可以按照不同的试验目的遵循不同的原则。

1）节省寿命原则。试验目的是使施加的环境应力对试件的损伤从小到大，以使试件能经历更多的试验项目。

2）施加的环境应能最大限度地显示叠加效应原则。按照这个原则应在振动和冲击等力学环境试验之后进行高温试验。

(2) 低温试验

低温几乎对所有材料都有不利影响。由于低温会改变装备组成材料的物理特性，如使材料发生硬化和脆化，造成材料破裂与龟裂、脆裂、冲击强度改变和强度降低等，因此可能对装备造成暂时或永久性的损害。因此，只要装备在低于标准大气条件的温度下拆装、运输、贮存或使用，就要进行低温试验。

低温试验条件包括温度值、持续时间和试件技术状态。按 GJB 150A 要求，建议温度剪裁要考虑 3 个方面的因素。

1) 应根据导弹武器系统研制总要求或技术手册，根据导弹武器系统全寿命周期内可能遇到的拆装、贮存、运输和使用的自然和诱发环境情况，确定产品全寿命周期环境剖面。

2) 应根据产品的使用或安装平台，获取环境温度实测数据。当不能获取实测数据时，也可以根据安装在相似平台的相似装备实测数据或其他经验数据来剪裁获得。

3) 在无法获取环境实测数据或相似装备的实测数据时，应根据导弹武器系统部署区域，对 GJB 150A 和 GJB 1172.2 进行适当剪裁[3]，获得相应区域的低温极值。

低温持续时间影响导弹武器系统的性能和安全性，可根据导弹武器系统材料特性、实际使用情况等剪裁确定，也可以采用标准推荐的数值。试件在试验箱中的技术状态应根据贮存或工作的实际状态确定。试件的技术状态对试件安装、温度稳定以及稳定时间等都有一定的影响，因此试验时除了尽量满足试件的实际状态外，在试件必须工作时，还应按要求编制试验操作程序。

产品低温贮存和低温工作都要进行性能检测，但是二者之间存在较大差别，主要表现在试件技术状态和性能检测的时间不同。低温贮存是用来评价低温贮存后对产品性能的影响，低温试验中试件不工作，低温试验之后进行性能检测；低温工作是用来评价产品工作期间低温对其影响，低温试验中试件工作，并进行性能检测。

低温试验过程中，要分别对试验设备和试件进行监测。试验设备监测是为了确保试验箱内的温度应力保持在规定的允差内，按规定进行数据记录，并设立报警系统。试件监测要求按规定频度、规定项目进行，以确保及时中断并采取必要措施。

（3）温度冲击试验

温度冲击试验可用于考核产品对周围环境温度急剧变化的适应性，是导弹武器系统设计定型的鉴定试验和批生产阶段的例行试验中不可缺少的试验项目，在有些情况下也可以用于环境应力筛选。该试验在验证和提高导弹武器系统的环境适应性方面应用的频度仅次于振动与高低温试验。

温度冲击试验中上、下限温度的选取，以及温度保持时间的确定，可参照 GJB 150A 或 MIL－STD－810F 执行[4]。

（4）低气压试验

许多产品的试验报告及实地考察都反映出气压降低对产品性能有重要影响，气压降低对产品的直接影响主要是气压变化产生的压差作用。它对密封产品的外壳会产生一个压力，在这个压力作用下会使密封破坏，降低产品的可靠性。然而，气压降低的主要作用还在于因气压降低伴随着大气密度的降低，由此会使产品的性能受到很大的影响。因此，在导弹武器系统研制过程中，可参照 GB/T 2423 要求开展低气压试验[5]。

（5）砂尘试验

砂尘试验目的是评价导弹外表面设备及对砂尘环境敏感的设备，如活动部件和天线罩等，对砂尘环境的适应性。

鉴于砂尘环境对产品的影响，砂尘试验逐渐被重视。在砂尘试验中，砂尘浓度是一个典型的参数，对该参数的认识和了解，对正确认识砂尘试验具有重要的作用。在过去所遇到的砂尘环境中，大部分为自然砂尘环境，也就是说砂尘环境是由于自然界的风吹起地面上的砂尘所形成的。然而，在现代社会中，我们所遇到的危害最大的砂尘环境却是由于人类的各种活动所引起的，我们把这种砂尘环境称作诱发砂尘环境。自然砂尘环境中的砂尘浓度称为自然砂尘环境浓度，诱发砂尘环境中的砂尘浓度称为诱发砂尘环境浓度。自然砂尘浓度是随地理位置及区域的不同而不同的。

一般按照 GJB 150A 要求进行砂尘试验条件设计，对活动部件、天线罩等对砂尘敏感设备进行吹砂试验。试验后检测结果符合有关标准或技术文件规定的电气、机械性能和外观质量的要求，进行环境适应性评价。

（6）盐雾试验

盐雾腐蚀是一种常见和最有破坏性的大气腐蚀。常用于在特殊条件下的质量评估、失效验证。盐雾是指氯化物的大气，它的主要腐蚀成分是海洋中的氯化物盐——氯化钠，它主要来源于海洋和内地盐碱地区。氯离子穿透金属表面的氧化层和防护层与内部金属发生电化学反应，引起材料或其性能的破坏或变质。同时，氯离子含有一定的水合能，易被吸附在金属表面的孔隙、裂缝中，排挤并取代氧化层中的氧，把不溶性的氧化物变成可溶性的氯化物，使钝化态表面变成活泼表面，造成对产品极坏的不良反应。因此盐雾试验模拟海洋或含盐潮湿地区气候的环境，用于考核材料及其防护层抗盐雾腐蚀能力，以及相似防护层的工艺质量比较，同时考核产品抗盐雾腐蚀能力。按试验周期分，可以分为（恒定）盐雾试验和交变盐雾试验两种。

试验后，冲洗试验产品金属表面涂层、防腐处理层无严重腐蚀；非金属无明显泛白、膨胀、起泡、皱裂及麻坑等，判定试验件可以承受盐雾环境。

（7）霉菌试验

霉菌是在自然界分布很广的一种微生物，它广泛存在于土壤、空气中，在湿度大和温度高的南方湿热地带，霉菌极易生长繁殖，使军用装备内外表面大量长霉，不仅影响装备外观，更主要的是造成装备故障，严重影响装备的工作，降低装备的战斗能力和出勤率。

霉菌试验是确保设计和制造的导弹武器系统符合防霉要求的最有效手段。尽管设计时已考虑了使用防霉材料，但往往不可能完全避免长霉，必须进行霉菌试验，检验其是否真正能符合要求。霉菌试验对于尚在研制过程中的产品，其结果可作为改进产品耐霉菌设计的依据；对于设计定型的产品，可作为能否符合设计要求、通过设计定型的一个依据，当然也可为日后的改进设计提供信息。

常用的试验条件见表 10 - 1。

表 10 - 1　霉菌试验条件

试验阶段	温度/℃	相对湿度/%	每周期时间/h	试验周期/d	试验菌种
高温	30	95	20	28	黑曲霉 黄曲霉 杂色曲霉 绳状曲霉 球毛壳霉
降温	30→25	>90	≤1		
低温	25	95	≤2		
升温	25→30	>90	≤1		

试验结束后立即检查试验产品长霉情况，记录长霉部位、覆盖面积、颜色、生长形式、生长密度和厚度，霉菌生长程度不大于 GJB 150A 规定的 2 级为合格。

（8）淋雨试验

淋雨试验方法是一种人工环境试验方法，它模拟的是受试设备在使用条件下遇到自然降雨或滴水环境因素后的影响。

导弹武器系统所属设备无论是处于工作状态还是贮存状态，它们都将不同程度地受到各种水的影响，其中受淋雨影响最为常见，有些设备虽然有防雨措施，但还会受到暴露在其上表面的凝结水或泄漏水的影响。当降雨时，由于雨水的渗透、流动、冲击和积聚，会对军用设备及其材料产生各种影响。

环境试验总的发展方向是力求模拟真实环境，使试验结果与实际环境影响相一致，而淋雨试验中降雨强度、水平风速及雨滴直径的真实模拟是关键。通过利用淋雨试验设备开展淋雨试验，将会大大提高导弹武器系统所属设备耐淋雨环境的适应性。

10.1.2.2 力学环境试验

(1) 冲击试验

冲击试验的目的是验证导弹设备或部段在考虑设计余量的冲击环境下环境适应性。高频冲击包括但不局限于有效载荷分离、头罩分离、级间分离等。

目前采用的冲击试验方法一般有三类:

1) 规定冲击设备的方法;

2) 规定冲击波形的方法;

3) 按冲击谱进行试验的方法。

于20世纪40年代规定的冲击试验方法,曾得到普遍应用。60年代以来,一些标准和规范相继规定以指定脉冲波形进行冲击试验的方法。这种试验方法根据实际测量得到的波形,取与之相似的半正弦波或后峰锯齿波作为模拟试验用的冲击波形。随着认识的进一步深入,逐渐发展为依据冲击响应谱等效的观点来确定试验脉冲波形的峰值和脉冲宽度。冲击响应谱概念的引入将传统试验方法中对冲击环境的模拟转变为对冲击损伤的模拟,从而使冲击试验具有更加真实的效果,是冲击试验发展过程中一个质的变化。近年来,在此基础上提出了一种更为精确的冲击试验方法,即按冲击谱进行试验的方法。这种方法是建立在更真实地模拟实际冲击作用效果的思想基础上的。它不仅考虑了冲击波形的作用,而且还考虑了结构的响应,综合了冲击激励和结构动态特性及两者之间的响应关系。

(2) 正弦振动试验

正弦振动试验是实验室中经常采用的试验方法。凡是旋转、脉动、振荡所产生的振动均是正弦振动。要模拟这些振动环境,无疑须用正弦振动试验。当振动环境是随机的、但又无条件做随机振动试验时,某些情况下可以用正弦振动试验来代替。此外,振动特性试验中,用正弦信号激振是常用的最基本方法。由于正弦试验设备相对便宜,因此一般的振动实验室几乎都可以进行正弦振动试验。

正弦振动试验的目的是验证设备对发射段低频环境下环境适应

性，也可作为对声振环境不敏感而对机械振动环境敏感设备的筛选手段，这些设备包括：电缆网、涂层、支架、软导管、带间隙结构等。另外，正弦振动可用于找出结构件的固有频率点（谐振点），并在该点作耐共振试验，这样能迅速地评估试件的结构强度、结构缺限甚至评定出试件的动态特性。

（3）随机振动试验

随机振动试验的目的是验证设备对全寿命周期随机振动环境下环境适应性，除面积—质量比较大的结构外，它适用于所有的电子设备、电气设备、机电设备和机械设备。

随机振动试验是考核导弹结构动强度及环境适应性的重要手段，是暴露结构缺陷和鉴定设备承受使用环境能力的一种有效方法。从实际使用的振动测量数据分析中发现产品在使用过程中的振动环境本质上是多维随机的，但传统的随机振动试验中，由于试验技术及试验设备的限制，通常的做法是假定各方向振动相互独立，按照三个正交方向的振动响应分别包络给出试验条件，以三个正交方向依次进行单维随机振动试验近似等效使用过程中的多维随机振动环境。这种等效存在以下方面问题：

1）单维的振动试验无法暴露某些对振动方向敏感的故障模式，使得外场故障难以完全复现，并导致一些按标准通过了振动试验的设备在外场出现故障；

2）对于某些设备，多次的单维振动试验导致了产品的过试验，使得产品出现了不应有的故障模式；

3）对于大型试验件，由于振动试验与实际环境在振源和振动传递上的不一致，使得同一试验件中不同设备同时存在欠试验和过试验。

根据产品所处的环境类别确定所采用的试验条件、试验方法和试验程序，随机振动试验按实际环境要求主要分为宽带随机振动试验和窄带随机振动试验。

10.2 可靠性试验

10.2.1 电子设备可靠性试验

10.2.1.1 任务剖面分析

(1) 典型任务剖面

任务剖面是指产品在完成规定任务这段时间内所经历的事件和环境的时序描述。对于完成一种或多种任务的产品都应制定一种或多种任务剖面。任务剖面通常包括使用方案、环境条件、维修方案和任务目标等[6]。地地战术导弹武器系统典型任务剖面主要包括机动运输任务剖面、发射准备任务剖面和自主飞行任务剖面。

(2) 使用方案

在不同的任务剖面，导弹武器系统所需完成的任务不同，弹上电子设备的工作状态也不一致。在机动运输过程中，弹上电子设备通常处于不通电状态；在发射准备过程中，弹上电子设备由地面供电，处于通电状态，完成导弹发射前检查所需的部分功能；在自主飞行过程中，导弹自主供电，弹上电子设备处于通电状态，完成飞行过程中的供配电控制、制导和姿态控制、飞行时序控制等规定的所有功能。

(3) 环境条件

弹上电子设备的环境条件取决于不同任务剖面下的工作环境、使用环境、安装平台、安装位置，是多个环境因素的综合作用。由于这种环境条件是变化的，因此在可靠性试验中无法完全模拟导弹武器系统作战使用环境条件。但为了较好地反应导弹武器系统在实际作战环境条件下的可靠性水平，应在可靠性试验中尽可能真实地模拟产品较敏感的环境。理论分析结合工程实践表明，弹上电子设备较为敏感的环境因素主要为温度、湿度、振动和电压。

(4) 维修方案

通常地地战术导弹武器系统在机动运输和发射准备过程中可以进行基层级维修，包括只对导弹武器系统进行检查、测试及更换较简单的部件等维修工作，而在自主飞行过程中不能进行维修。弹上电子设备，只能在发射准备过程中进行部分的功能检查和测试等维修工作。

(5) 综合任务剖面

通过对地地战术导弹典型任务剖面进行分析，形成综合任务剖面如图 10－1 所示。

离开中心库　进入发射阵地　正常点火　命中目标

工作程序	机动运输	发射准备	飞行
使用方案	不通电状态下运输	通电、射前检查	通电、完成规定功能
环境条件	野外环境条件 运输振动	野外环境条件	自主飞行环境条件
任务时间	xx km	xx min	xx min
任务目标	保持正常待命	射前检查合格	飞行正常

图 10－1　地地战术导弹综合任务剖面

10.2.1.2　可靠性指标

地地战术导弹弹上电子设备的可靠性指标主要包括发射可靠性和飞行可靠性。

10.2.1.3　试验条件

在任务剖面分析的基础上，根据弹上电子设备现场使用和任务环境特征确定可靠性试验的综合环境条件，根据综合环境条件确定试验应力为电应力、温度应力、湿度应力和振动应力。

电应力应包括产品的通断电循环、规定的工作模式及工作周期、规定的标称电压及其最大允许偏差。试验过程施加的标称电压占50%，电压上限和电压下限各占25%。第一个循环电应力为电压上限，第二、三循环电应力为标称电压，第四循环为电压下限，电压上限—标称电压—标称电压—电压下限构成一个完整的电应力循环，整个试验期间，重复这一电应力循环。在冷浸和热浸阶段连续通电前，至少应使参试设备通、断电各2次，以确定设备在温度环境极值下的起动能力。

温度应力剖面应真实地模拟设备在使用中经历的实际环境。确定温度应力时，应考虑温度范围、温度变化率和持续时间。

在每个循环的高温阶段施加湿度应力，在其他阶段湿度不加控制，试验箱内空气不应烘干。当预计现场使用中会出现冷凝、结霜或结冰等现象时，才在试验循环的适当阶段再喷入水蒸气，以模拟使用中经历的环境条件。

振动应力量值和剖面应按设备的现场使用类别、安装位置和预期使用情况确定，主要包括振动类型、频率范围、振动量值和试加振动的方向和方式。地地战术导弹弹上电子设备的振动应力包括机动运输振动和飞行振动，振动方向为设备最担心的方向。

10.2.1.4 试验方案

由任务剖面可知，弹上电子设备的任务剖面包括机动运输、发射准备和自主飞行。考虑在进入发射准备流程前导弹武器系统进行机动运输，在机动运输过程中电子设备的寿命主要受运输振动的影响。记一次最大机动运输距离为 L ，按 MIL－STD－810F 要求，每运输 1 600 km 振动时间为 1 h，可以确定折合后的机动运输等效任务时间为

$$t_t = \frac{L}{1\ 600} \tag{10-1}$$

弹上电子设备发射可靠性主要受到电应力、温度应力、湿度应力和运输振动应力等综合环境的影响，可靠性特征量一般服从指数分布。已知发射可靠性 R_l 和发射准备时间 t_l 以及机动运输等效任务

时间 t_t，选取定时截尾试验方案，当试验无失效时，施加电应力、温度、湿度和振动综合环境的试验总时间为

$$T_l = \frac{(t_l + t_t)\ln\beta}{n\ln R_l} \tag{10-2}$$

通过对任务剖面进行分析可知，在机动运输过程弹上电子设备经历温度应力、湿度应力和运输振动应力，在发射准备过程中，弹上电子设备经历温度应力、湿度应力和电应力。结合式（10－2）的试验总时间，可以确定施加机动运输振动应力总时间为

$$T_{l_1} = \frac{t_t T_l}{t_l + t_t} \tag{10-3}$$

在飞行过程中，弹上电子设备飞行可靠性主要受电应力、振动应力、温度应力和湿度应力等综合环境的影响，可靠性特征量一般服从指数分布。已知飞行可靠性 R_f 与飞行任务时间 t_f，选取定时截尾试验方案，当试验无失效时，施加电应力、振动应力、温度应力和湿度应力综合环境的试验总时间为

$$T_f = \frac{t_f \ln\beta}{n\ln R_f} \tag{10-4}$$

当存在多种振动条件时，应首先确定产品经历不同振动条件持续时间以及在飞行任务时间中的比例，进而结合式（10－4）的试验总时间，分别确定施加不同振动应力的总时间。已知振动条件 i 持续时间 t_i（$i = 1,2,\cdots,m$），则施加振动条件 i 累积总时间为

$$T_{f_i} = \frac{t_i T_f}{t_f} \tag{10-5}$$

为了在试验中同时考核弹上电子设备的发射可靠性和飞行可靠性，从保守上考虑，可以确定弹上电子设备可靠性试验总时间为

$$T_s = T_l + T_f \tag{10-6}$$

10.2.1.5　试验剖面

可结合产品的特点和试验方案确定试验剖面，包括每个循环试验时间、循环次数、变温率、保温时间、每个循环内加温、加电和加振时间等，如图 10－2 所示。记每个循环试验时间为 t_N，已知试

验总时间为 T_s ，则试验循环次数为

$$N = \frac{T_s}{t_N} \tag{10-7}$$

在 N 个循环中，每个循环施加电应力、温度、湿度和振动。在每个循环中依次施加相应的振动，每个循环低温半周与高温半周分别累积施加相应的振动应力 $\frac{T_{f_i}}{2N}$ ，在施加振动过程中和施加振动结束后分别进行全面单元测试检查。在工程应用中，通常要求 $t_N = 8\ \mathrm{h}$。

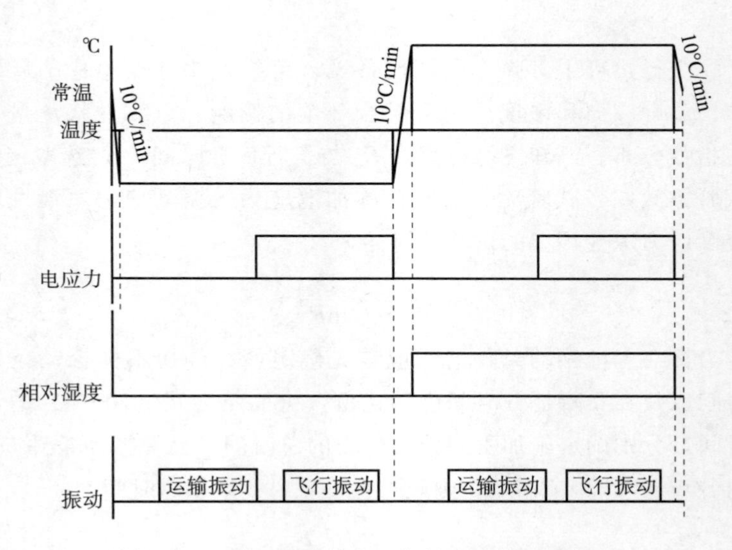

图 10-2　弹上电子设备可靠性试验剖面示意图

10.2.1.6　实例

某地地战术导弹为单级固体导弹，采取箱式热发射方式。需对其弹上电子设备进行可靠性试验，该设备的可靠性指标和任务参数如表 10-2 所示。

表 10－2　某电子设备可靠性指标和任务参数

序号	参数名称	符号	数值
1	发射可靠性	R_l	0.995
2	飞行可靠性	R_f	0.99
3	发射准备时间	t_l	15 min
4	飞行任务时间	t_f	500 s
5	出箱振动时间	t_{f_1}	1 s
6	飞行振动时间	t_{f_2}	200 s
7	试验风险	β	0.2
8	一次最大机动距离	L	800 km

根据导弹在实际使用中执行典型任务剖面时，在设备安装位置附近测得的数据，经过分析处理后确定综合环境试验应力。进而结合该设备的可靠性指标和任务参数（见表 10－3），制定可靠性试验方案。

表 10－3　某电子设备可靠性试验参数

序号	参数名称	符号	数值
1	试验总时间	T_s	264 h
2	施加机动运输应力总时间	T_{l_1}	160.5 h
3	施加出箱振动应力总时间	T_{f_1}	160 s
4	施加飞行振动应力总时间	T_{f_2}	534 min
5	试验循环数	N	33

按照试验方案和试验剖面（如图 10－3 所示）开展可靠性试验，在试验前、试验过程中及试验后对该设备进行测试，测试结果均正常，无故障发生，试验顺利完成。

10.2.2　基于加速贮存试验的可靠性鉴定试验

根据电子设备整机的加速贮存寿命试验结果，获取加速因子，并结合导弹的贮存环境条件，制定加速贮存试验剖面，取 2～3 台设

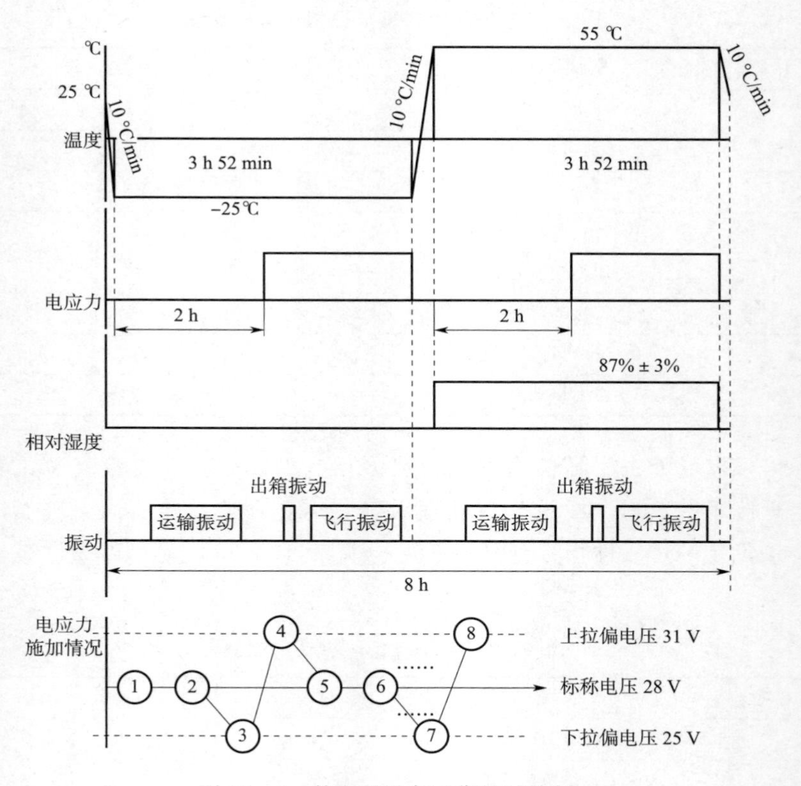

图 10-3　某电子设备可靠性试验剖面

备开展加速贮存试验，以较短的时间将设备加速贮存至自然贮存多年的状态。接着根据产品的可靠性指标、任务时间、使用方风险等确定可靠性鉴定试验统计方案，包括试验总时间、允许失效数、各试验应力施加时间等。结合产品的特点确定试验剖面，包括每个循环试验时间、循环次数、变温率、保温时间、每个循环内加温、加电和加振时间等，开展可靠性鉴定试验，并通过对试验数据进行统计分析给出整机的贮存可靠性鉴定结论，如图 10-4 所示。

选择不超过产品任意组件破坏极限的温度作为加速应力量级，统计产品全寿命周期的温度和其他应力的分布情况（包括应力量级和每个应力量级下的贮存时间），将产品一年内的常温和高温时间依

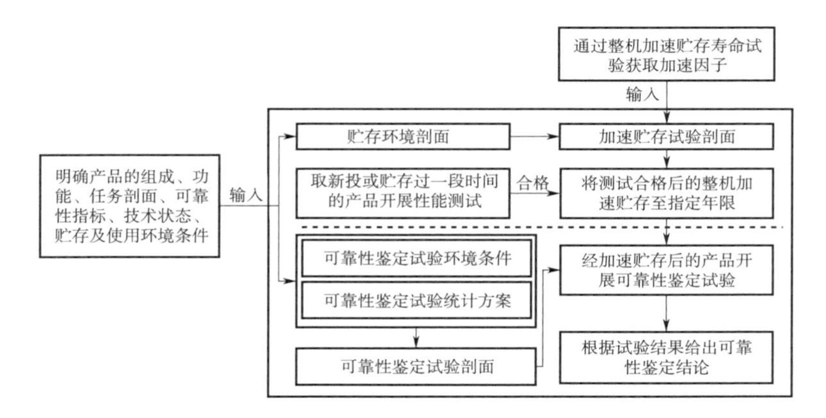

图 10-4　基于加速贮存试验的可靠性鉴定试验方法

据温度加速因子 k 转换为加速温度下的试验时间，按下式计算

$$t_1 = \frac{t_0}{k} \tag{10-8}$$

其中 t_0 为实测的常温或高温时间，t_1 为根据加速因子转化后试验剖面中的时间。在高温加速前施加低温，形成温度循环的试验剖面。

统计产品平均一年的高湿（即湿度接近 75%RH）时间，在高温加速后，模拟施加 75%RH 的湿度应力。考虑到导弹贮存过程中的定期检测、野外待机和运输过程等，在试验剖面中施加产品平均一年承受的振动、小量级冲击和电应力时间，获得综合环境的加速贮存试验剖面如图 10-5 所示。

取 2～3 台全新产品或者已自然贮存 n_1 年的产品，在图 10-5 剖面下进行加速贮存试验，当需要加速贮存至第 n 年时，加速贮存试验剖面则包含（$n-n_1$）个循环。

贮存可靠性鉴定试验采用无失效试验方案，试验过程中，受试产品无责任故障，则受试产品通过本次可靠性鉴定试验，做出接收判决；若发生责任故障，则受试产品未通过本次可靠性鉴定试验，做出拒收判决。

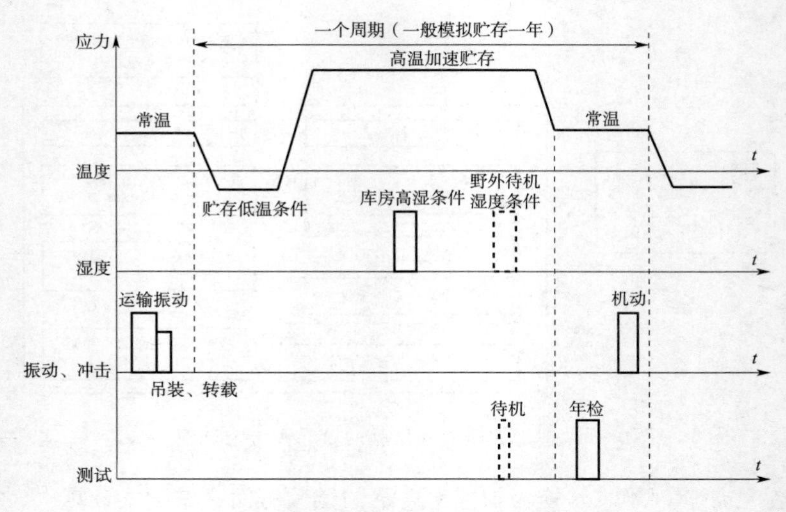

图 10-5　加速贮存试验剖面

参考文献

[1] GJB 4239. 装备环境工程通用要求［S］. 中国人民解放军总装备部，2001.

[2] GJB 150A. 军用装备实验室环境试验方法［S］. 中国人民解放军总装备部，2009.

[3] GJB 1172. 军用设备气候极值［S］. 国防科学技术工业委员会，1991.

[4] MIL - STD - 810F. Test Method Standard for Environmental Engineering Considerations and Laboratory Tests［S］. USA：Department Of Defense，2000.

[5] GB/T 2423.21. 电工电子产品基本环境试验规程试验［M］：低气压试验方法［S］. 中国国家标准化研究委员会，1991.

[6] 曾声奎，赵廷弟，张建国，等. 系统可靠性设计分析教程［M］. 北京：北京航空航天大学出版社，2001.

第 11 章　贮存寿命与可靠性共性评估技术

导弹武器系统所属设备的贮存寿命与可靠性评估主要集中在二项分布、指数分布、Weibull 分布和正态分布（对数正态分布）等常见分布。贮存寿命与可靠性共性评估，是针对导弹武器系统所属设备寿命与可靠性试验数据的共性特征，运用概率统计方法进行参数估计，进而得出所关注贮存寿命与可靠性指标估计。本章从自然贮存和加速贮存两类试验数据出发，介绍了常用的贮存寿命与可靠性评估方法，并给出了导弹典型产品的贮存寿命与可靠性评估方法。

11.1　自然贮存试验数据评估

11.1.1　失效寿命数据评估

11.1.1.1　成败型数据

对于成败型产品，如火工品、导弹等，其可靠性试验数据记为 (n,s)，其中 n 为试验总样本数，s 为成功数，则产品的可靠度 R 的点估计为

$$\hat{R} = \frac{s}{n} \tag{11-1}$$

由二项分布[1]可知，可靠度的置信下限 R_L 满足

$$\sum_{x=0}^{n-s} \binom{n}{x} R_L^{n-x} (1 - R_L)^x = \alpha \tag{11-2}$$

其中 $1-\alpha$ 为置信水平。令 $f = n-s$ 根据 β 分布与 F 分布分位数间的关系，可知 R_L 满足

$$R_L = \left(1 + \frac{f+1}{s} \mathrm{F}_{2f+2,2s,1-\alpha}\right) \tag{11-3}$$

式中　$F_{2f+2,2s,1-\alpha}$ ——F 分布的分位数。

11.1.1.2　连续型数据

弹上产品在贮存过程中的失效分布类型是各种各样的，某一种类型分布可以适用于具有共同失效机理的某些产品。分布类型往往与产品的类型无关，而与施加的应力类型、产品的失效机理和失效形式有关。常用的失效分布有指数分布、正态分布、对数正态分布和 Weibull 分布等。

（1）指数分布

指数分布是一种非常重要的寿命分布类型，对于弹上的电子产品，通常可以假设其寿命服从指数分布。

①完全样本情形

假设有 n 个样品参加试验，且全部失效，记 $T=\sum_{i=1}^{n}t_i$ ，其中 t_i 为第 i 个样品的失效时间，则失效率的估计为

$$\hat{\lambda}=n\left(\sum_{i=1}^{n}t_i\right)^{-1} \tag{11-4}$$

给定置信水平 $1-\alpha$ ，失效率的置信上限为

$$\lambda_U=\frac{\chi^2_{1-\alpha}(2n)}{2T} \tag{11-5}$$

②定数截尾样本

假设有 n 个样品参加试验，至 r 个失效试验截止，把失效时间进行升序排列可得

$$t_{(1)}\leqslant t_{(2)}\leqslant\cdots\leqslant t_{(r)}\ (r<n) \tag{11-6}$$

记 $T=\sum_{i=1}^{r}t_{(i)}+(n-r)t_{(r)}$ 为总试验时间，则失效率的估计为

$$\hat{\lambda}=\frac{r}{T} \tag{11-7}$$

给定置信水平 $1-\alpha$ ，失效率的置信上限为

$$\lambda_U=\frac{\chi^2_{1-\alpha}(2r)}{2T} \tag{11-8}$$

③定时截尾样本

假设有 n 个样品参加试验，至 t_0 时试验截止，把失效时间进行升序排列可得

$$t_{(1)} \leqslant t_{(2)} \leqslant \cdots \leqslant t_{(r)} \leqslant t_0 \ (r < n) \tag{11-9}$$

记 $T = \sum_{i=1}^{r} t_{(i)} + (n-r)t_0$ 为总试验时间，则失效率的估计为

$$\hat{\lambda} = \frac{r}{T} \tag{11-10}$$

给定置信水平 $1-\alpha$，失效率的置信上限为

$$\lambda_{\mathrm{U}} = \frac{\chi^2_{1-\alpha}(2r+2)}{2T} \tag{11-11}$$

④随机截尾样本

假设有 n 个样品参加试验，其中 r 个样品失效，失效时间依次为 $t_{(1)}, t_{(2)}, \cdots, t_{(r)}$，有（$n-r$）个产品未失效，中途退出试验，试验时间依次为 $\tau_{(1)}, \tau_{(2)}, \cdots, \tau_{(n-r)}$。记总试验时间为 $T = \sum_{i=1}^{r} t_{(i)} + \sum_{j=1}^{n-r} \tau_j$，失效率估计为

$$\hat{\lambda} = \frac{r}{T} \tag{11-12}$$

给定置信水平 $1-\alpha$，失效率的近似置信上限为

$$\lambda_{\mathrm{U}} = \frac{\chi^2_{1-\alpha}(2r+1)}{2T} \tag{11-13}$$

⑤定时间隔测试试验样本

假设 n 个样品进行试验，在时间 $t_1, t_2, \cdots, t_k$ 时进行观测，至 t_k 时试验停止。假设测试时间为 $0 = t_0 < t_1 < t_2 < \cdots < t_k < \infty$，在时间间隔（$t_{i-1}, t_i$）内的失效数为 r_i（$i = 1, 2, \cdots, k$）。当测试时间间隔相等时，记 $h = t_i - t_{i-1}$，失效率估计为

$$\hat{\lambda} = \frac{1}{h} \ln \left(1 + \frac{\sum_{i=1}^{k} r_i}{(n - \sum_{i=1}^{k} r_i)k + \sum_{i=1}^{k} r_i(i-1)} \right) \tag{11-14}$$

给定贮存时间 t，已知失效率估计 $\hat{\lambda}$ 和置信上限 λ_U，分别可得产品贮存可靠度估计和置信下限

$$\begin{cases}\hat{R}(t)=\exp(-\hat{\lambda}t)\\R_L(t)=\exp(-\lambda_U t)\end{cases}\tag{11-15}$$

给定可靠度 R，已知失效率估计 $\hat{\lambda}$ 和置信上限 λ_U，分别可得产品可靠寿命估计和置信下限可靠寿命的估计为

$$\begin{cases}\hat{t}(R)=\dfrac{-\ln R}{\hat{\lambda}}\\t_L(R)=\dfrac{-\ln R}{\lambda_U}\end{cases}\tag{11-16}$$

(2) 正态分布

正态分布是可靠性分析中一类重要寿命分布。以定时截尾试验为例，假设试验样本量为 n，试验至 t_0 时截止，失效样本次数为 r，其顺序统计量为

$$t_{(1)}\leqslant t_{(2)}\leqslant\cdots\leqslant t_{(r)}\leqslant t_0\tag{10-17}$$

设 $Z_0=\dfrac{t_0-\mu}{\sigma}$，$\Phi(Z_0)$ 为标准正态分布函数，$\varphi(Z_0)$ 为标准正态分布密度函数，则似然方程为

$$\begin{cases}\dfrac{1}{\sigma^2}\displaystyle\sum_{i=1}^{r}(t_{(i)}-\mu)+\dfrac{n-r}{\sigma}\dfrac{\varphi(Z_0)}{\Phi(-Z_0)}=0\\-\dfrac{r}{\sigma}+\dfrac{1}{\sigma^3}\displaystyle\sum_{i=1}^{r}(t_{(i)}-\mu)^2+(n-r)\dfrac{\varphi(Z_0)}{\Phi(-Z_0)}\dfrac{t_0-\mu}{\sigma^2}=0\end{cases}\tag{11-18}$$

利用数值方法解上述方程，可得参数 μ,σ 的极大似然估计。对于定数截尾试验，与定时截尾相同，只需令 t_0 为 $t_{(r)}$。而对于对数正态分布估计，通过正态变换，可以把其寿命数转换为正态分布[2]。

(3) Weibull 分布

Weibull 分布也是可靠性定量分析中常用的一类寿命分布。以定

数截尾试验为例，假设有 n 个样品参加试验，至 r 个失效试验截止，观测时间的顺序统计量为 $t_{(1)} \leqslant t_{(2)} \leqslant \cdots \leqslant t_{(r)} \leqslant t_0$ ，则似然方程为

$$\begin{aligned} &\frac{\sum_{i=1}^{r} t_{(i)}^{m} \ln t_{(i)} + (n-r) t_{(r)}^{m} \ln t_{(r)}}{\sum_{i=1}^{r} t_{(i)}^{m} + (n-r) t_{(r)}^{m}} - \frac{1}{m} - \frac{1}{r} \sum_{i=1}^{r} \ln t_{(i)} = 0 \\ &\eta^{m} = \frac{1}{r} \Big(\sum_{i=1}^{r} t_{(i)}^{m} + (n-r) t_{(r)}^{m} \Big) \end{aligned} \tag{11-19}$$

利用数值方法解上述方程，可得参数 m,η 的极大似然估计。对于定时截尾试验与随机截尾试验，可用类似方法获得参数极大似然估计。

11.1.1.3　区间型数据

在导弹自然贮存过程中，由于采用的是周期性检测而不是实时监测，通常难以获得产品的精确失效寿命。假设检测周期为 τ ，如果在第 n 次检测中发现产品失效了，则产品的寿命 t 满足

$$(n-1)\tau < t \leqslant n\tau \tag{11-20}$$

一般称式（11-20）为区间数据。在工程应用中，一般可近似取 $t=(n-0.5)\tau$ ，把区间型数据转化为连续型数据。然而当 n 较小时，利用该方法的贮存可靠性评估的精度较低。对于区间数据的分析方法，一般包括 CM 算法和条件期望法。

（1）CM 算法

记区间数据为 $t_i \in [a_i, b_i]\,(i=1,2,\cdots,n)$ ，记 t_j 分布函数为 $F(\theta)$ ，其中 θ 为分布参数。给定分布参数 θ 的初值 θ_0 ，通过迭代过程可得虚拟完全样本寿命数据，迭代过程如下。

1）计算 t_i 的虚拟完全样本

$$t_i^{*} = \frac{\int_{a_i}^{b_i} tF(t \mid \theta_k)}{F(b_i \mid \theta_k) - F(a_i \mid \theta_k)}\quad i=1,2,\cdots,n \tag{11-21}$$

2）利用虚拟完全样本 t_i^*（$i=1,2,\cdots,n$）估计分布参数 θ 的极大似然估计，记为 θ_{k+1} 。

重复上述迭代过程直到 $\|\theta_{k+1}-\theta_k\| \leqslant \varepsilon$ ，由此可得虚拟完全样本 t_i^*（$i=1,2,\cdots,n$），由此可利用连续数据的评估方法。

（2）条件期望法

假设产品寿命 T 的概率密度函数为 $f(t)$ ，当 T 落入区间 $[a,b]$ 时，可用条件概率密度函数来描述

$$f(t \mid a<T<b)=\lim_{\Delta t\to 0}\frac{P(t\leqslant T<t+\Delta t \mid a<T<b)}{\Delta t}=\frac{f(t)}{\int_a^b f(t)\,\mathrm{d}t} \tag{11-22}$$

对 T 求期望，则有

$$E(T)=\int_a^b tf(t \mid a<T<b)\,\mathrm{d}t=\frac{\int_a^b tf(t)\,\mathrm{d}t}{\int_a^b f(t)\,\mathrm{d}t} \tag{11-23}$$

记区间数据为 $t_i\in[a_i,b_i]$（$i=1,2,\cdots,n$），令 $x_i=\dfrac{a_i+b_i}{2}$ ，利用中位秩法或 Kaplan - Meier 方法[3]可得 $p(x_i)$ 。记产品寿命分布函数为 $F(t)$ ，令 $y_i=F^{-1}(p(x_i))$ ，其中 $F^{-1}(\cdot)$ 为 $F(t)$ 的反函数。以位置—刻度分布族为例，记分布函数为 $F(t)=G\left(\dfrac{t-\mu}{\sigma}\right)$ ，则有

$$y_i=\frac{1}{\sigma}x_i-\frac{\mu}{\sigma}\ (i=1,2,\cdots,n) \tag{11-24}$$

利用数值方法可得分布参数的估计 $\hat{\mu}$ 和 $\hat{\sigma}$ ，由此，给定贮存时间 t ，可得产品贮存可靠度估计

$$\hat{R}(t)=G\left(\frac{t-\hat{\mu}}{\hat{\sigma}}\right) \tag{11-25}$$

给定贮存可靠度 R ，可得产品的贮存寿命 t_R 的估计

$$\hat{t}_R=\hat{\mu}+\hat{\sigma}G_R \tag{11-26}$$

式中　G_R ——标准 G 分布的 R 分位点。

11.1.2 性能退化数据评估

11.1.2.1 退化数据

退化是能够引起受试产品性能发生变化的一种物理或化学过程，这一变化随着时间逐渐发展，最终导致产品失效。产品性能参数随测试时间退化的数据，称为退化数据。退化数据通常表现为时间的函数。在退化试验中，一般在若干个时间点对产品的退化量进行测量，由于对退化量的测量通常有非破坏性测量和破坏性测量两种情况，因此退化数据可以分为两类：

1）非破坏性的连续测量退化数据，如电阻器的阻值、金属疲劳引起的磨损量、金属裂缝的长度等；

2）破坏性的一次测量退化数据，如绝缘材料的击穿电压等。

利用退化数据代替失效数据来进行分析，具有如下优点[4-5]：

1）对很多产品而言，退化是其一种自然的属性，无论是否出现失效，都可以对其性能数据进行监测得到退化数据；

2）退化数据可以应用在只有少数或零失效的情况下，能够提供比失效数据更多的信息，使可靠性评估或寿命预测结果更精确；

3）退化过程有助于发现退化和应力之间的机理模型。

为了判断产品的退化失效情况，通常选几项主要技术性能指标作为退化性能参数，当这几项中一项或几项超出规定的范围，则产品退化失效。为了正确地掌握失效状态和对失效作出预测，就需要适当选择并测量与产品的失效判别标准相应的性能指标值。一般来说，最好选择满足下列条件的性能指标值：

1）具有明确的物理意义或化学意义；

2）能够对退化的时间特性进行预测；

3）对缺陷的检测灵敏度高；

4）易于测量且稳定；

5）对退化数据能做统计处理；

6）在实际应用上能提供设计信息。

以上几项要求有时候并不能同时兼顾，所以应该针对不同目标来分别进行选取。另外，在选取性能参数时，还应特别注意排除以下两类参数。

（1）可逆型参数

这些参数虽然对应力很敏感，应力一发生变化就紧跟着发生变化，但这种变化只是瞬时的，一小段时间后又会恢复到原态，这些参数不能反映产品的退化趋势。

（2）突变型参数

这些参数的分布曲线不会随时间发生瞬时变化，但是其值会在某一个观测点急剧突变，导致产品失效，这类性能参数不适用于退化预测。

以非破坏退化数据为例，若在产品总体中随机的抽取 n 个样品，通过退化试验可取得退化数据。对第 i 个样品在时刻 $t_{i1},t_{i2},\cdots,t_{im}$ 进行测量，则退化数据如表 11－1 所示。对不同样本，如果测量时刻相同，即 $t_{1j}=t_{2j}=\cdots=t_{nj}(j=1,2,\cdots,m)$，则称此时的退化数据为规则型依次测量退化数据。在许多实际问题中，往往会因为各种原因使得每个样本的测量次数和测量时间可能不同，此时的退化数据称之为非规则型退化数据。

表 11－1　退化数据结构

样本编号	测量时间与性能退化量值			
	t_1	t_2	…	t_m
1	y_{11}	y_{12}	…	y_{1m}
2	y_{21}	y_{22}	…	y_{2m}
…	…	…	…	…
n	y_{n1}	y_{n2}	…	y_{nm}

对于第 i 个样本的退化数据，可以拟合出一条退化轨迹曲线，这样 n 个样本可以有 n 条退化轨迹曲线，这些曲线具有相同的曲线方程形式。在 t_j 时刻，n 个样本的退化量具有某种分布，不同时刻的分

布属于同一分布族，但是分布参数会随时间变化。

11.1.2.2 退化数据可靠性评估步骤

根据退化数据的特点，评估一般步骤如下。

(1) 分析产品失效机理，确定关键性能参数（退化量）和失效标准

失效标准是判断产品正常状态（完成规定功能）、失效状态（丧失规定功能）的依据。确定退化量和失效标准是退化失效分析的基础工作，需要依据产品规定功能来选取退化量，退化量可能是产品规定的性能输出参数。退化量的选取需能反映产品完成规定功能能力的情况，当其超出规定范围时，产品发生失效。性能退化失效特性参数必须具备两个条件：一是必须有准确定义而且能够进行监测；二是随着产品工作或试验时间的延长，有明显的变化趋势，能客观反映产品的工作状态。比如很多机械产品的失效是由于结构中裂缝增大到一定程度引起的，虽然裂缝宽度不是其要求性能输出，但它能反映产品完成功能能力的变化情况，因此，可选裂缝宽度作为退化量进行失效分析。

(2) 收集退化数据

依据选定的退化量，收集该参数（或与该参数相关）的性能退化数据。数据的来源包括可靠性试验、历史数据、相同类型产品信息、专家信息等。

(3) 确定退化失效模型及其一般性质

基于性能退化数据进行可靠性分析的核心问题是退化失效建模，模型的好坏直接影响最终结果的正确与否、精度高低。退化失效模型的建立，需结合产品内部失效机理来考虑。

(4) 模型参数的估计及可靠性的统计推断

基于所确定的退化失效模型，利用退化数据进行统计推断并最终得出可靠性分析结果。退化失效模型一般具有“参数多、模型复杂”的特点，通常难以直接对模型进行求解，可结合产品的退化规律模型，分步骤进行求解。利用参数估计值确定产品的退化模型后，

则可基于该模型直接对产品进行可靠性统计推断。

11.1.2.3　基于退化轨迹的评估方法

(1) 退化轨迹

设产品相对时间的实际退化轨迹由 $D(t)$ ($t > 0$) 来描述，实际上 $D(t)$ 的值可以在时刻 $t_1, t_2, \cdots, t_m$ 监测得到，第 i 个产品在时间 t_{ij} 观察到的退化值为

$$x_{ij} = D(t_{ij}, \beta_{1i}, \cdots, \beta_{ki}) + \varepsilon_{ij}\ , i = 1, \cdots, n, j = 1, \cdots, m_i \tag{11-27}$$

式中　$D(t_{ij}, \beta_{1i}, \cdots, \beta_{ki})$ ——第 i 个产品在时间 t_{ij} 的实际轨迹；

$\varepsilon_{ij} \sim N(0, \sigma_\varepsilon^2)$ ——测量误差。

产品的故障时间 T 定义为产品实际退化轨迹 $D(t)$ 达到失效阈值 D_f 的时间。由于产品之间的退化轨迹是随机的，因而达到失效阈值的时间也将从一个产品到另一个产品随机出现，这样就可以利用随机分布来描述产品间退化量的变化以建立模型，这种模型可以反映模型参数矢量 $\boldsymbol{\beta} = (\beta_1, \cdots, \beta_k)'$ 的联合分布及 $D(t)$ 的随机行为。因此产品失效时间分布可以通过描述 $D(t)$ 与 D_f 之间的关系的退化数据模型推导得到。

对于每一个抽样样品，试验结果提供观察值序列，或者性能退化量 x 对时间的轨迹。观察到的退化轨迹是时间的单调函数，产品的实际退化轨迹 $D(t)$ 一般不容易直接观察到。这里的“时间 t”可以是真实的时间或者其他等效度量，例如疲劳试验循环次数等。

(2) 评估步骤

对于某些性能退化特征明显的产品来说，退化机理容易理解，因此可以利用退化特征量与时间的关系（即产品性能退化轨迹）来直接推导产品的寿命与可靠性。对于性能退化特征不明显的产品，退化模型的定量关系不能直接表述，需要用到诸如回归分析之类的分析方法与技术。在很多情况下，产品的退化轨迹模型常常是参数的非线性函数，估计这类模型的参数时往往计算量巨大。

建立退化轨迹一般可采用两种方式：一是依据产品的失效机理，

通过深入剖析产品的失效物理、化学反应规律来建立，但现实中通过失效物理分析建立退化轨道非常复杂，甚至不太可能；另一种方式是直接对数据进行曲线拟合而获得退化轨迹，这是一种经验方法，这种方式虽然能快速的建立退化轨迹，但精度可能较差。

退化轨迹曲线是单个试验样本性能退化相对时间的轨迹。对于 n 个试验产品，存在表现退化过程的 n 个退化轨迹曲线。若样本的退化轨迹模型已知，那么就可以外推求出不同样本达到失效阈值的时间。由于这些时间并不是样本的实际失效时间，称其为伪失效寿命时间。通过对每个样本的伪失效寿命时间进行预计，就可以得到产品的寿命分布。

基于退化轨迹的可靠性评估算法一般步骤如下。

1）收集试验产品在时间 $t_1,t_2,\cdots,t_m$ 的性能退化数据，对于第 i 个试验样本，退化数据为 $(t_j,y_{ij})(i=1,2,\cdots,n;j=1,2,\cdots,m)$，依据这些数据，可以画出每个试验样本的性能退化量随时间变化的曲线，即退化轨迹，分析所得的性能退化曲线族的趋势，选择适当的退化轨迹模型。第 i 个试验样本的退化轨迹模型为

$$y_i = f(t,\beta_{1i},\beta_{2i},\cdots,\beta_{ki}) \tag{11-28}$$

其中 $\beta_{1i},\beta_{2i},\cdots,\beta_{ki}$ 为模型参数。

2）根据记录的性能退化数据 $(t_j,y_{ij})(i=1,2,\cdots,n;j=1,2,\cdots,m)$，估计各个样本性能退化轨迹模型的参数 $\beta_{1i},\beta_{2i},\cdots,\beta_{ki}$ $(i=1,2,\cdots,n)$，可以得到第 i 个试验样本的退化轨迹方程为

$$y_i = f(t,\hat{\beta}_{1i},\hat{\beta}_{2i},\cdots\hat{\beta}_{ki}) \tag{11-29}$$

3）假设失效阈值为 D_f，根据求得的样本退化模型，可得各个样本的伪失效寿命

$$T_i = f^{-1}(D_f,\hat{\beta}_{1i},\hat{\beta}_{2i},\cdots,\hat{\beta}_{ki}) \tag{11-30}$$

其中 f^{-1} 为函数 f 的逆函数。在工程实际应用中，可能无法得到 f^{-1} 的解析表达式，此时可以利用 Newton 迭代法求出伪失效寿命。

4）利用分布假设检验方法，对伪失效寿命数据进行分布假设检

验，选择伪失效寿命数据可能服从的分布。由于一般情况下性能退化失效寿命服从 Weibull 分布和正态分布（变换正态分布）。

5）将伪失效寿命数据作为完全寿命数据，根据寿命分布类型，进行评估。

11.1.2.4　基于退化量分布的可靠性综合评估方法

（1）性能退化量分布

一般可将某些类型的产品退化量看作一个随机变量，即 $\{x(t);t \geqslant 0\}$ 为一个随机变量。要完整的描述一个随机变量，需要知道它的任意维密度函数，一般情况下很难做到。在工程应用中，通常考虑退化量为一维的情况[6]。假设退化量 $x(t)$ 的一维分布为 $G(x;t) = P\{x(t) \leqslant x\}$，显然它是退化量与时间的函数，假定它的一维密度函数 $g(x;t)$ 存在，则有 $g(x;t) = \dfrac{\partial G(x;t)}{\partial x}$。

假设 1：随着时间 t 的变化，$G(x;t)$（或 $g(x;t)$）的分布类型不变，只是其中的分布参数发生变化。

假设 2：在任一给定的时刻，产品退化量服从某一形式已知的分布 $G(x;\boldsymbol{\beta}(t))$，其中 $\boldsymbol{\beta}(t) = (\beta_1(t),\beta_2(t),\cdots,\beta_k(t))'$ 为分布的未知时变参数矢量，假设该分布的密度函数为 $g(x;\boldsymbol{\beta}(t))$。

这样，如果在某一时刻（比如初始时刻）确定了 $G(x;t)$ 的形式，又基于试验数据统计出了 $G(x;t)$ 的时变参数的变化规律，就确定了 $G(x;t)$。$G(x;t)$ 的形式通常可取正态分布、Weibull 分布、对数正态分布等。

退化量 $x(t)$ 的均值 $\mathrm{E}(x(t))$ 和方差 $\mathrm{Var}(x(t))$ 是退化分析中非常重要的两个参数，$\mathrm{E}(x(t))$ 一般反映了产品总体的退化规律，而退化量的方差 $\mathrm{Var}(x(t))$ 则反映了产品性能退化过程中产品个体间差异的变化情况。

根据退化失效的定义，可以导出退化失效模型与退化量分布函数的关系，当退化量呈上升趋势时有：

$$F(t;D_f) = P\{T_D \leqslant t\} = P\{x(t) \geqslant D_f\} = 1 - G(D_f;t) \tag{11-31}$$

用 $f(t;D_f)$ 表示产品的寿命分布密度函数，图 11－1 说明了产品寿命分布于退化量分布之间的关系。退化量下降时的情况类似。

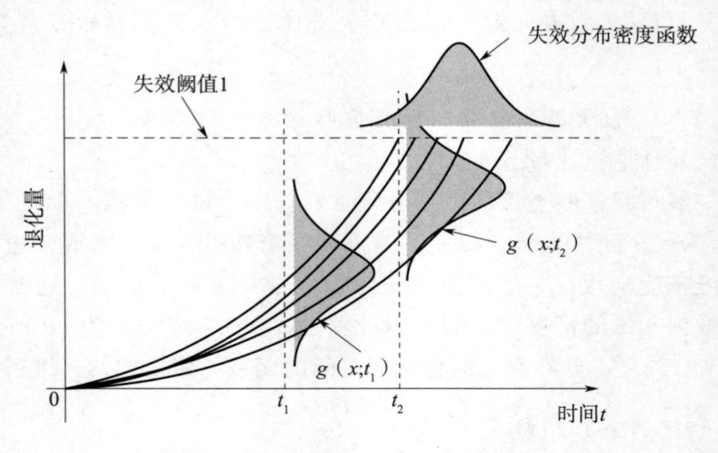

图 11－1　寿命分布与退化量分布的关系

（2）评估步骤

基于退化量分布的评估算法一般步骤如下。

①数据收集

收集试验产品在时间 $t_1, t_2, \cdots, t_m$ 的性能退化数据，对于第 i 个试验样本，退化数据为 $(t_j, y_{ij})(i = 1,2,\cdots,n; j = 1,2,\cdots,m)$，利用分布假设检验方法，对各个测量时刻性能退化数据进行分布假设检验，选择退化数据可能服从的分布，一般情况退化数据服从 Weibull 分布或正态分布（变换正态分布）。

②参数估计

选择适当的模型用于描述性能退化量分布参数随时间变化趋势，结合退化数据 $(t_j, y_{ij})(i = 1,2,\cdots,n; j = 1,2,\cdots,m)$，利用整体极大似然推断方法获得模型未知参数估计，进而获得退化量分布参数的时间函数估计。以正态分布为例，分布参数的时间函数估计为 $\hat{\mu}_y(t)$ 和 $\hat{\sigma}_y(t)$ 。

③寿命与可靠性评估

假设失效阈值为 D_f ，根据分布参数的时间函数估计，利用产品可靠性与性能退化量分布的关系对产品进行评估。以正态分布为例，可靠度估计为

$$\hat{R}(t)=\Phi\left(\frac{D_f-\hat{\mu}_y(t)}{\hat{\sigma}_y(t)}\right),(y\geqslant D_f) \tag{11-32}$$

或

$$\hat{R}(t)=1-\Phi\left(\frac{D_f-\hat{\mu}_y(t)}{\hat{\sigma}_y(t)}\right),(y\leqslant D_f) \tag{11-33}$$

给定可靠度 R ，可靠寿命的估计 $\hat{t}_R$ 满足

$$R=\Phi\left(\frac{D_f-\hat{\mu}_y(\hat{t}_R)}{\hat{\sigma}_y(\hat{t}_R)}\right),(y\geqslant D_f) \tag{11-34}$$

或

$$R=1-\Phi\left(\frac{D_f-\hat{\mu}_y(\hat{t}_R)}{\hat{\sigma}_y(\hat{t}_R)}\right),(y\leqslant D_f) \tag{11-35}$$

11.2　加速贮存试验数据评估

11.2.1　加速寿命试验数据统计分析

11.2.1.1　恒定加速寿命试验

大多数加速寿命模型进行变换之后，可以表示为线性形式

$$\theta=\beta_1x_1+\beta_2x_2+\cdots+\beta_px_p \tag{11-36}$$

式中　p ——加速应力个数；

$\boldsymbol{X}_i=(x_{i1},x_{i2},\cdots,x_{ip})'$ ——加速应力或加速应力的函数；

$\boldsymbol{\beta}=(\beta_1,\beta_2,\cdots,\beta_p)'$ ——模型系数；

θ ——寿命参数。

常用的寿命分布可以统一表述为位置—刻度模型

$$\ln T = \mu(\boldsymbol{X}) + \sigma\varepsilon \tag{11-37}$$

其中 T 为寿命，位置参数 $\mu(\boldsymbol{X}) = \theta$，刻度参数 σ 为常数，ε 为与 $\mu(\boldsymbol{X})$ 和 σ 无关的随机变量。

假设试验样本量为 n，记第 i 个样本的加速应力为 $\boldsymbol{X}_i = (x_{i1}, x_{i2}, \cdots, x_{ip})'$，寿命为 t_i，当 t_i 为完全样本时令 $\delta_i = 1$，当 t_i 为截尾样本时令 $\delta_i = 0$，则恒定加速寿命试验数据可以统一表示为

$$(t_i, \boldsymbol{X}_i, \delta_i) \tag{11-38}$$

记产品在应力水平 $\boldsymbol{X}_i$ 下的寿命分布函数为 $F(t, \theta(\boldsymbol{X}_i))$，密度函数为 $f(t, \theta(\boldsymbol{X}_i))$，可得样本似然函数

$$L = \prod_{i=1}^{n} (f(t, \theta(\boldsymbol{X}_i)))^{\delta_i} (1 - F(t, \theta(\boldsymbol{X}_i)))^{1-\delta_i} \tag{11-39}$$

记 $R(t, \theta(\boldsymbol{X}_i)) = 1 - F(t, \theta(y_i))$，对式（11-39）求对数可得样本对数似然函数

$$l = \sum_{i=1}^{n} (\delta_i \ln f(t, \theta(\boldsymbol{X}_i)) + (1 - \delta_i) \ln R(t, \theta(\boldsymbol{X}_i))) \tag{11-40}$$

由式（11-40）的对数样本似然函数可求得位置和刻度参数模型系数的极大似然估计，进而可得寿命与可靠性的估计。

11.2.1.2 其他类型寿命试验

对于非恒定加速寿命试验，如步进加速寿命试验和序进加速寿命试验，可以利用累积损伤模型，对试验数据进行统计分析。

（1）步进加速寿命试验

为了方便描述，首先考虑单应力的情形，记为

$$x(t) = \begin{cases} 0 & t < 0 \\ x_i & t_{i-1} \leqslant t < t_i \end{cases} \tag{11-41}$$

其中 x_i 为常数，$t_0 = 0$。

假设产品在每个应力水平下服从位置—刻度分布，则有

$$\ln T = \mu(x(t)) + \sigma\varepsilon \tag{11-42}$$

在应力水平 x_i 下，产品的可靠度为

$$R(t \mid x_i) = 1 - G\left(\frac{\ln t - \mu(x_i)}{\sigma}\right) \tag{11-43}$$

对于第 1 个时间段，产品的应力水平为 x_1，可靠度函数为

$$R(t \mid x(t)) = R(t \mid x_1), 0 < t < t_1 \tag{11-44}$$

对于第 2 个时间段，由于产品在第 1 个时间段内没有失效，故在第 2 个时间段开始时，应考虑产品在第 1 个时间段已经工作的时间。由于两个时间段应力水平不一致，故需要进行数据折合。在 x_1 下工作时间 t_1 等价于在 x_2 工作时间 s_1，其中 s_1 满足

$$R(s_1 \mid x_2) = R(t_1 \mid x_1) \tag{11-45}$$

由式（11-45）可把产品在第 1 个时间段内的时间 t_1 折合为 s_1，故当产品在第 2 个时间段时，其等价工作时间为第 1 个时间段的折合后时间 s_1 和第 2 个时间段内经历的时间（$t-t_1$）之和，即 $t-t_1+s_1$。故产品在第 2 个时间段时的可靠度为

$$R(t \mid x(t)) = R((t-t_1+s_1) \mid x_1), t_1 < t < t_2 \tag{11-46}$$

以此类推，对于第 i 个时间段，前 $i-1$ 个时间段的等价工作时间记为 s_{i-1}，s_{i-1} 满足

$$R(s_{i-1} \mid x_i) = R((t_{i-1}-t_{i-2}+s_{i-2}) \mid x_{i-1}) \tag{11-47}$$

从而当产品在第 i 个时间段时，其等价工作时间为 $t-t_{i-1}+s_{i-1}$。产品在第 i 个时间段的可靠度函数为

$$R(t \mid x(t)) = R((t-t_{i-1}+s_{i-1}) \mid x_i), t_{i-1} < t < t_i \tag{11-48}$$

对于位置—刻度模型，可知

$$s_1 = t_1 \exp(\mu(x_2) - \mu(x_1))$$

$$\begin{aligned} s_2 &= (t_2 - t_1 + s_1)\exp(\mu(x_3) - \mu(x_2)) \\ &= (t_2 - t_1)\exp(\mu(x_3) - \mu(x_2)) + t_1 \exp(\mu(x_3) - \mu(x_1)) \end{aligned}$$

以此类推可得

$$\begin{aligned} s_n &= (t_n - t_{n-1} + s_{n-1})\exp(\mu(x_{n+1}) - \mu(x_n)) \\ &= (t_n - t_{n-1})\exp(\mu(x_{n+1}) - \mu(x_n)) + \cdots + t_1(\mu(x_{n+1}) - \mu(x_1)) \end{aligned} \tag{11-49}$$

记 $\Delta t_i = t_i - t_{i-1}$，式（11-49）记为

$$s_n = \sum_{i=1}^{n} \Delta t_i \exp(\mu(x_{n+1}) - \mu(x_i)) \tag{11-50}$$

产品经历 n 个时间段的等价时间为

$$\begin{aligned} t_e &= t - t_{n-1} + s_{n-1} \\ &= \sum_{i=1}^{n} \Delta t_i \exp(\mu(x_n) - \mu(x_i)) \end{aligned} \tag{11-51}$$

其中　　$t_{n-1} < t < t_n \text{ , } \Delta t_n = t - t_{n-1}$

由此可得产品在时间段 $t_{n-1} < t \leqslant t_n$ 的可靠度

$$R(t \mid x(t)) = 1 - G\left(\frac{\ln t_e - \mu(x_n)}{\sigma}\right) \quad t_{n-1} < t < t_n \tag{11-52}$$

由式（11－52）可知可靠度只依赖于每个阶段的工作时间 Δt_i 和应力水平 $x_i (i = 1,2,\cdots,n)$，而与各个阶段的顺序无关。一般称上述模型为累积损伤模型，该模型假设样本的剩余寿命只依赖于当前累积部分失效和当前应力水平，而不关心累积的方式。而且只考虑不同应力水平对寿命的影响，而不考虑应力水平变化的瞬间对寿命的影响。

对于多应力的情形，上述模型与方法同样适用。应力水平记为

$$\boldsymbol{X}(t) = \begin{cases} 0 & t < 0 \\ \boldsymbol{X}_i & t_{i-1} < t < t_i \end{cases} \tag{11-53}$$

其中 $\boldsymbol{X}_i = (x_{i1}, x_{i2}, \cdots, x_{im})'$ 为常矢量，$t_0 = 0$ 。产品经历 n 个时间段的等价时间为

$$\begin{aligned} t_e &= t - t_{n-1} + s_{n-1} \\ &= \sum_{i=1}^{n} \Delta t_i \exp(\mu(\boldsymbol{X}_n) - \mu(\boldsymbol{X}_i)) \end{aligned} \tag{11-54}$$

其中　　$t_{n-1} < t < t_n \text{ , } \Delta t_n = t - t_{n-1}$

由此可得产品在时间段 $t_{n-1} < t \leqslant t_n$ 的可靠度

$$R(t \mid X(t)) = 1 - G\left(\frac{\ln t_e - \mu(\boldsymbol{X}_n)}{\sigma}\right) \quad t_{n-1} < t < t_n \tag{11-55}$$

（2）序进加速寿命试验

类似地，先考虑单应力的情形，假设应力水平 $x(t)$ 为关于时间 t 的连续函数。把时间 $[0,t]$ 均匀分为 n 个阶段，当 n 趋于无穷时，$\Delta t_i = \dfrac{t}{n}$ 趋于 0。由于 $x(t)$ 为连续函数，当 Δt_i 趋于无穷小时，在时间段 Δt_i 内，应力可以看成常数，记为 x_i 。此时可以把序进加速应力看成是步进加速应力，则由上文的累积损伤模型的推导过程可知产品在序进应力水平 $x(t)$ 下的等价时间可表示为

$$t_{\mathrm{e}} = \lim_{n\to\infty}\sum_{i=1}^{n} \frac{t}{n}\exp(\mu(x(t)) - \mu(x_i)) \tag{11-56}$$

假设 $\mu(x(t))$ 关于 t 可积，则式（11－56）可以表示为积分的形式

$$t_{\mathrm{e}} = \int_0^t \exp(\mu(x(t)) - \mu(x(z)))\mathrm{d}z \tag{11-57}$$

由此可得产品在序进应力 $x(t)$ 下的可靠度

$$\begin{aligned} R(t \mid x(t)) &= 1 - G\left(\frac{\ln t_{\mathrm{e}} - \mu(x(t))}{\sigma}\right) \\ &= 1 - G\left(\frac{1}{\sigma}\ln\int_0^t \exp(-\mu(x(z)))\mathrm{d}z\right) \end{aligned} \tag{11-58}$$

11.2.2　利用广义线性模型评估方法

11.2.2.1　广义线性模型

针对加速寿命试验数据，由于没有解析解，一般利用解非线性方程组的数值方法来求解。然而数值方法中迭代算法的收敛性依赖于迭代初始值，如何确定适当的初始值以确保算法收敛一直是个工程难题。特别是当协变量维数较多时，算法的收敛性对初始值的依赖性更强。针对加速寿命试验数据的特点，可利用广义线性模型进行寿命与可靠性评估。

广义线性模型是线性模型的扩展[7]，其主要包括三部分：

1）随机部分：响应变量 t_i（$i=1,2,\cdots,n$）相互独立，其分布记为 $\mathrm{F}(\mu_i)$，其中 μ_i 为均值，即 $\mathrm{E}(t_i)=\mu_i$。

2）系统部分：由第 i 个响应变量的协变量 $x_{i1},x_{i2},\cdots,x_{ip}$ 和模型系数 $\beta_0,\beta_1,\cdots,\beta_p$ 构成的线性预计量记为 ρ_i

$$\rho_i=\sum_{j=1}^{p}\beta_j x_{ij}\quad(i=1,2,\cdots,n)\tag{11-59}$$

3）随机部分和系统部分之间的连接函数：记连接函数为 $g(\cdot)$，则响应变量均值和线性预计量满足

$$\rho_i=g(\mu_i)\quad(i=1,2,\cdots,n)\tag{11-60}$$

广义线性模型与经典线性模型的联系与区别如表 11－2 所示。

表 11－2　广义线性模型与经典线性模型对比

模型	响应量分布	线性预计量	连接函数
经典线性模型	正态分布 $N(\mu_i,\sigma^2)$，σ 为常数	$\rho_i=\sum_{j=1}^{p}\beta_j x_j$	$\rho_i=\mu_i$
广义线性模型	任意分布 $F(\mu_i)$	$\rho_i=\sum_{j=1}^{p}\beta_j x_j$	$\rho_i=g(\mu_i)$

由表 11－2 可知，广义线性模型是经典线性模型的扩展，主要体现在响应量分布和连接函数两部分。与经典线性模型相比，广义线性模型更具有适用性。在广义线性模型中常见的分布及其连接函数如表 11－3 所示。

表 11－3　广义线性模型常见分布及其连接函数

分布名称	分布函数或密度函数	连接函数
正态分布	$f(t)=\frac{1}{\sqrt{2\pi\sigma}}\exp\left(-\frac{1}{2\sigma^2}(t-\mu)^2\right)$	$\rho=\mu$
对数正态分布	$f(t)=\frac{1}{\sqrt{2\pi\sigma t}}\exp\left(-\frac{1}{2\sigma^2}(\ln t-\mu)^2\right)$	$\rho=\mu$
Poisson 分布	$P(X=x)=\frac{\lambda^t e^\lambda}{x!}$	$\rho=\ln\lambda$
Gamma 分布	$f(t)=\frac{\lambda^a}{\Gamma(\alpha)}t^{\alpha-1}\exp(-\lambda t)\quad t,\alpha,\lambda>0$	$\rho=\frac{1}{\lambda}$
逆高斯分布	$f(t)=\sqrt{\frac{\lambda}{2\pi t^3}}\exp\left(-\frac{\lambda}{2\mu^2 t}(t-\mu)^2\right)\quad t,\mu,\lambda>0$	$\rho=\frac{1}{\mu^2}$

对于广义线性模型，一般利用迭代加权方法来求得模型参数 $\boldsymbol{\beta}$ 的极大似然估计。假设单个响应变量 t_i（$i=1,2,\cdots,n$）的对数似然函数为 $l_i(\rho_i)$，其中 ρ_i 为连接函数，则所有响应变量的对数似然函数为

$$l(\boldsymbol{\beta})=\sum_{i=1}^{n}l_i(\rho_i) \tag{11-61}$$

记 $f_i(\boldsymbol{\beta})=\dfrac{\partial\, l(\boldsymbol{\beta})}{\partial\, \beta_i}(i=1,2,\cdots,p)$，则参数 $\boldsymbol{\beta}$ 的极大似然估计 $\hat{\boldsymbol{\beta}}$ 满足

$$f_i(\hat{\boldsymbol{\beta}})=0(i=1,2,\cdots,p) \tag{11-62}$$

记 $\boldsymbol{f}(\boldsymbol{\beta})=(f_1(\boldsymbol{\beta}),f_2(\boldsymbol{\beta}),\cdots f_n(\boldsymbol{\beta}))'$，则式（11-62）可表示为矩阵形式

$$\boldsymbol{f}(\hat{\boldsymbol{\beta}})=\frac{\partial\,\boldsymbol{\rho}'}{\partial\,\boldsymbol{\beta}}\boldsymbol{u}(\hat{\boldsymbol{\beta}})=0 \tag{11-63}$$

其中
$$\boldsymbol{\rho}=(\rho_1,\rho_2,\cdots,\rho_n)'$$

$$\boldsymbol{u}(\boldsymbol{\beta})=\left(\frac{\partial\, l(\boldsymbol{\beta})}{\partial\,\rho_1},\frac{\partial\, l(\boldsymbol{\beta})}{\partial\,\rho_2},\cdots,\frac{\partial\, l(\boldsymbol{\beta})}{\partial\,\rho_n}\right)'$$

在 $\boldsymbol{\beta}$ 处对 $\dfrac{\partial\, l(\boldsymbol{\beta})}{\partial\,\boldsymbol{\beta}}$ 进行 Taylor 展开可得

$$\frac{\partial\,\boldsymbol{\rho}'}{\partial\,\boldsymbol{\beta}}\boldsymbol{u}(\boldsymbol{\beta})+\left\{\sum_{i=1}^{n}\frac{\partial\,\rho_i}{\partial\,\boldsymbol{\beta}}\frac{\partial^2 l(\boldsymbol{\beta})}{\partial\,\rho_i^2}\frac{\partial\,\rho_i}{\partial\,\boldsymbol{\beta}'}\right\}(\hat{\boldsymbol{\beta}}-\boldsymbol{\beta})=0 \tag{11-64}$$

记 $\boldsymbol{J}(\boldsymbol{\beta})=-\sum_{i=1}^{n}\dfrac{\partial\,\rho_i}{\partial\,\boldsymbol{\beta}}\dfrac{\partial^2 l(\boldsymbol{\beta})}{\partial\,\rho_i^2}\dfrac{\partial\,\rho_i}{\partial\,\boldsymbol{\beta}'}$，假设 $\boldsymbol{J}(\boldsymbol{\beta})$ 可逆，则有

$$\hat{\boldsymbol{\beta}}=\boldsymbol{\beta}+\boldsymbol{J}(\boldsymbol{\beta})^{-1}\frac{\partial\,\boldsymbol{\rho}'}{\partial\,\boldsymbol{\beta}}\boldsymbol{u}(\boldsymbol{\beta}) \tag{11-65}$$

因此给定初值 $\boldsymbol{\beta}$，利用式（11-65）进行迭代可得极大似然估计 $\hat{\boldsymbol{\beta}}$，该迭代方法是 Newton-Raphson 算法的特殊应用。在实际应用中，用 $\boldsymbol{J}(\boldsymbol{\beta})$ 的期望 $\boldsymbol{I}(\boldsymbol{\beta})$ 来代替 $\boldsymbol{J}(\boldsymbol{\beta})$ 将更为方便，$\boldsymbol{I}(\boldsymbol{\beta})$ 为

$$\boldsymbol{I}(\boldsymbol{\beta})=\sum_{i=1}^{n}\frac{\partial\,\rho_i}{\partial\,\boldsymbol{\beta}}E\left(-\frac{\partial^2 \boldsymbol{l}(\boldsymbol{\beta})}{\partial\,\rho_i^2}\right)\frac{\partial\,\rho_i}{\partial\,\boldsymbol{\beta}'} \tag{11-66}$$

式（11-66）可表示为矩阵形式

$$\boldsymbol{I}(\boldsymbol{\beta}) = \boldsymbol{U}'\boldsymbol{W}(\boldsymbol{\beta})\boldsymbol{U} \tag{11-67}$$

其中

$$\boldsymbol{U} = \frac{\partial \boldsymbol{\rho}}{\partial \boldsymbol{\beta}'}$$

式中　$\boldsymbol{W}(\boldsymbol{\beta})$——对角矩阵，其第 i 个元素为 $\mathrm{E}\left(-\frac{\partial^2 l(\boldsymbol{\beta})}{\partial \rho_i^2}\right)$。

用 $\boldsymbol{I}(\boldsymbol{\beta})$ 代替 $\boldsymbol{J}(\boldsymbol{\beta})$，则式（11-67）变为

$$\hat{\boldsymbol{\beta}} = (\boldsymbol{U}'\boldsymbol{W}\boldsymbol{U})^{-1}\boldsymbol{U}'\boldsymbol{W}(\boldsymbol{U}\boldsymbol{\beta} + \boldsymbol{W}^{-1}\boldsymbol{u}(\boldsymbol{\beta})) \tag{11-68}$$

其中依赖于初值 $\boldsymbol{\beta}$ 的部分已被抑制，通过迭代直到参数估计没有显著变化，可得参数 $\boldsymbol{\beta}$ 的极大似然估计。

以 Poisson 分布为例，假设 δ_i（$i=1,2,\cdots,n$）服从 Poisson 分布，其对数似然函数为

$$l = \sum_{i=1}^{n}(\delta_i \ln w_i - w_i) \tag{11-69}$$

均值 w_i 满足连接函数

$$\ln w_i = \rho_i (i = 1,2,\cdots,n) \tag{11-70}$$

其中

$$\rho_i = \sum_{j=1}^{p} x_{ij}\beta_j$$

式（11-69）对 w_i 求导有

$$\frac{\partial l}{\partial w_i} = \frac{\delta_i}{w_i} - 1 \ (i = 1,2,\cdots,n) \tag{11-71}$$

利用链式法则可得

$$\frac{\partial l}{\partial \beta_j} = \sum_{i=1}^{n}\left(\frac{\delta_i}{w_i} - 1\right)\frac{\partial w_i}{\partial \beta_j} \ (j = 1,2,\cdots,m) \tag{11-72}$$

再次利用链式法则可得

$$\frac{\partial w_i}{\partial \beta_r} = \frac{\partial w_i}{\partial \rho_i}\frac{\partial \rho_i}{\partial \beta_r} = \frac{\partial w_i}{\partial \rho_i}x_{ir} \tag{11-73}$$

从而有

$$\frac{\partial l}{\partial \beta_j} = \sum_{i=1}^{n}\left(\frac{\delta_i}{w_i} - 1\right)\frac{\partial w_i}{\partial \rho_i}x_{ij} \ (j = 1,2,\cdots,m) \tag{11-74}$$

由此可得 Fisher 期望信息为

$$-\mathrm{E}\left(\frac{\partial^2 l}{\partial \beta_j \partial \beta_s}\right)=\sum_{i=1}^{n}\frac{\left(\frac{\partial w_i}{\partial \rho_i}\right)^2}{w_i}x_{ij}x_{is}=\{\boldsymbol{X}'\boldsymbol{W}\boldsymbol{X}\}_{js} \quad (11-75)$$

其中

$$\boldsymbol{W}=\mathrm{diag}\left(\frac{1}{w_i}\left(\frac{\partial w_i}{\partial \rho_i}\right)^2\right)$$

式中 $\boldsymbol{W}$——权重的对角矩阵。

把 $\boldsymbol{W}$ 代入式（11-68），通过迭代可得极大似然估计 $\hat{\boldsymbol{\beta}}$ 。

算例 某产品的寿命主要受电流和电压的影响，假设产品寿命服从 Weibull 分布，其分布函数记为 $F(t)=1-\exp\left(-\left(\frac{t}{\eta}\right)^m\right)$ ，已知其形状参数为 $m=5.2$ 。取寿命参数函数为 $T(\eta)=\ln\eta$ ，记电流 x_1 ，电压为 x_2 ，分别在四种应力水平下进行加速寿命试验，失效数据如表11-4所示。

表11-4 某产品的加速寿命试验失效数据

序号	电流/A	电压/V	时间 t/h
1	3	0.20	71.29，85.24，96.01，100.68，104.21，112.65，114.85，115.03，128.66
2	3	0.48	51.99，74.19，74.69，91.05，100.11，112.99
3	6	0.30	9.03，10.62，12.38，13.92，15.48，18.82
4	6	0.65	4.27，5.32，5.76，6.68，7.62，8.66，8.78，9.19，10.33，10.78

结合表11-4中加速寿命试验数据，选用位置—刻度模型做为加速寿命模型，令 $T(\eta)=\beta_0+\beta_1x_1+\beta_2x_2$ ，即 $\ln\eta=\beta_0+\beta_1x_1+\beta_2x_2$。记 $z=t^m$ ，则 z 服从指数分布，其分布函数为 $F(z)=1-\exp\left(\frac{-z}{c}\right)$ ，其中 $c=\eta^m$ ，则有 $\ln c=m\beta_0+m\beta_1x_1+m\beta_2x_2$ 。利用基于广义线性模型的极大似然估计方法可得 $\hat{\beta}=(7.0293,-0,6775,-1.1605)'$ 。由此可得产品在环境协变量 $\boldsymbol{X}$ 下 T 的估计 $\hat{T}(\boldsymbol{X})$ 。

11.2.2.2　刻度参数不依赖于协变量

假设寿命 T 服从 Weibull 分布，记其分布函数为

$$F(t \mid \boldsymbol{X}) = 1 - \exp\left(-\left(\frac{t}{\eta(\boldsymbol{X})}\right)^m\right)$$

令　$Y = \ln T$，$y = \ln t$，$\sigma = \dfrac{1}{m}$，$\mu(\boldsymbol{X}) = \ln\eta(\boldsymbol{X})$

则 Y 服从极值分布，可靠度函数为

$$R(y \mid \boldsymbol{X}) = \exp\left(-\exp(\frac{y-\mu(\boldsymbol{X})}{\sigma})\right)$$

分布密度函数为

$$f(y \mid \boldsymbol{X}) = \frac{1}{\sigma}\exp\left(-\exp(\frac{y-\mu(\boldsymbol{X})}{\sigma})\right)\exp\left(\frac{y-\mu(\boldsymbol{X})}{\sigma}\right)$$

把可靠度函数和分布密度函数代入式（11-40），进行化简可得

$$l = \sum_{i=1}^{n}\left(\delta_i\left(-\ln\sigma + \frac{y_i-\mu(\boldsymbol{X}_i)}{\sigma}\right) - \exp\left(\frac{y_i-\mu(\boldsymbol{X}_i)}{\sigma}\right)\right) \tag{11-76}$$

记

$$w_i = \exp\left(\frac{y_i-\mu(\boldsymbol{X}_i)}{\sigma}\right)$$

则式（11-76）可表示为

$$l = \sum_{i=1}^{n}(\delta_i\ln w_i - w_i) - \sum_{i=1}^{n}(\delta_i\ln\sigma) \tag{11-77}$$

其中等式右边第一项等价于式（11-69）的对数似然函数，而且等式右边第二项不依赖于未知参数 $\boldsymbol{\beta}$。因此可以把示性变量 δ_i 处理为均值为 w_i 的 Poisson 变量，从而利用响应变量服从 Poisson 分布的广义线性模型参数估计方法来获得 $\hat{\boldsymbol{\beta}}$。

由于

$$w_i = \exp\left(\frac{y_i-\mu(\boldsymbol{X}_i)}{\sigma}\right)$$

则有

$$\ln w_i = \frac{y_i}{\sigma} - \frac{\mu(\boldsymbol{X}_i)}{\sigma} \tag{11-78}$$

记

$$\rho_i = -\frac{\mu(\boldsymbol{X}_i)}{\sigma} = -\frac{1}{\sigma}\sum_{j=0}^{m-1}\beta_j x_{ij} = \sum_{j=0}^{m-1}\beta_j^* x_{ij}$$

其中
$$\beta_j^* = \frac{-\beta_j}{\sigma}$$

则式（11－78）变为

$$\ln w_i = \frac{y_i}{\sigma} + \rho_i \tag{11-79}$$

式（11－79）为含有偏移量 $\frac{y_i}{\sigma}$ 的对数线性连接函数，给定 σ，结合式（11－79）的连接函数，利用响应变量服从 Poisson 分布的广义线性模型参数估计方法可得参数 $\boldsymbol{\beta}^* = (\beta_0^*, \beta_1^*, \cdots, \beta_{q-1}^*)'$ 的极大似然估计 $\hat{\boldsymbol{\beta}}^*$ 。

由于 σ 通常是未知的，由式（11－77）的样本对数似然函数对 σ 求导有

$$\frac{\partial l}{\partial \sigma} = \sum_{i=1}^{n}\frac{(y_i - \rho_i)(w_i - \delta_i)}{\sigma^2} - \sum_{i=1}^{n}\frac{\delta_i}{\sigma} \tag{11-80}$$

已知 $\hat{\boldsymbol{\beta}}^*$ ，可得 w_i 的估计 $\hat{w}_i$ 和 ρ_i 的估计 $\hat{\rho}_i$ ，由式（11－80）可得 σ 的极大似然估计

$$\hat{\sigma} = \frac{\sum_{i=1}^{n}(y_i - \hat{\rho}_i)(\hat{w}_i - \delta_i)}{\sum_{i=1}^{n}\delta_i} \tag{11-81}$$

因此给定刻度参数 σ 的初始值，如此循环迭代计算直到参数估计 $\hat{\boldsymbol{\beta}}^*$ 和 $\hat{\sigma}$ 没有显著的变化。参数估计步骤如算法 1 所示。

算法 1：

1）令 $i = 1$ ，确定刻度参数 σ 的初始估计，记为 $\hat{\sigma}_i$（由于在相同应力水平下通常会存在多个样本，选择样本较多的应力水平，利用

该应力水平下的数据可以获得刻度参数的初始估计)。

2) 已知 $\hat{\sigma}_i$ ，利用响应变量服从 Poisson 分布的广义线性模型参数估计方法可得参数的极大似然估计，记为 $\hat{\boldsymbol{\beta}}_i^*$ 。

3) 已知 $\hat{\boldsymbol{\beta}}_i^*$ ，代入式（11－81）可得刻度参数 σ 的估计，记为 $\hat{\sigma}_{i+1}$ 。

4) 如果 $\| \hat{\boldsymbol{\beta}}_i^* - \hat{\boldsymbol{\beta}}_{i+1}^* \|_2 \leqslant \varepsilon$ 且 $\| \sigma_{i+1} - \sigma_i \| \leqslant \varepsilon$ (ε 为很小的数，可根据参数的量级来确定)，则令 $\hat{\boldsymbol{\beta}}^* = \hat{\boldsymbol{\beta}}_{i+1}^*$ ，$\hat{\sigma} = \hat{\sigma}_{i+1}$ ，结束迭代过程，否则，令 $i = i + 1$ ，转向步骤 2)。

已知 $\hat{\boldsymbol{\beta}}^*$ 和 $\hat{\sigma}$，可得参数 $\boldsymbol{\beta}$ 的极大似然估计 $\hat{\beta}_i = -\hat{\sigma}\hat{\beta}_i^*$ $(i = 0,1,\cdots,q-1)$ 。

已知模型系数的估计 $\hat{\boldsymbol{\beta}}$，给定应力水平 $\boldsymbol{X}$，可得位置参数 $\hat{\mu}(\boldsymbol{X})$，同时可得刻度参数的估计 $\hat{\sigma}$ 。上述算法需要对参数 $\hat{\boldsymbol{\beta}}^*$ 和 $\hat{\sigma}$ 进行循环迭代估计，而且还依赖于刻度参数的初始值。为了减少计算量，可以对上述算法中的参数进行一些变换。令

$$\beta_q^* = \frac{1}{\sigma}, x_{iq} = y_i$$

$$\mu^*(\boldsymbol{X}_i) = \frac{-\mu(\boldsymbol{X}_i)}{\sigma} = -\frac{1}{\sigma}\sum_{j=0}^{q}\beta_j x_{ij} = \sum_{j=0}^{q}\beta_j^* x_{ij}$$

其中

$$\beta_j^* = \frac{-\beta_j}{\sigma}$$

则有

$$w_i = \exp(\beta_{q+1}^* x_{iq+1} + \mu^*(\boldsymbol{X}_i))$$

重新记 $\rho_i = \sum_{j=0}^{q+1}\beta_j^* x_{ij}$ ，则式（11－79）变为

$$\ln w_i = \rho_i \tag{11-82}$$

式（11－82）为对数线性连接函数，结合该连接函数，利用响应变量服从 Poisson 分布的广义线性模型参数估计方法可得参数 $\boldsymbol{\beta}^* = (\beta_0^*, \beta_1^*, \cdots, \beta_{q+1}^*)'$ 的极大似然估计 $\hat{\boldsymbol{\beta}}^*$ 。由此可得参数 σ 和 $\boldsymbol{\beta}$ 的极

大似然估计 $\hat{\sigma} = \dfrac{1}{\hat{\beta}_{q+1}}$ 和 $\hat{\beta}_i = -\hat{\sigma}\hat{\beta}_i^*$（$i = 0,1,\cdots,q$）。

11.2.2.3　刻度参数依赖于协变量

当刻度参数依赖于环境因素时，假设产品在环境协变量 $\boldsymbol{X}_i$ 下的可靠度函数为 $R\left(\dfrac{t-\mu(\boldsymbol{X}_i)}{\sigma(\boldsymbol{X}_i)}\right)$，分布密度函数为 $f\left(\dfrac{t-\mu(\boldsymbol{X}_i)}{\sigma(\boldsymbol{X}_i)}\right)$，则样本似然函数为

$$L = \prod_{i=1}^{n}\left\{\left[f\left(\frac{t_i-\mu(\boldsymbol{X}_i)}{\sigma(\boldsymbol{X}_i)}\right)\right]^{\delta_i}\left[R\left(\frac{t_i-\mu(\boldsymbol{X}_i)}{\sigma(\boldsymbol{X}_i)}\right)\right]^{1-\delta_i}\right\} \tag{11-83}$$

由式（11-83）可得样本对数似然函数

$$l = \sum_{i=1}^{n}\left\{\delta_i \ln f\left(\frac{t_i-\mu(\boldsymbol{X}_i)}{\sigma(\boldsymbol{X}_i)}\right)+(1-\delta_i)\ln\left[R\left(\frac{t_i-\mu(\boldsymbol{X}_i)}{\sigma(\boldsymbol{X}_i)}\right)\right]\right\} \tag{11-84}$$

分别对位置参数和刻度参数进行建模，记

$$\mu(\boldsymbol{X}_i) = \sum_{j=0}^{q-1}\beta_j x_{ij}\ ,\ \sigma(\boldsymbol{X}_i) = \left(\sum_{j=0}^{q-1}\lambda_j x_{ij}\right)^{-1}$$

把其代入式（11-84）可求得 $\boldsymbol{\beta}$ 和 $\boldsymbol{\lambda}$ 的极大似然估计。此时，由于模型参数维数的增加，参数估计算法的收敛性对初始值的依赖性更强了。同样地，可利用广义线性模型的参数估计方法给出了 $\boldsymbol{\beta}$ 和 $\boldsymbol{\lambda}$ 的极大似然估计。

假设寿命 T 服从 Weibull 分布，记分布函数为

$$F(t \mid X) = 1-\exp\left(-\left(\frac{t}{\eta(X)}\right)^{m(\boldsymbol{X})}\right)$$

令

$$Y = \ln T\ ,\ y = \ln t\ ,\ \sigma(\boldsymbol{X}) = \frac{1}{m(\boldsymbol{X})}\ ,\ \mu(\boldsymbol{X}) = \ln\eta(\boldsymbol{X})$$

则 Y 服从极值分布，可靠度函数为

$$R(y \mid \boldsymbol{X}) = \exp\left(-\exp\left(\frac{y-\mu(\boldsymbol{X})}{\sigma(\boldsymbol{X})}\right)\right)$$

分布密度函数为

$$f(y \mid \boldsymbol{X}) = \frac{1}{\sigma(X)}\exp\left(-\exp\left(\frac{y-\mu(\boldsymbol{X})}{\sigma(\boldsymbol{X})}\right)\right)\exp\left(\frac{y-\mu(\boldsymbol{X})}{\sigma(\boldsymbol{X})}\right)$$

把可靠度函数和密度函数代入式（11-84）并进行化简可得

$$l = \sum_{i=1}^{n}\left(\delta_i\left(-\ln\sigma(\boldsymbol{X}_i) + \frac{y_i-\mu(\boldsymbol{X}_i)}{\sigma(\boldsymbol{X}_i)}\right) - \exp\left(\frac{y_i-\mu(\boldsymbol{X}_i)}{\sigma(\boldsymbol{X}_i)}\right)\right) \tag{11-85}$$

记

$$w_i = \exp\left(\frac{y_i-\mu(\boldsymbol{X}_i)}{\sigma(\boldsymbol{X}_i)}\right)$$

则式（11-85）可表示为

$$l = \sum_{i=1}^{n}(\delta_i\ln w_i - w_i) - \sum_{i=1}^{n}(\delta_i\ln\sigma(\boldsymbol{X}_i)) \tag{11-86}$$

式（11-86）中等式右边第一项等价于式（11-69）的对数似然函数，而且等式右边第二项不依赖于未知参数 $\boldsymbol{\beta}$。因此，可以把示性变量 δ_i 处理为均值为 w_i 的 Poisson 变量，从而利用响应变量服从 Poisson 分布的广义线性模型参数估计方法来获得 $\hat{\boldsymbol{\beta}}$。

由于

$$w_i = \exp\left(\frac{y_i-\mu(\boldsymbol{X}_i)}{\sigma(\boldsymbol{X}_i)}\right)$$

则有

$$\ln w_i = \frac{y_i}{\sigma(\boldsymbol{X}_i)} - \frac{\mu(\boldsymbol{X}_i)}{\sigma(\boldsymbol{X}_i)} \tag{11-87}$$

记

$$\rho_i = -\frac{\mu(\boldsymbol{X}_i)}{\sigma(\boldsymbol{X}_i)} = -\frac{1}{\sigma(\boldsymbol{X}_i)}\sum_{j=0}^{q}\beta_j x_{ij} = \sum_{j=0}^{q}\beta_j x_{ij}^{*}$$

其中

$$x_{ij}^{*} = \frac{-x_{ij}}{\sigma(\boldsymbol{X}_i)}$$

则式（11-78）变为

$$\ln w_i = \frac{y_i}{\sigma(\boldsymbol{X}_i)} + \rho_i \tag{11-88}$$

式（11-88）为含有偏移量 $\frac{y_i}{\sigma(\boldsymbol{X}_i)}$ 的对数线性连接函数。给定 $\sigma(\boldsymbol{X}_i)$，结合该连接函数，利用响应变量服从 Poisson 分布的广义线性模型参数估计方法可得参数 $\boldsymbol{\beta}$ 的极大似然估计 $\hat{\boldsymbol{\beta}}$。

已知 $\hat{\boldsymbol{\beta}}$，记

$$\rho_i^* = \frac{1}{\sigma(\boldsymbol{X}_i)} = \sum_{j=0}^{q-1}\lambda_j x_{ij}$$

$$l_i(\rho_i^*) = \delta_i \ln w_i - w_i + \delta_i \ln \rho_i^*$$

则式（11-86）的样本似然函数可以表示为

$$l(\boldsymbol{\lambda}) = \sum_{i=1}^{n} l_i(\rho_i^*)\text{。}$$

参数 $\boldsymbol{\lambda} = (\lambda_0, \lambda_1, \cdots, \lambda_{q-1})'$ 的估计 $\hat{\boldsymbol{\lambda}}$ 满足

$$\frac{\partial l(\hat{\boldsymbol{\lambda}})}{\partial \boldsymbol{\lambda}} = \frac{\partial \boldsymbol{\rho}^*}{\partial \boldsymbol{\lambda}} \boldsymbol{u}(\hat{\boldsymbol{\lambda}}) = 0 \tag{11-89}$$

其中

$$u(\boldsymbol{\lambda}) = \left(\frac{\partial l(\boldsymbol{\lambda})}{\partial \rho_1^*}, \frac{\partial l(\boldsymbol{\lambda})}{\partial \rho_2^*}, \cdots, \frac{\partial l(\boldsymbol{\lambda})}{\partial \rho_n^*}\right)'$$

在 $\boldsymbol{\lambda}$ 处对 $\frac{\partial l(\boldsymbol{\lambda})}{\partial \boldsymbol{\lambda}}$ 进行 Taylor 展开可得

$$\frac{\partial \boldsymbol{\rho}^*}{\partial \boldsymbol{\lambda}} u(\boldsymbol{\lambda}) + \left(\sum_{i=1}^{n} \frac{\partial \rho_i^*}{\partial \boldsymbol{\lambda}} \frac{\partial^2 l(\boldsymbol{\lambda})}{\partial \rho_i^{*2}} \frac{\partial \rho_i^*}{\partial \boldsymbol{\lambda}'} + \sum_{i=1}^{n} \frac{\partial^2 \rho_i^*}{\partial \boldsymbol{\lambda} \partial \boldsymbol{\lambda}'} u_i(\boldsymbol{\lambda})\right)(\hat{\boldsymbol{\lambda}} - \boldsymbol{\lambda}) \cong 0 \tag{11-90}$$

由式（11-90）可知，$\hat{\boldsymbol{\lambda}}$ 为

$$\hat{\boldsymbol{\lambda}} = (\boldsymbol{U}'\boldsymbol{W}\boldsymbol{U})^{-1}\boldsymbol{U}'\boldsymbol{W}(\boldsymbol{U}\boldsymbol{\lambda} + \mathbf{W}^{-1}\boldsymbol{u}(\boldsymbol{\lambda})) \tag{11-91}$$

其中

$$\boldsymbol{U} = \frac{\partial \boldsymbol{\rho}^*}{\partial \boldsymbol{\lambda}'}$$

式中　$\boldsymbol{W}(\boldsymbol{\lambda})$——对角矩阵，其第 i 个元素为 $E\left(-\frac{\partial^2 l(\boldsymbol{\lambda})}{\partial \rho_i^{*2}}\right)$。

通过迭代直到参数估计 $\hat{\boldsymbol{\lambda}}$ 满足精度要求，可得参数 $\boldsymbol{\lambda}$ 的极大似然估计。

由式（11－86）的似然函数对参数 λ 求导可得

$$\frac{\partial l}{\partial \lambda_r}=\sum_{i=1}^{n}\left(\left(\frac{\delta_i}{w_i}-1\right)\frac{\partial w_i}{\partial \rho_i^*}x_{ir}+\frac{\delta_i}{\rho_i^*}x_{ir}\right) \tag{11-92}$$

故 Fisher 信息阵为

$$\begin{aligned}-\mathrm{E}\left(\frac{\partial^2 l}{\partial \lambda_r \partial \lambda_s}\right)&=\sum_{i=1}^{n}\frac{1}{w_i}\frac{\partial w_i}{\partial \lambda_r}\frac{\partial w_i}{\partial \lambda_s}+\frac{w_i}{\rho_i^{*2}}x_{ir}x_{is}\\&=\sum_{i=1}^{n}\left(\left(\frac{1}{w_i}\left(\frac{\partial w_i}{\partial \rho_i^*}\right)^2+\frac{w_i}{\rho_i^{*2}}\right)x_{ir}x_{is}\right)\\&=(\boldsymbol{X}'\boldsymbol{W}\boldsymbol{X})_{rs}\end{aligned} \tag{11-93}$$

其中

$$\boldsymbol{W}=\mathrm{diag}\left(\frac{1}{w_i}\left(\frac{\partial w_i}{\partial \rho_i^*}\right)^2+\frac{w_i}{\rho_i^{*2}}\right)$$

式中　$\boldsymbol{W}$——为对角矩阵。

把 $\boldsymbol{W}$ 代入式（11－91），通过迭代可得极大似然估计 $\hat{\boldsymbol{\lambda}}$。

已知 $\hat{\boldsymbol{\lambda}}$，可得刻度参数的估计 $\hat{\sigma}(\boldsymbol{X}_i)$。已知 $\hat{\sigma}(\boldsymbol{X}_i)$，结合式（11－79）的连接函数，再次利用响应变量服从 Poisson 分布的广义线性模型参数估计方法可得参数 $\boldsymbol{\beta}$ 的极大似然估计 $\hat{\boldsymbol{\beta}}$。如此循环迭代，直到 $\hat{\boldsymbol{\lambda}}$ 和 $\hat{\boldsymbol{\beta}}$ 满足精度要求。参数估计步骤如算法 2 所示。

算法 2：

1）假设刻度参数不依赖于环境因素为常数，由算法 1 可得其极大似然估计记为 σ_0。取 σ_0 为 $\sigma(\boldsymbol{X})$ 的初始估计，令 $\hat{\sigma}(\boldsymbol{X})=\sigma_0$。

2）已知 $\hat{\sigma}(\boldsymbol{X})$，结合式（11－88）的连接函数，利用响应变量服从 Poisson 分布的广义线性模型参数估计方法可得参数 $\boldsymbol{\beta}$ 的极大似然估计 $\hat{\boldsymbol{\beta}}$。

3）已知 $\hat{\boldsymbol{\beta}}$，可得参数 $\boldsymbol{\lambda}$ 的极大似然估计 $\hat{\boldsymbol{\lambda}}$，由 $\hat{\lambda}$ 可得 $\sigma(\boldsymbol{X})$ 的估计 $\hat{\sigma}(\boldsymbol{X})$。

4）重复步骤 2）和 3），如果 $\hat{\boldsymbol{\beta}}$ 和 $\hat{\boldsymbol{\lambda}}$ 满足预定精度要求，则结束

迭代过程。

已知模型参数的估计 $\hat{\boldsymbol{\beta}}$ 和 $\hat{\boldsymbol{\lambda}}$ ，给定环境协变量 $\boldsymbol{X}$，分别可得位置参数和刻度参数的估计 $\hat{\mu}(\boldsymbol{X})$ 和 $\hat{\sigma}(\boldsymbol{X})$ 。

有些环境协变量可能对寿命影响很小，为了减少计算量，需要对模型进行进一步优化。如果参数 β_i $(i=1,2,\cdots,q)$ 显著为 0，则在建模时去除该环境协变量，为此需要进行如下假设检验

$$H_0:\beta_i=0 \qquad H_1:\beta_i\neq 0, \qquad (i=1,2,\cdots,q) \tag{11-94}$$

记样本似然数为 $L(\boldsymbol{\beta})$ ，把 $\boldsymbol{\beta}$ 分为 $\begin{pmatrix}\beta_i\\ \boldsymbol{\beta}_{(i)}\end{pmatrix}$ ，建立似然比统计量 $\lambda=-2\ln\dfrac{L(\beta_i=0,\tilde{\boldsymbol{\beta}}_{(i)})}{L(\hat{\boldsymbol{\beta}})}$ ，其中 $\tilde{\boldsymbol{\beta}}_{(i)}$ 为 $\beta_i=0$ 时 $\boldsymbol{\beta}_{(i)}$ 的极大似然估计。当 H_0 成立时，在一定条件下，λ 近似服从 $\chi^2(1)$ 分布，故可用来检验式（11－94）。如果不能拒绝原假设，则去除环境协变量 x_i ，重新进行可靠性建模。

11.2.2.4　分布参数的收缩估计

经典的统计方法通常只利用样本信息对总体参数进行推断，在小样本或高度删失样本下，分布参数估计效果较差。在工程应用中，在大多数情况下，除了样本信息外，还存在先验信息。先验信息主要来源于相似产品信息或工程经验。将样本信息与先验信息相结合，在一定程度上可以改善统计推断结果[8-9]。将先验信息与样本信息相结合用于改善参数估计的方法主要有 Bayes 方法和经典方法。经典方法主要是指运用经典的统计理论将先验信息与样本信息相结合，给出了初步检验估计和收缩估计，又称为收缩估计方法。对于收缩估计方法，国内外学者进行了较多的研究，并取得了显著的成果[10-14]。为了改善参数估计，引入了收缩估计方法，给出了分布参数的收缩估计。

设 $\hat{\theta}$ 为参数 θ 基于样本信息的任意一个估计，当试验样本量有限

时，$\hat{\theta}$往往估计效果不甚理想。而在可靠性工程中，根据相似产品信息或工程经验等先验信息，往往可以对产品的分布参数有一种初步估计。这种估计在一定程度上包含了参数真值信息，一般称之为先验估计，记为θ_0。为此引入收缩估计方法，综合利用先验信息与样本信息，用于改善估计$\hat{\theta}$。首先利用样本信息对先验估计进行检验，即检验如下假设

$$H_0:\theta=\theta_0 \qquad H_1:\theta\neq\theta_0 \tag{11-95}$$

在一定的显著水平α下，如果不能拒绝原假设H_0，则令$\tilde{\theta}=k\hat{\theta}+(1-k)\theta_0$，否则令$\tilde{\theta}=\hat{\theta}$，$\tilde{\theta}$即为收缩估计，其中$k$（$0<k<1$）为收缩系数，它反映了使用者对先验估计$\theta_0$的相信程度。如果不能拒绝原假设$H_0$，则认为先验估计$\theta_0$确实提供了参数真值信息，需要对$\tilde{\theta}$中的$\theta_0$做适当的收缩。如果存在$\theta$的适当的先验信息，从均方误差的角度收缩估计$\tilde{\theta}$优于$\hat{\theta}$。

以 Weibull 分布为例，在给定环境协变量$\boldsymbol{X}^*=(x_1^*,x_2^*\cdots,x_p^*)'$下，记分布参数为$F(y\mid\boldsymbol{X}^*)=1-\exp\left(-\exp\left(\dfrac{y-\mu(\boldsymbol{X}^*)}{\sigma(\boldsymbol{X}^*)}\right)\right)$，先考虑两个参数$(\mu(\boldsymbol{X}^*),\sigma(\boldsymbol{X}^*))$中只有一个存在先验信息的情形。假设$\mu(\boldsymbol{X}^*)$存在先验估计，记为$\mu_0$，则式（11-95）的假设可表示为

$$H_0:\mu(\boldsymbol{X}^*)=\mu_0 \quad H_1:\mu(\boldsymbol{X}^*)\neq\mu_0 \tag{11-96}$$

假设产品在环境协变量$\boldsymbol{X}^*$下存在数据，记为

$$(y_i,\delta_i,\boldsymbol{X}^*), \qquad (i=1,2,\cdots,s) \tag{11-97}$$

当样本量较小或者删失比较高时，一般可利用最优线性无偏估计构造统计量，来对式（11-96）进行检验。对式（11-97）中的失效数据y_i（$\delta_i=1$）进行升序排列可得

$$y_1\leqslant y_2\leqslant\cdots\leqslant y_r \tag{11-98}$$

其中r为失效样本数。假设$Y_1\leqslant Y_2\leqslant\cdots\leqslant Y_r$为观测到的前$r$个次

序统计量。令 $Z_i=\dfrac{Y_i-\mu(\boldsymbol{X}^*)}{\sigma(\boldsymbol{X}^*)}(i=1,2,\cdots,r)$，则 $Z_1\leqslant Z_2\leqslant\cdots\leqslant Z_r$ 相当于抽自标准极值分布的前 r 个次序统计量。记 Z_i 的期望和协方差为

$$\begin{aligned}\mathrm{E}(Z_i)&=w_i,i=1,\cdots,r\\ \mathrm{Cov}(Z_i,Z_j)&=v_{ij},1\leqslant i,j\leqslant r\end{aligned}\tag{11-99}$$

其中 w_i 和 ν_{ij} 只依赖于 s 和 r，而与 $\mu(\boldsymbol{X}^*)$ 和 $\sigma(\boldsymbol{X}^*)$ 无关。由于 $Y_i=\mu(\boldsymbol{X}^*)+\sigma(\boldsymbol{X}^*)Z_i\ (i=1,2,\cdots,r)$，结合式（11-99）可得

$$\begin{aligned}\mathrm{E}(\boldsymbol{Y})&=(\boldsymbol{C},\boldsymbol{B})\begin{pmatrix}\mu\\ \sigma\end{pmatrix}\\ \mathrm{Var}(\boldsymbol{Y})&=\sigma^2\mathbf{V}\end{aligned}\tag{11-100}$$

其中 $\boldsymbol{B}=(B_1,B_2,\cdots,B_r)'$，$\boldsymbol{V}=(v_{ij})_{r\times r}$，而 $\boldsymbol{C}=(1)'_r$ 为全部由元素 1 组成的 r 维列向量。这是广义 Gauss - Markov 模型[15]，利用该模型可得位置参数和刻度参数的最优先性无偏估计[16]

$$\begin{pmatrix}\tilde{\mu}\\ \tilde{\sigma}\end{pmatrix}=\begin{pmatrix}\boldsymbol{C}'\boldsymbol{V}^{-1}\boldsymbol{C} & \boldsymbol{B}'\boldsymbol{V}^{-1}\boldsymbol{C}\\ \boldsymbol{B}'\boldsymbol{V}^{-1}\boldsymbol{C} & \boldsymbol{B}'\boldsymbol{V}^{-1}B\end{pmatrix}^{-1}\begin{pmatrix}\boldsymbol{C}'\\ \boldsymbol{B}'\end{pmatrix}\boldsymbol{V}^{-1}\boldsymbol{Y}\tag{11-101}$$

为了检验式（11-96）的假设，可建立统计量 $U=\dfrac{\tilde{\mu}(\boldsymbol{X}^*)-\mu(\boldsymbol{X}^*)}{\tilde{\sigma}(\boldsymbol{X}^*)}$。由于 U 的分布与参数 $\mu(\boldsymbol{X}^*)$ 和 $\sigma(\boldsymbol{X}^*)$ 无关，取 $u=\dfrac{\tilde{\mu}(\boldsymbol{X}^*)-\mu_0}{\tilde{\sigma}(\boldsymbol{X}^*)}$，在给定显著水平 α 下，如果 $U_{\alpha/2}\leqslant u\leqslant U_{1-\alpha/2}$，则接受 H_0，否则拒绝 H_0，其中 U_α 为 U 分布的 α 分位点，可由蒙特卡罗方法获得。由此可给出位置参数 $\mu(\boldsymbol{X}^*)$ 的收缩估计

$$\bar{\mu}(\boldsymbol{X}^*)=\begin{cases}k\tilde{\mu}(\boldsymbol{X}^*)+(1-k)\mu_0, U_{\alpha/2}\leqslant u\leqslant U_{1-\alpha/2}\\ \tilde{\mu}(\boldsymbol{X}^*), u<U_{\alpha/2}\text{ 或 }u>U_{1-\alpha/2}\end{cases}\tag{11-102}$$

由于收缩系数 k 是未知的，一般可以通过使收缩估计的均方误差最小来确定。但由于需要确定收缩估计的均方误差解析表达式，而且计算较为复杂，为此利用 U 分布的分位点来确定收缩系数[14]

$$k=\frac{|2u-(U_{\alpha/2}+U_{1-\alpha/2})|}{(U_{1-\alpha/2}-U_{\alpha/2})} \tag{11-103}$$

假设 $\sigma(\boldsymbol{X}^*)$ 存在先验估计，记为 μ_0，则式（11-95）的假设可表示为

$$H_0:\sigma(\boldsymbol{X}^*)=\sigma_0 \quad H_1:\sigma(\boldsymbol{X}^*)\neq\sigma_0 \tag{11-104}$$

为了检验式（11-104），可建立统计量 $W=\dfrac{\tilde{\sigma}(\boldsymbol{X}^*)}{(1+l_{r,n})\sigma(\boldsymbol{X}^*)}$，其中 $l_{r,n}$ 为刻度参数的方差系数，可查相关的最优线性无偏估计系数表。由于 W 的分布与刻度参数无关，取 $\omega=\dfrac{\tilde{\sigma}(\boldsymbol{X}^*)}{(1+l_{r,n})\sigma_0}$。在给定显著水平 α 下，如果 $W_{\alpha/2}\leqslant\omega\leqslant W_{1-\alpha/2}$，则接受 H_0，否则拒绝 H_0，其中 W_α 为 U 分布的 α 分位点，可由蒙特卡罗方法获得。由此可得刻度参数 $\sigma(\boldsymbol{X}^*)$ 的收缩估计

$$\bar{\sigma}(\boldsymbol{X}^*)=\begin{cases}k\tilde{\sigma}(\boldsymbol{X}^*)+(1-k)\sigma_0, W_{\alpha/2}\leqslant\omega\leqslant W_{1-\alpha/2}\\ \tilde{\sigma}(\boldsymbol{X}^*), \omega\leqslant W_{\alpha/2} \text{ 或 } \omega\geqslant W_{1-\alpha/2}\end{cases} \tag{11-105}$$

同样收缩系数 k 是未知的，参照式（11-103），利用 W 分布的分位点来确定收缩系数

$$k=\frac{|2\omega-(W_{\alpha/2}+W_{1-\alpha/2})|}{(W_{1-\alpha/2}-W_{\alpha/2})} \tag{11-106}$$

当式（11-97）数据的样本量较大时，可利用极大似然估计构造统计量来检验分布参数。以位置参数为例，假设其存在先验估计记为 μ_0。记式（11-97）的样本似然函数为 $L(\mu,\sigma)$，为了检验式（11-96）的假设，可建立似然比统计量 $\lambda=-2\ln\dfrac{L(\mu_0,\hat{\sigma}_0)}{L(\hat{\mu}(\boldsymbol{X}^*),\hat{\sigma}(\boldsymbol{X}^*))}$，其中 $\hat{\mu}(\boldsymbol{X}^*)$ 和 $\hat{\sigma}(\boldsymbol{X}^*)$ 为极大似然估计，$\hat{\sigma}_0$ 为位置参数为 μ_0 时刻度参数的极大似然估计。当 H_0 成立且样本量较大时，λ 近似服从 $\chi^2(1)$ 分布。在给定显著水平 α 下，如果 $\lambda\leqslant\chi^2_{1-\alpha}(1)$，则不能拒绝原假设 H_0，否则拒绝原假设，其中 $\chi^2_{1-\alpha}(1)$ 为 χ^2 分布自由度为 1 的 $1-\alpha$ 分

位点。由此可给出位置参数 $\mu(\boldsymbol{X}^*)$ 的收缩估计

$$\bar{\mu}(\boldsymbol{X}^*)=\begin{cases}k\hat{\mu}(\boldsymbol{X}^*)+(1-k)\mu_0,\lambda\leqslant\chi^2_{1-\alpha}(1)\\ \hat{\mu}(\boldsymbol{X}^*),\lambda>\chi^2_{1-\alpha}(1)\end{cases}\tag{11-107}$$

其中收缩系数 k 满足

$$k=\frac{|\lambda|}{\chi^2_{1,1-\alpha}}\tag{11-108}$$

同样地，当样本量较大且刻度参数存在先验估计时，可以利用似然比统计量来获得刻度参数的收缩估计。

上述方法与原理同样适用于两个参数同时存在先验估计的情形。记 $\boldsymbol{\theta}=(\mu(\boldsymbol{X}^*),\sigma(\boldsymbol{X}^*))'$，其先验估计记为 $\boldsymbol{\theta}_0=(\mu_0,\sigma_0)'$，同样地在构建收缩估计时需要对先验估计进行假设检验，则式（11－95）的假设可表示为

$$H_0:\boldsymbol{\theta}=\boldsymbol{\theta}_0\quad H_1:\boldsymbol{\theta}\neq\boldsymbol{\theta}_0\tag{11-109}$$

记式（11－97）的样本似然函数为 $L(\boldsymbol{\theta})$，为了检验式（11－109）的假设，可用似然比统计量 $\lambda=-2\ln\dfrac{L(\boldsymbol{\theta}_0)}{L(\hat{\boldsymbol{\theta}})}$，其中 $\hat{\boldsymbol{\theta}}=(\hat{\mu}(\boldsymbol{X}^*),\hat{\sigma}(\boldsymbol{X}^*))'$。当 H_0 成立时，在一定条件下，λ 近似服从 $\chi^2(2)$ 分布。在给定显著水平 α 下，如果 $\lambda\leqslant\chi^2_{1-\alpha}(2)$，则不能拒绝原假设 H_0，否则拒绝原假设。结合假设检验，可以给出参数 $\boldsymbol{\theta}=(\mu(\boldsymbol{X}^*),\sigma(\boldsymbol{X}^*))'$ 的收缩估计

$$\bar{\boldsymbol{\theta}}=\begin{cases}(1-k)\boldsymbol{\theta}_0+k\hat{\boldsymbol{\theta}},\lambda\leqslant\chi^2_{1-\alpha}(2)\\ \hat{\boldsymbol{\theta}},\lambda>\chi^2_{1-\alpha}(2)\end{cases}\tag{11-110}$$

与单参数收缩系数的确定方法类似，可以利用 χ^2 分布的分位点来确定收缩系数

$$k=\frac{|\lambda|}{\chi^2_{1-\alpha}(2)}\tag{11-111}$$

给定环境协变量 $\boldsymbol{X}^*$，如果在该环境协变量下存在寿命数据如

式（11-97），则可分别取 $\hat{\mu}(\boldsymbol{X}^*)$ 和 $\hat{\sigma}(\boldsymbol{X}^*)$ 作为先验估计，可得收缩估计 $\bar{\mu}(\boldsymbol{X}^*)$ 和 $\bar{\sigma}(\boldsymbol{X}^*)$。

11.2.3　贮存寿命与可靠性综合评估

以恒定加速寿命试验为例，给定应力水平 $\boldsymbol{X}^*$，已知产品的寿命分布类型，由分布参数的估计 $\hat{\mu}(\boldsymbol{X}^*)$ 和 $\hat{\sigma}$ 可得可靠度函数估计

$$\hat{R}(t \mid \boldsymbol{X}^*) = 1 - G\left(\frac{t-\hat{\mu}(X^*)}{\hat{\sigma}}\right) \tag{11-112}$$

在工程应用中，通常还需要获得可靠度下限估计。由于难以获得 $R(t \mid \boldsymbol{X}^*)$ 的分布，无法直接利用传统的区间估计方法。然而，相对而言一般比较容易获得近似区间估计，而且大多数情况它们没有显著差异，故通常利用近似区间估计来代替。为此分别利用渐近正态方法和信仰推断方法给出了可靠度的近似置信下限。

（1）利用渐近正态方法的可靠度置信下限

已知位置参数模型系数估计 $\hat{\boldsymbol{\beta}}$ 和刻度参数估计 $\hat{\sigma}$ 令 $\boldsymbol{\theta}=(\boldsymbol{\beta},\sigma)'$，$\hat{\boldsymbol{\theta}}=(\hat{\boldsymbol{\beta}},\hat{\sigma})'$，由 Wald 统计量可知，在一定条件下，极大似然估计 $\hat{\boldsymbol{\theta}}$ 具有渐近正态性

$$\sqrt{n}(\hat{\boldsymbol{\theta}}-\boldsymbol{\theta}) \xrightarrow{D} N(0,\Sigma_0^{-1}(\boldsymbol{\theta}))as \qquad n\to\infty \tag{11-113}$$

其中 $\Sigma_0^{-1}(\boldsymbol{\theta})$ 为 $\boldsymbol{\theta}$ 的方差—协方差矩阵，可以利用 Fisher 信息矩阵 $\boldsymbol{I}(\hat{\theta})$ 来估计，即

$$\Sigma_0(\boldsymbol{\theta}) = n^{-1}\boldsymbol{I}(\hat{\boldsymbol{\theta}}) \tag{11-114}$$

当 n 足够大的时候，有

$$\hat{\boldsymbol{\theta}} \approx N(\boldsymbol{\theta},\boldsymbol{I}(\hat{\boldsymbol{\theta}})^{-1}) \tag{11-115}$$

记 $\boldsymbol{h}(\boldsymbol{\theta})$ 为 $\boldsymbol{\theta}$ 的连续可导函数，在一定条件下有

$$\sqrt{n}(h(\hat{\boldsymbol{\theta}})-h(\boldsymbol{\theta})) \xrightarrow{D} N(0,J'_h(\theta)\Sigma_0^{-1}(\boldsymbol{\theta})J_h(\theta))as \quad n\to\infty \tag{11-116}$$

其中
$$J_h(\boldsymbol{\theta}) = \left(\frac{\partial h(\boldsymbol{\theta})}{\partial \theta_1}, \cdots, \frac{\partial h(\boldsymbol{\theta})}{\partial \theta_q}\right)'$$

当 n 足够大的时候，有

$$h(\hat{\boldsymbol{\theta}}) \approx N(h(\boldsymbol{\theta}), nJ'_h(\theta)\Sigma_0^{-1}(\boldsymbol{\theta})J_h(\theta)) \tag{11-117}$$

由此，则有

$$\frac{h(\hat{\boldsymbol{\theta}}) - h(\boldsymbol{\theta})}{\sigma_h(\hat{\boldsymbol{\theta}})} \approx N(0,1) \tag{11-118}$$

其中
$$\sigma_h(\hat{\boldsymbol{\theta}}) = \sqrt{J'_h(\hat{\boldsymbol{\theta}})\boldsymbol{I}^{-1}J_h(\hat{\boldsymbol{\theta}})}$$

给定置信水平 $1-\alpha$，利用式（11-118）可得 $h(\boldsymbol{\theta})$ 的近似区间估计[19]。记在应力水平 $\boldsymbol{X}^*$ 下的可靠度为 $R(t,\boldsymbol{\theta})$，由于 $R(t,\boldsymbol{\theta})$ 为关于参数 $\boldsymbol{\theta}$ 的连续可导函数，故可取 $h(\boldsymbol{\theta}) = R(t,\boldsymbol{\theta})$，由式（11-118）来求可靠度 $R(t,\boldsymbol{\theta})$ 的置信区间。然而可靠度 $R(t,\boldsymbol{\theta})$ 的取值区间为（0，1]，而正态随机变量的取值为 $(-\infty,\infty)$，为了使统计量能更好地满足正态分布的性质，对 $R(t,\boldsymbol{\theta})$ 进行 Logit 变化

$$S(t,\boldsymbol{\theta}) = \ln\left(\frac{R(t,\theta)}{1-R(t,\theta)}\right) \tag{11-119}$$

$S(t,\boldsymbol{\theta})$ 对 $R(t,\theta)$ 求导有

$$\frac{\partial S}{\partial R} = \frac{1}{R(t,\boldsymbol{\theta})(1-R(t,\boldsymbol{\theta}))} \tag{11-120}$$

由式（11-118）和式（11-120）可得

$$\frac{S(t,\hat{\boldsymbol{\theta}}) - S(t,\boldsymbol{\theta})}{\sigma_S(\hat{\boldsymbol{\theta}})} \approx N(0,1) \tag{11-121}$$

其中
$$\sigma_S(\hat{\boldsymbol{\theta}}) = \frac{\sigma_h(\hat{\boldsymbol{\theta}})}{R(t,\hat{\boldsymbol{\theta}})(1-R(t,\hat{\boldsymbol{\theta}}))}$$

由此，给定置信水平 $1-\alpha$，可得可靠度的置信下限

$$R_{\mathrm{L}} = \left(1 + \frac{1-R(t \mid \boldsymbol{X}^*)}{R(t \mid \boldsymbol{X}^*)}\exp(z_{1-\alpha}\sigma_S(\hat{\boldsymbol{\theta}}))\right)^{-1} \tag{11-122}$$

式中　$z_{1-\alpha}$ ——标准正态分布的 $1-\alpha$ 分位点。

利用渐近正态方法来求近似置信区间是工程中常用的方法，适用于完全样本和非完全样本（常见的有定数截尾、定时截尾和随机截尾）。然而渐近正态性是大样本性质，当样本较小时极大似然估计并不满足该性质，此时可能会导致近似置信区间有较大的偏差。

（2）利用信仰推断方法的可靠度置信下限

已知可靠性模型和模型系数估计，可以把不同应力水平下的数据折合到给定应力水平 $\boldsymbol{X}^*$ 下。对于加速寿命数据 $(t_i,\delta_i,\boldsymbol{X}_i)(i=1,2,\cdots,n)$，记折合后的数据为 $(t_i^*,\delta_i,\boldsymbol{X}^*)(i=1,2,\cdots,n)$，其满足

$$R(t_i \mid \boldsymbol{X}_i)=R(t_i^* \mid \boldsymbol{X}^*)(i=1,2,\cdots,n) \tag{11-123}$$

把模型参数估计代入式（11-123）可得

$$t_i^*=t_i-\hat{\mu}(\boldsymbol{X}_i)+\hat{\mu}(\boldsymbol{X}^*)(i=1,2,\cdots,n) \tag{11-124}$$

当折合后的数据 $t'_i(i=1,2,\cdots,n)$ 为完全样本时，分别以 Weibull 分布和对数正态为例，利用信仰推断方法给出可靠度的置信下限[20]。

①Weibull 分布

记折合后的数据为 $y_i=\ln t_i^*(i=1,2,\cdots,n)$，分布函数为 $F(y)=1-\exp\left(-\exp\left(\frac{y-\mu}{\sigma}\right)\right)$，令 $\omega_i=\frac{y_i-\mu}{\sigma}(i=1,2,\cdots,n)$，则 $\omega_1,\omega_2,\cdots,\omega_n$ 独立同分布，其共同分布为标准极值分布。记 $\bar{\omega}=\frac{1}{n}\sum_{i=1}^{n}\omega_i$，$\psi^2=\frac{1}{n}\sum_{i=1}^{n}(\omega_i-\bar{\omega})^2$，$\bar{y}=\frac{1}{n}\sum_{i=1}^{n}y_i$ 和 $S^2=\frac{1}{n}\sum_{i=1}^{n}(y_i-\bar{y})^2$，则 $\bar{\omega}=\frac{\bar{y}-\mu}{\sigma}$ 和 $\psi^2=\frac{S^2}{\sigma^2}$。由信仰推断方法可知 $\frac{\bar{y}-\mu}{\sigma}$ 和 $\frac{S^2}{\sigma^2}$ 为两个枢轴量，且它们的分布不依赖于未知参数。故位置参数表示为

$$\mu=\bar{y}-\frac{\bar{\omega}S}{\psi} \tag{11-125}$$

刻度参数可表示为

$$\sigma=\frac{S}{\psi} \tag{11-126}$$

由此可得在给定时间 t 和 $\boldsymbol{X}^*$ 下可靠度分布函数

$$R(t \mid \boldsymbol{X}^*) = \exp\left(-\exp\left(\bar{\omega} + \frac{\ln t - \bar{y}}{S}\psi\right)\right) \tag{11-127}$$

由于 $\bar{\omega}$ 和 ψ 的分布已知，给定 t 和置信水平 γ，由式（11-127）可得可靠度的置信区间。

②对数正态分布

记折合后的数据为 $y_i = \ln t_i (i = 1,2,\cdots,n)$，分布函数为 $F(y) = 1 - \Phi\left(\frac{y-\mu}{\sigma}\right)$，令 $\omega_i = \frac{y_i - \mu}{\sigma}(i = 1,2,\cdots,n)$，则 $\omega_1,\omega_2,\cdots,\omega_n$ 独立同分布，其共同分布为标准正态分布。记 $\bar{\omega} = \frac{1}{n}\sum_{i=1}^{n}\omega_i$，$\psi^2 = \frac{1}{n}\sum_{i=1}^{n}(\omega_i - \bar{\omega})^2$，$\bar{y} = \frac{1}{n}\sum_{i=1}^{n}y_i$ 和 $S^2 = \frac{1}{n}\sum_{i=1}^{n}(y_i - \bar{y})^2$，则 $\bar{\omega} = \frac{\bar{y}-\mu}{\sigma}$ 和 $\psi^2 = \frac{S^2}{\sigma^2}$。由信仰推断方法可知 $\bar{\omega} = \frac{\bar{y}-\mu}{\sigma}$ 和 $\psi^2 = \frac{S^2}{\sigma^2}$ 为两个枢轴量，且它们的分布不依赖于未知参数。同样地可得在给定时间 t 和 $\boldsymbol{X}^*$ 下可靠度分布函数

$$R(t \mid X^*) = 1 - \Phi\left(\bar{\omega} + \frac{\ln t - \bar{y}}{S}\psi\right) \tag{11-128}$$

其中 $\bar{y}$ 和 S 可由样本确定，$\bar{\omega}$ 和 ψ^2 分别为服从标准正态分布和自由度为 n 的 χ^2 分布的随机变量，而且 $\bar{\omega}$ 和 ψ^2 独立，由此可得可靠度的置信下限。

与利用渐近正态的可靠度置信下限相比，利用信仰推断的可靠度置信下限计算简便且适用于小样本。然而该方法对于非完全样本，需要利用数据填充方法把其处理为虚拟完全样本，此时不仅计算复杂，而且误差难以控制，可能会导致置信区间出现较大的偏差。因此在实际应用中，要结合数据的特点，选择合适的可靠度置信下限估计方法。

11.3 加速退化数据评估

11.3.1 加速退化数据

通过提高应力加速产品退化的过程称为加速退化过程，产品性能参数在高应力水平下随时间退化的数据，称为加速退化数据。

在加速退化试验中，连续监测产品性能的退化过程是非常困难的，因此可以在试验过程中，定时测试产品的性能特征。记录到的性能退化数据就包含了大量关于产品性能劣化及可靠性的有用信息。

假设在应力水平 $S_k(k=1,2,\cdots,r)$ 下 n_k 条受试样本进行加速退化试验，在 $t_{i1},t_{i2},\cdots,t_{im_i}$ $(i=1,2,\cdots,n_k)$ 时刻测量性能退化量，测得 m_i 次的性能退化量数据为 $y_{i1k},y_{i2k},\cdots,y_{im_ik}$，其中 $y_{ijk}(j=1,2,\cdots,m_i)$ 为应力水平 k 下第 i 条样本在 t_{ij} 时刻的性能退化值，其性能退化数据结构如表 11-5 所示。实施时不要求同一应力水平下各条样本的测量时间一致，也不要求不同应力水平下的测试次数与时间一致，样本数量也可不相同。

表 11-5 加速退化试验性能退化数据结构

应力水平	样本序号	测量时间与性能退化量			
S_1		t_{i1}	t_{i2}	…	t_{im_1}
	1	y_{111}	y_{121}	…	y_{1m_11}
	2	y_{211}	y_{221}	…	y_{2m_11}
		⋮	⋮	⋮	⋮
	n_1	y_{n_111}	y_{n_121}	…	$y_{n_1m_11}$
S_2		t_{i1}	t_{i2}	…	t_{im_2}
	1	y_{112}	y_{122}	…	y_{1m_22}
	2	y_{212}	y_{222}	…	y_{2m_22}
		⋮	⋮	⋮	⋮
	n_2	y_{n_212}	y_{n_222}	…	$y_{n_2m_22}$

续表

应力水平	样本序号	测量时间与性能退化量			
⋮	⋮	⋮	⋮	⋮	⋮
S_r		t_{i1}	t_{i2}	…	t_{im_r}
	1	y_{11r}	y_{12r}	…	$y_{1m_r r}$
	2	y_{21r}	y_{22r}	…	$y_{2m_r r}$
		⋮	⋮	⋮	⋮
	n_r	$y_{n_r 1r}$	$y_{n_2 2r}$	…	$y_{n_2 m_r r}$

通常情况下，产品的性能退化数据多表现为随时间单调递增或单调递减的变化规律，即满足 $y_{i1k} \leqslant y_{i2k} \leqslant \cdots \leqslant y_{im_i k}$ 或 $y_{i1k} \geqslant y_{i2k} \geqslant \cdots \geqslant y_{im_i k}$ 。

对不同样本，如果测量时刻相同，则称此时的加速退化数据为规则型依次测量退化数据。在许多实际问题中，往往会因为各种原因使得每个样本的测量次数和测量时间可能不同，此时的退化数据称之为非规则型退化数据。

11.3.2　基于退化轨迹的评估方法

假设在每一应力水平 $S_k(k=1,2,\cdots,r)$ 下，同一类产品样本的退化轨迹可以使用相同形式的曲线方程来进行描述；由于产品样本间的随机波动性，不同产品样本的退化曲线方程具有不同的方程系数。据此可知，这种随机波动使得产品的性能退化量到达预先设置的失效阈值所需要的时间（即伪失效寿命），也具有某种程度的随机性，因此可以利用某种分布来描述伪失效寿命的这种随机性。

由于产品样本处于不同的应力水平下，样本性能退化量达到失效阈值的时间随应力水平的增加而降低，样本间的随机波动性导致样本伪失效寿命的随机性，因此样本伪失效寿命的分布参数与应力水平相关，如图 11－2 所示。对于不同应力水平，伪失效寿命所服从的分布相同，不同的仅为全部或者部分分布参数，这些参数往往是应力的函数，针对这些参数建立加速方程，即可外推求出正常应力水平下产品伪失效寿命的分布参数，从而可以对产品进行可靠性评估。

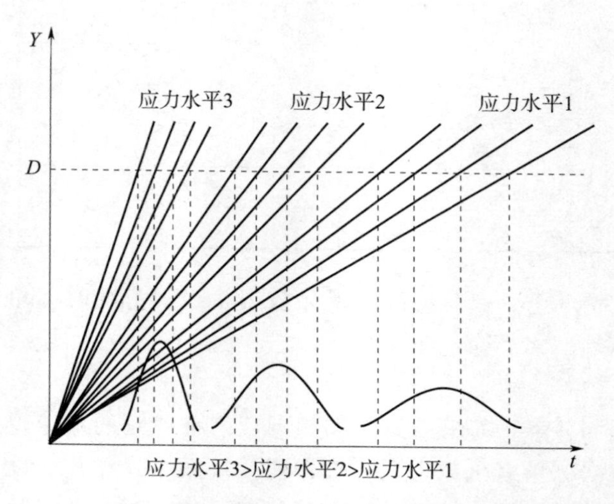

图 11-2 不同应力水平下产品性能退化轨迹与寿命分布关系示意图

在基于退化轨迹的加速退化数据的可靠性评估中，应力不同产品的退化轨迹会随之变化，退化轨迹的形式与应力参数相关，并通过加速模型体现。在加速退化失效分析中，一般采用与加速寿命试验相同的加速模型来推导伪失效寿命总体参数与应力水平的关系。总结来说，基于退化轨迹的加速退化数据的分析处理方法步骤如下所述：

1）收集试验产品在不同应力水平 $S_k(k=1,2,\cdots,r)$ 下，以及不同试验样本在 $t_{i1},t_{i2},\cdots,t_{im_i}$（$i=1,2,\cdots,n_k$）时刻的性能退化数据，对所有加速样本的退化过程进行分析，选择退化轨迹模型，并利用最小二乘法给出模型参数估计；

2）给定失效阈值 D，根据上述所有加速样本的退化轨迹方程，外推其伪失效寿命值；

3）运用拟合优度检验伪失效寿命值服从的寿命分布类型；

4）根据加速应力类型选择适当加速模型描述分布参数与应力水

平的关系，采用整体推断方法将所有加速样本的伪寿命值作为整体进行统计分析，给出模型参数的极大似然估计；

5）对可靠度进行区间估计，采用基于信仰推断的蒙特卡罗方法给出可靠度的置信区间。

利用退化轨迹模型可得样本的伪寿命值 X_{ik} 。运用拟合优度检验选择最优的分布类型，从而根据选定的分布对产品进行可靠性评估。

当产品的寿命分布服从位置—刻度族时，在应力水平 S_k 下的位置参数与刻度参数分别记为 $\mu(S_k)$ 和 $\sigma(S_k)$ 。在加速退化试验中，一般 $\ln\xi=\mu(S_k)$ ，假设 $\sigma(S_k)$ 与应力水平无关，即 $\sigma(S_k)=\sigma$ ，于是可得

$$\mu(S_k)=a+b\varphi(S_k) \tag{11-129}$$

（1）伪寿命服从对数正态分布的情况

若伪寿命值 X_{ik} 服从对数正态分布，那么关于应力 S_k 的密度函数为

$$f(t\mid S_k)=\frac{1}{\sqrt{2\pi}t\sigma(S_k)}\exp\left(-\frac{1}{2}\left(\frac{\ln t-\mu(S_k)}{\sigma(S_k)}\right)^2\right) \tag{11-130}$$

为了充分利用数据，所有加速应力水平下的伪寿命值都用于估计模型参数，利用整体极大似然方法对模型参数进行估计，样本的极大似然函数为

$$L(a,b,\sigma)=\prod_{k=1}^{r}\prod_{k=1}^{n_k}\frac{1}{\sigma x_{ik}\sqrt{2\pi}}\exp\left(-\frac{1}{2\sigma^2}(\ln x_{ik}-a-b\varphi(S_k))^2\right) \tag{11-131}$$

可得似然方程为

$$\frac{\partial\ \ln L}{\partial\ a}=\sum_{k=1}^{r}\sum_{i=1}^{n_k}\frac{1}{\sigma^2}(\ln x_{ik}-a-b\varphi(S_k))=0 \tag{11-132}$$

$$\frac{\partial\ \ln L}{\partial\ b}=\sum_{k=1}^{r}\sum_{i=1}^{n_k}\frac{\varphi(S_k)}{\sigma^2}(\ln x_{ik}-a-b\varphi(S_k))=0 \tag{11-133}$$

$$\frac{\partial \ln L}{\partial \sigma} = \sum_{k=1}^{r}\sum_{i=1}^{n_k}\frac{1}{\sigma^3}(\ln x_{ik} - a - b\varphi(S_k))^2 - \frac{1}{\sigma} = 0 \tag{11-134}$$

由似然方程得模型参数估计 $\hat{a}$ 、$\hat{b}$ 和 $\hat{\sigma}$ ，给定贮存时间 t ，产品在应力水平 S_k 下产品的贮存可靠度估计为

$$\hat{R}(t,S_k) = 1 - \Phi\left(\frac{\ln t - \hat{a} - \hat{b}\varphi(S_k)}{\hat{\sigma}}\right) \tag{11-135}$$

给定贮存可靠度 R ，在应力水平 S_k 下产品的贮存可靠寿命为

$$\hat{t}(R,S_k) = \exp(\hat{a} + \hat{b}\varphi(S_k) + \hat{\sigma}\Phi^{-1}(1-R)) \tag{11-135}$$

(2) 伪寿命服从 Weibull 分布的情况

若伪寿命值 X_{ik} 服从形状参数为 $\beta(S_k)$ ，刻度参数为 $\eta(S_k)$ 的 Weibull 分布，则 $\ln X_{ik}$ 服从极值分布，其关于应力 S_k 的密度函数为

$$f(\ln x_{ik} \mid S_k) = \exp\left(-\exp\left(\frac{\ln x_{ik} - \mu(S_k)}{\sigma(S_k)}\right)\right)\frac{1}{x_{ik}\sigma(S_k)} \cdot \exp\left(\frac{\ln x_{ik} - \mu(S_k)}{\sigma(S_k)}\right) \tag{11-137}$$

其中　$\mu(S_k) = \ln\eta(S_k)$ ，$\sigma(S_k) = 1/\beta(S_k)$

样本的极大似然函数为

$$L(a,b,\sigma) = \prod_{k=1}^{r}\prod_{i=1}^{n_k}\frac{1}{\sigma x_{ik}} \cdot \exp\left(\frac{\ln x_{ik} - a - b\varphi(S_k)}{\sigma}\right) \cdot \exp\left(-\exp\left(\frac{\ln x_{ik} - a - b\varphi(S_k)}{\sigma}\right)\right) \tag{11-138}$$

可得似然方程为

$$\frac{\partial \ln L}{\partial a} = \sum_{k=1}^{r}\sum_{i=1}^{n_k}\frac{1}{\sigma}\exp\left(\frac{\ln x_{ik} - a - b\varphi(S_k)}{\sigma}\right) - \frac{1}{\sigma} = 0 \tag{11-139}$$

$$\frac{\partial \ln L}{\partial b} = \sum_{k=1}^{r}\sum_{i=1}^{n_k}\frac{\varphi(S_k)}{\sigma}\exp\left(\frac{\ln x_{ik} - a - b\varphi(S_k)}{\sigma}\right) - \frac{\varphi(S_k)}{\sigma} = 0 \tag{11-140}$$

$$\frac{\partial \ln L}{\partial \sigma} = \sum_{k=1}^{r}\sum_{i=1}^{n_k} -\frac{1}{\sigma} - \frac{\ln x_{ik} - a - b\varphi(S_k)}{\sigma^2} + \frac{\ln x_{ik} - a - b\varphi(S_k)}{\sigma^2}\exp\left(\frac{\ln x_{ik} - a - b\varphi(S_k)}{\sigma}\right) = 0 \tag{11-141}$$

由似然函数可得模型参数估计 $\hat{a}$ 、$\hat{b}$ 和 $\hat{\sigma}$ ，给定贮存时间 t ，产品在水平 S_k 下产品的贮存可靠度估计

$$\hat{R}(t,S_k) = \exp\left(-\exp\left(\frac{\ln t - \hat{a} - \hat{b}\varphi(S_k)}{\hat{\sigma}}\right)\right) \tag{11-142}$$

给定贮存可靠度 R ，在应力水平 S_k 下产品的贮存可靠寿命为

$$\hat{t}(R,S_k) = \exp(\hat{a} + \hat{b}\varphi(S_k) + \hat{\sigma}\ln(-\ln R)) \tag{11-143}$$

当产品服从其他分布时，可用类似方法得到产品的贮存可靠度。

11.3.3　基于退化量分布的评估方法

假设在不同应力 $S_k(k = 1,2,\cdots,r)$ 作用下，同一类产品样本的性能退化量所服从的分布形式在不同的测量时刻是相同的，分布参数随着时间不断变化，即产品性能退化量在不同测量时刻服从同一分布族，该分布族分布参数为时间变量、应力变量的函数。由于不同产品性能之间具有分散性，不同产品的性能退化量随时间、应力的退化过程不相同，因此产品性能退化量之间的差异与时间、应力相关，即退化量分布参数既是应力水平的函数，又是试验时间的函数，如图 11 - 3。通过对不同应力水平、不同测量时刻产品性能退化量所服从分布参数的处理，即可以找出其分布参数与时间及应力的关系，从而可以利用性能可靠性的评估方法，对产品在正常使用应力条件下的可靠性做出合理的评估。

据此，可以总结基于退化量分布的加速退化数据的可靠性评估方法的步骤：

1）收集试验产品在不同应力水平 $S_k(k = 1,2,\cdots,r)$ 下，以及不

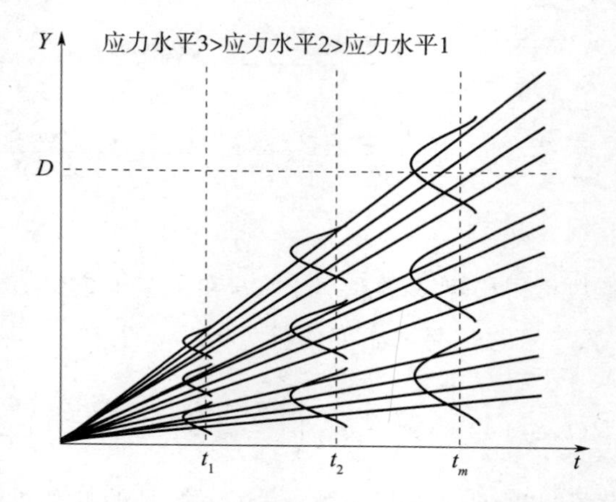

图 11-3 不同应力水平下性能退化量在不同时刻的分布示意图

同试验样本在不同 $(i=1,2,\cdots,n_k)$ 时刻的性能退化数据 $t_{i1},t_{i2},\cdots,t_{im_i}$，运用拟合优度检验各个时刻退化量服从的分布类型（一般性能退化数据服从对数正态分布或 Weibull 分布）；

2）根据应力类型选择合适的加速模型，采用整体推断方法将某一时刻点的加速样本作为整体进行统计分析，给出模型参数的极大似然估计；

3）选择合适的退化量模型；

4）结合选择的加速模型，采用整体推断方法将所有加速样本的性能退化数据作为整体进行统计分析，给出模型参数的极大似然估计；

5）对产品进行可靠性评估与寿命预测。

常用的加速模型线性化后可统一表示为

$$\ln\xi(t_j)=a(t_j)+b(t_j)\varphi(S_k) \tag{11-144}$$

式中 $\xi(t_j)$ ——产品 t_j 时刻的退化特征量；

$a(t_j)$，$b(t_j)$ —— t_j 时刻的待估常数；

$\varphi(S_k)$ ——应力 S_k 的已知函数。

当性能退化量 y_{ijk} 服从某位置—刻度分布族时，那么在应力水平

S_k 下 t_j 时刻的位置参数与刻度参数分别为 $\mu_k(t_j)$ 和 $\sigma_k(t_j)$，在加速退化试验中，一般假设 $\ln\theta(t_j)=\mu_k(t_j)$，$\sigma(S_k)$ 与应力水平无关，即 $\sigma_k(t_j)=\sigma_0$，由式（11－144）可得

$$\mu_k(t_j)=a(t_j)+b(t_j)\varphi(S_k) \tag{11-145}$$

（1）性能退化量服从对数正态分布的情况

若 y_{ijk} 服从对数正态分布，那么 t_j 时刻时，其关于应力 S_k 的密度函数为

$$f(t_j \mid S_k)=\frac{1}{\sqrt{2\pi}t\sigma_k(t_j)}\exp\left(-\frac{1}{2}\left(\frac{\ln t-\mu_k(t_j)}{\sigma_k(t_j)}\right)^2\right) \tag{11-146}$$

为了扩大样本量，所有加速应力水平下的退化量都用于估计模型参数，利用整体推断的极大似然方法对模型参数进行估计，样本 t_j 时刻的极大似然函数为

$$L(a,b,\sigma)=$$

$$\prod_{i=1}^{n_k}\prod_{k=1}^{r}\frac{1}{\sigma(t_j)y_{ijk}\sqrt{2\pi}}\exp\left(-\frac{1}{2\sigma(t_j)^2}(\ln y_{ijk}-a(t_j)-b(t_j)\varphi(S_k))^2\right) \tag{11-147}$$

由似然函数可得所有时刻模型参数估计 $\hat{a}(t_j)$、$\hat{b}(t_j)$ 和 $\hat{\sigma}(t_j)$，即 $\{\hat{a}(t_j)\}$、$\{\hat{b}(t_j)\}$ 和 $\{\hat{\sigma}(t_j)\}$ 序列。分别选择合适的模型来拟合 $\{\hat{a}(t_j)\}$、$\{\hat{b}(t_j)\}$ 和 $\{\hat{\sigma}(t_j)\}$，可得在应力 S_k 下在 t 时刻产品的退化量分布参数估计 $\hat{\mu}(t,S_k)$ 和 $\hat{\sigma}(t,S_k)$。给定失效阈值 D，当退化量曲线为单调递增时，产品在应力水平 S_k 下的可靠度估计为

$$\hat{R}(t,S_k)=\Phi\left(\frac{\ln D-\hat{\mu}(t,S_k)}{\hat{\sigma}(t,S_k)}\right) \tag{11-148}$$

给定可靠度 R，产品在应力水平 S_k 下的可靠度寿命 t_R 满足

$$R=\Phi\left(\frac{\ln D-\hat{\mu}(t_R,S_k)}{\hat{\sigma}(t_R,S_k)}\right) \tag{11-149}$$

(2) 性能退化量服从 Weibull 分布的情况

若 y_{ijk} 服从形状参数为 $\beta_k(t_j)$，刻度参数为 $\eta_k(t_j)$ 的 Weibull 分布，则 $\ln y_{ijk}$ 服从极值分布，那么 t_j 时刻时，其关于应力 S_k 的密度函数为

$$f(\ln y_{ijk} \mid S_k) = \exp\left(-\exp\left(\frac{\ln y_{ijk} - \mu_k(t_j)}{\sigma_k(t_j)}\right)\right)\frac{1}{\sigma_k(t_j)}\exp\left(\frac{\ln y_{ijk} - \mu_k(t_j)}{\sigma_k(t_j)}\right) \tag{11-150}$$

其中 $$\mu_k(t_j) = \ln\eta_k(t_j)\,, \sigma_k(t_j) = 1/\beta_k(t_j)$$

样本 t_j 时刻的极大似然函数为

$$L(a,b,\sigma) = \prod_{i=1}^{n_k}\prod_{k=1}^{r}\frac{1}{\sigma(t_j)}\exp\left(\frac{\ln y_{ijk} - a(t_j) - b(t_j)\varphi(S_k)}{\sigma(t_j)}\right)\cdot \exp\left(-\exp\left(\frac{\ln y_{ijk} - a(t_j) - b(t_j)\varphi(S_k)}{\sigma(t_j)}\right)\right) \tag{11-151}$$

由似然函数可得所有时刻模型参数估计 $\hat{a}(t_j)$、$\hat{b}(t_j)$ 和 $\hat{\sigma}(t_j)$，即 $\{\hat{a}(t_j)\}$、$\{\hat{b}(t_j)\}$ 和 $\{\hat{\sigma}(t_j)\}$ 序列。与性能退化量服从对数正态分布类似，可得可靠度估计和可靠寿命估计。

11.4 系统评估方法

11.4.1 成败型数据情形下系统可靠性

常用的系统可靠性评估方法有 LM 法和 MML 法[2]。LM 法由于计算简便，在工程中应用较为广泛。而 MML 法物理意义清楚，便于金字塔式综合，也易于指导工程实践。

(1) LM 法

LM 法主要适用于串联系统，假设系统由 m 个单元组成，第 i 个单元的成败型数据记为 (n_i, s_i)，则系统可靠性的极大似然估计

$$\hat{R}_s = \prod_{i=1}^{m} \frac{s_i}{n_i} \tag{11-152}$$

令 $n^* = \min(n_1, n_2, \cdots, n_m)$，可得 $s^* = n^* \hat{R}_s$，则系统等效的成败型数据为 (n^*, s^*)，由成败型数据的分析方法可得系统可靠度置信下限。

(2) MML 法

由试验数据可得第 i 个单元的可靠度估计

$$\hat{R}_i = \frac{s_i}{n_i} (i = 1, 2, \cdots, m) \tag{11-153}$$

系统可靠性 R_s 的渐近方差为

$$\sigma^2 = \sum_{i=1}^{m} \left(\frac{\partial R_s}{\partial R_i} \right)^2 \mathrm{var}(R_i) \tag{11-154}$$

其中
$$\mathrm{var}(R_i) = \frac{R_i(1 - R_i)}{n_i}$$

则 σ^2 的估计量为

$$\hat{\sigma}^2 = \sum_{i=1}^{m} \left(\frac{\partial R_s}{\partial R_i} \Big|_{R_i = \hat{R}_i} \right)^2 \mathrm{var}(\hat{R}_i) \tag{11-155}$$

其中 $\mathrm{var}(\hat{R}_i)$ 为 $\mathrm{var}(R_i)$ 中 R_i 由 $\hat{R}_i$ 代替所得。令 $\hat{n} = \frac{\hat{R}_s(1 - \hat{R}_s)}{\hat{\sigma}_2}$ 和 $\hat{s} = \hat{n}\hat{R}_s$，则可得系统等效的成败型数据 $(\hat{n}, \hat{s})$，进而由成败型数据的分析方法可得系统可靠度置信下限。

11.4.2　指数分布情形下系统可靠性

假设系统由 m 个单元构成，第 i 个单元有 n_i 个产品进行寿命试验，当有 r_i 个失效时试验截止，失效时间为 $t_{i1} \leqslant t_{i2} \leqslant \cdots \leqslant t_{ir_i} (i = 1, 2, \cdots m)$，则第 i 个单元的 n_i 个产品的试验总时间为

$$T_i = \sum_{j=1}^{r_i} t_{ij} + (n_i - r_i) t_{ir_i} (i = 1, 2, \cdots, m) \tag{11-156}$$

对于串联系统，系统可靠性 $1 - \alpha$ 水平置信下限为

$$R_L = \exp\left(\frac{At_0}{2T^*}\right) \tag{11-157}$$

其中

$$T^* = \min(T_1, T_2, \cdots, T_m)$$

$$A = \chi^2_{1-\alpha}(2r)\ ,\ r = \sum_{i=1}^{m} r_i$$

对于并联系统，系统可靠性 $1-\alpha$ 水平置信下限为

$$R_L = 1 - \prod_{i=1}^{m}\left(\frac{(c-1)T_m}{(c-1)T_m + T_i}\right) \tag{11-158}$$

其中 c 满足方程

$$\sum_{i=1}^{m-1} T_i \ln((c-1)T_m + T_i) + T_m \ln c - \sum_{i=1}^{m-1} T_i \ln T_i - 0.5At_0 = 0\quad c > 1 \tag{11-159}$$

其中

$$A = \chi^2_{1-\alpha}(2r)\ ,\ r = \sum_{i=1}^{m} r_i$$

11.4.3　混合数据情形下的系统可靠性

在导弹武器系统中，通常是多种数据的混合，此时可以先把单机或分系统数据统一折合为成败型数据或者指数型数据，然后利用上文的方法来对系统进行综合评估。

通常不同分布之间的数据转换采用矩方法，令相互转化的两个分布的前几阶矩对应相等，进行相互转换或者折合。以成败型数据和指数型数据为例，已知指数型寿命数据的失效数为 τ ，等效任务时间为 t_0 ，将它转换成成败型数据 (n,s) 满足

$$\begin{cases} n = \dfrac{t_0^2}{\tau}\left(\exp\left(\dfrac{\tau}{t_0}\right) - 1\right) \\ s = n\exp\left(-\dfrac{\tau}{t_0}\right) \end{cases} \tag{11-160}$$

参考文献

[1] 周源泉，翁朝曦．可靠性评定［M］．北京：科学出版社，1990.

[2] 赵宇．可靠性数据分析［M］．北京：国防工业出版社，2011.

[3] 赵宇，杨军，马小兵．可靠性数据分析教程［M］．北京：北京航空航天大学出版社，2009.

[4] Lu，J. C.，Meeker，W. Q. Using Degradation Measures to Estimation a Time to Failure Distribution［J］. Technometrics，1993，35（2）：161－174.

[5] 邓爱民，陈循，张春华，等．基于性能退化数据的可靠性评估［J］．宇航学报，2006，27（3）：546－552.

[6] 尤琦，赵宇，马小兵．产品性能可靠性评估的时序分析方法［J］．北京航空航天大学学报，2009，35（5）：644－648.

[7] McCullagh P.，Nelder J. A. Generalized Linear Models［M］. Landon New York：Chapman and Hall，1989.

[8] Singh H. P.，Saxena S.，Joshi H. A Family of Shrinkage Estimators for Weibull Shape Parameter in Censored Sampling［J］. Statistical Papers，2008，49（1）：513－529.

[9] Chandra N. K.，Chandhuri A. On the Efficiency of a Testimator for the Weibull Shape Parameter［J］. Communications in Statistics－Theory and Methods，1990，19（4）：1247－1259.

[10] Pandey B. N.，Malik H. J.，Srivastava R. Shrinkage Testimators for the Shape Parameter of Weibull Distribution Under Type Ii Censoring［J］. Communications in Statistics－Theory and Methods，1989，18（4）：1175－1199.

[11] Pandey M.，SinghU. S. Shrunken Estimators of Weibull Shape Parameter From Type－Ii Censored Samples［J］. IEEE Transaction on Reliability，1993，42（1）：81－86.

[12] Singh H. P.，Shukla S. K. Estimation in the Two－Parameter Weibull Distribution with Prior Information［J］. Indian Association for Productivity

Quality and Reliability, 2000, 25 (2): 107 - 118.

[13] 费鹤良，韩柏昌. Weibull 分布尺度参数的收缩估计 [J]. 高校应用数学学报，1997，12 (3)：283 - 290.

[14] 费鹤良，韩柏昌，陈迪. Weibull 分布形状参数的收缩估计 [J]. 应用概率统计，1997，13 (1)：27 - 36.

[15] Rao C. R., Toutenburg H., Shalabh. Linear Models and Generalizations: Least Squares and Alternatives [M]. Berlin: Springer, 2008.

[16] Balakrishnan N., Chandranmouleeswaran M. P., Am - bagaspitiya R. S. Blues of Location and Scale Parameters of Laplace Distribution Based On Type - Ii Censored Samples and Associated Inference [J]. Microelectronics Reliability, 1996, 36 (3): 371 - 374.

[17] Kalbfleisch John D., Prentice Ross L. The Statistical Analysis of Failure Time Data [M]. Hoboken: John Wiley&Sons, 2002.

[18] Bagdonavicius V., Nikulin M. Accelerated Life Models Modeling and Statistical Analysis [M]. London: Chapman&Hall/CRC, 2002.

[19] 杨军，赵宇，李学京，等. 复杂系统平均剩余寿命综合评估方法 [J]. 航空学报，2007，28 (6)：1351 - 1354.

第12章 贮存寿命与可靠性特性评估技术

鉴于推进剂、火工品等含能产品试验数据的特殊性，寿命与可靠性共性评估技术难以满足要求。贮存寿命与可靠性特性评估，是针对推进剂、火工品等产品寿命与可靠性试验数据的特性，运用概率统计方法，给出参数估计，进而得出所关注贮存寿命与可靠性指标的估计。本章在贮存寿命与可靠性共性评估的基础上，分别给出了推进剂和火工品贮存寿命与可靠性评估。

12.1 推进剂

12.1.1 基于性能退化的评估方法

固体推进剂是影响发动机贮存寿命与可靠性的主要因素，对固体推进剂的贮存寿命与可靠性进行评估具有重要的意义。传统的寿命与可靠性评估通常是基于产品的失效或寿命终态特征进行的，而随着产品设计、制造水平的提高以及新技术、新材料与新工艺的不断应用，固体推进剂正逐步朝着高可靠、长寿命的方向发展，使得固体推进剂在允许的时间和成本内难以通过发动机解剖、试车和实弹试射等试验来获得有效的寿命与可靠性数据[1]。因此，传统的寿命与可靠性评估方法难以满足固体推进剂的评估要求。然而，在贮存过程中，受环境因素和内在因素的影响，固体推进剂的外观性能、燃烧性能、力学性能、密度等会发生变化[2]。针对固体推进剂的这一特性，国内外学者致力于研究固体推进剂的非破坏性评估方法[1-4]，这类方法根据固体推进剂老化机理研究其性能随贮存时间的变化规律，从而对其贮存寿命与可靠性进行评估。

固体发动机及固体推进剂平贮件贮存试验均表明固体推进剂的力学性能会随贮存时间不断退化。固体推进剂在贮存过程中失效主要是由其贮存环境的影响和内在因素的变化造成的。在贮存过程中，固体推进剂的性能包括力学性能、燃烧性能和密度等会发生退化，并最终导致推进剂失效，其中力学性能的退化主要表现为推进剂抗拉强度下降。抗拉强度下降属于正常老化现象，通常是由于推进剂粘合剂分子结构网络链条断裂，使聚合物分子离解，变为更小的单元，增加了推进剂的流动性，降低了强度。

为了获得固体推进剂力学性能退化数据，需要在贮存过程中对推进剂的力学性能进行测试。为了便于对固体推进剂进行性能测试且不破坏固体发动机结构，在实际应用中，通常将推进剂方坯作为平贮件与固体发动机一起贮存。通过对方坯进行性能测试以反映固体推进剂的性能随贮存时间的变化情况。

选取固体推进剂的抗拉强度作为研究对象，通过研究固体推进剂的抗拉强度随贮存时间的变化规律，对固体推进剂的贮存可靠性进行评估。取 n 个固体推进剂方坯作为平贮件与固体发动机一起贮存，在贮存过程中，随机选取固体推进剂方坯进行力学性能试验，以测试固体推进剂在贮存一定年限之后的抗拉强度。由于固体推进剂的力学性能试验为破坏性试验，故每个方坯只能进行一次试验。根据试验的顺序对 n 个固体推进剂方坯的退化数据进行排序

$$(t_i, x_i)\ i = 1,2,\cdots,n \tag{12-1}$$

式中 t_i , x_i ——分别为第 i 个方坯的贮存时间和抗拉强度。

利用位置—刻度模型来描述固体推进剂抗拉强度随贮存时间的变化规律。记抗拉强度变量为 X ，则位置—刻度模型为

$$\ln X = \mu(t) + \sigma(t)\varepsilon \tag{12-2}$$

式中 $\mu(t)$, $\sigma(t)$ ——位置参数和刻度参数；

ε ——分布函数为 $G(x)$ 的随机变量，其中 $G(x)$ 与位置参数及刻度参数无关。

由工程经验可知抗拉强度变量 X 服从 Weibull 分布，则 $G(x)$ 是

标准极值分布函数 $G(x) = 1 - \exp(-e^x)$ 。给定贮存时间 t ，固体推进剂的贮存可靠度函数为

$$R(x \mid t) = \exp\left(-\exp\left(\frac{\ln x - \mu(t)}{\sigma(t)}\right)\right) \tag{12-3}$$

在贮存过程中，固体推进剂的抗拉强度会不断退化，即位置参数 $\mu(t)$ 是关于贮存时间 t 的函数。在工程应用中，通常利用变换线性模型来描述固体推进剂的性能与贮存时间的关系

$$\mu(t) = a + b\ln t \tag{12-4}$$

式中　a, b ——待估参数。

由于固体推进剂的生产工艺较为稳定，不同推进剂方坯抗拉强度的一致性较好，而且刻度参数受贮存时间影响较小，故为了便于工程应用，假设刻度参数 $\sigma(t)$ 为常数，记为 σ 。则式（12-2）的位置—刻度模型可变换为

$$\ln X = a + b\ln t + \sigma\varepsilon \tag{12-5}$$

利用式（12-5）位置—刻度模型来描述固体推进剂抗拉强度与贮存时间的关系，假设 ε 的分布函数 $G(x)$ 已知，记其密度函数为 $g(x)$ 。对于式（12-1）的退化数据，令 $Y = \ln X$ ，$y_i = \ln x_i$ ，则 Y 的密度函数为 $\frac{1}{\sigma}g\left(\frac{y - a - b\ln t}{\sigma}\right)$ 。则样本 $y_1, y_2, \cdots, y_n$ 对应的似然函数为

$$L = \prod_{i=1}^{n} \frac{1}{\sigma}g\left(\frac{y_i - a - b\ln t_i}{\sigma}\right) \tag{12-6}$$

由式（12-6）的似然函数可以求得未知参数的极大似然估计。针对退化数据的特点，结合广义线性模型给出了一种有效的算法，用于求解位置参数模型系数和刻度参数的极大似然估计。

由于固体推进剂抗拉强度 X 服从双参数 Weibull 分布，则 Y 服从标准极值分布，其分布函数为 $G(x) = 1 - \exp(-e^x)$ ，密度函数为 $g(x) = \exp(-e^x)e^x$ ，代入式（12-6）可得对数似然函数

$$l = \sum_{i=1}^{n}\left(-\ln\sigma + \frac{y_i - a - b\ln t_i}{\sigma} - \exp\left(\frac{y_i - a - b\ln t_i}{\sigma}\right)\right) \tag{12-7}$$

记

$$w_i = \exp\left(\frac{y_i - a - b\ln t_i}{\sigma}\right)$$

则式（12－7）变为

$$l = \sum_{i=1}^{n} (\ln w_i - w_i) - \sum_{i=1}^{n} (\ln \sigma) \tag{12-8}$$

当 σ 已知时，可以利用 Poisson 分布广义线性模型来获得参数 a 和 b 的极大似然估计[5]。

由式（12－8）的对数似然函数对 σ 求导有

$$\frac{\partial l}{\partial \sigma} = \sum_{i=1}^{n} \frac{(y_i - \eta_i)(w_i - 1)}{\sigma^2} - \frac{n}{\sigma} \tag{12-9}$$

已知 $(\hat{a},\hat{b})$，可得 w_i 的估计 $\hat{w}_i$ 和 η_i 的估计 $\hat{\eta}_i$，由式（12－9）可得

$$\hat{\sigma} = \frac{1}{n}\sum_{i=1}^{n} (y_i - \hat{\eta}_i)(\hat{w}_i - 1) \tag{12-10}$$

如此循环迭代直到参数估计没有显著变化，可得参数估计 $\hat{\sigma}$ 和 $(\hat{a},\hat{b})$。

给定贮存时间 t，把 $\hat{\sigma}$ 和 $(\hat{a},\hat{b})$ 代入式（12－3）可得固体推进剂的贮存可靠度估计

$$\hat{R}(x \mid t) = \exp\left(-\exp\left(\frac{\ln x - \hat{a} - \hat{b}\ln t}{\hat{\sigma}}\right)\right) \tag{12-11}$$

给定贮存可靠度 R，由式（12－11）可得固体推进剂的贮存寿命估计

$$\hat{t} = \exp\left[\frac{\ln x - \hat{a} - \hat{\sigma}\ln(-\ln R)}{\hat{b}}\right] \tag{12-12}$$

令 $\boldsymbol{\theta} = (a,b,\sigma)'$，由 Wald 统计量可知，在一定条件下，极大似然估计 $\hat{\boldsymbol{\theta}}$ 具有渐近正态性

$$\frac{\hat{\boldsymbol{\theta}}-\boldsymbol{\theta}}{\boldsymbol{I}\,(\hat{\boldsymbol{\theta}})^{-1}} \approx N(0,1) \tag{12-13}$$

式中 $\boldsymbol{I}(\hat{\boldsymbol{\theta}})$ ——Fisher 信息矩阵的估计。

记 $h(\boldsymbol{\theta})$ 为 $\boldsymbol{\theta}$ 的函数，由式（12－13）可得

$$\frac{h(\hat{\boldsymbol{\theta}})-h(\boldsymbol{\theta})}{\sqrt{J'_h(\hat{\boldsymbol{\theta}})\,\boldsymbol{I}^{-1}J_h(\hat{\boldsymbol{\theta}})}} \approx N(0,1) \tag{12-14}$$

其中 $$J_h(\boldsymbol{\theta}) = \left(\frac{\partial h(\boldsymbol{\theta})}{\partial a},\frac{\partial h(\boldsymbol{\theta})}{\partial b},\frac{\partial h(\boldsymbol{\theta})}{\partial \sigma}\right)'$$

利用式（12－14）可得 $h(\boldsymbol{\theta})$ 的近似区间估计。记固体推进剂的贮存可靠度为 $R(x,\boldsymbol{\theta}\mid t)$，取 $h(\boldsymbol{\theta}) = \ln\left(\frac{R(x,\boldsymbol{\theta}\mid t)}{1-R(x,\boldsymbol{\theta}\mid t)}\right)$，给定置信水平 $1-\alpha$，可得固体推进剂在贮存时间 t 时的贮存可靠度的置信下限

$$R_{\mathrm{L}}(x,\boldsymbol{\theta}\mid t)=\left(1+\frac{1-R(x,\boldsymbol{\theta}\mid t)}{R(x,\boldsymbol{\theta}\mid t)}\exp(z_{1-\alpha}\sigma_h)\right)^{-1} \tag{12-15}$$

其中 $$\sigma_h = \sqrt{J'_h(\hat{\boldsymbol{\theta}})\,\boldsymbol{I}^{-1}\boldsymbol{J}_{\mathrm{h}}(\hat{\boldsymbol{\theta}})}$$

式中 $z_{1-\alpha}$ ——标准正态分布的 $1-\alpha$ 分位点。

给定置信水平 $1-\alpha$ 和贮存可靠度 R，结合贮存寿命与可靠度之间的单调关系，由式（12－15）通过迭代可得贮存寿命置信下限 t_{L}。

例子 为研究固体推进剂在贮存过程中的性能变化规律，制作了固体推进剂方坯进行贮存。在贮存过程中，对固体推进剂方坯进行力学性能试验。由于力学性能试验为破坏性试验，每个方坯只能测试一次。该型固体推进剂的极限抗拉强度为 0.55 MPa，当固体推进剂的抗拉强度小于极限抗拉强度时，认为固体推进剂退化失效。

表 12-1 固体推进剂数值模拟数据

序号	贮存年限/a	抗拉强度/MPa
1	1	0.710，0.703
2	3	0.687，0.686
3	5	0.681，0.676，0.668
4	7	0.670，0.693，0.665
5	9	0.663，0.661
6	11	0.659，0.658，0.645
7	13	0.655，0.653，0.649
8	15	0.650，0.644

结合表 12-1 的固体推进剂数值模拟数据，利用式（12-5）的位置—刻度模型来描述固体推进剂抗拉强度与贮存时间的关系。通过对式（12-7）的对数似然函数的变换，利用 Poisson 分布广义线性模型可得参数的极大似然估计 $\hat{a}=-0.338\,2$, $\hat{b}=-0.032\,0$, $\hat{\sigma}=0.023\,7$ 。给定置信水平 $\gamma=0.9$ ，由式（12-15）分别可得固体推进剂在 15 年和 20 年的贮存可靠性下限 0.995 7 和 0.994 1。给定置信水平 $\gamma=0.9$ ，可得固体推进剂贮存可靠度为 0.995 的贮存寿命下限 17.2 a。

12.1.2 利用加速老化数据的评估方法

由固体推进剂的贮存环境条件影响分析可知，温度和湿度为主要影响因素。当取温度作为应力对固体推进剂进行加速老化试验时，一般采用 Arrhenius 模型来描述性能随温度的变化关系。但大量试验研究表明，在多数情况下固体推进剂的老化反应速率 K 并不满足 Arrhenius 模型。此时，若仍然采用该模型预测长期贮存环境温度下的固体推进剂寿命，常常会导致较大的误差。因此，为了提高贮存寿命的预测精度，需要对 Arrhenius 公式进行修正。大量温度范围较宽的试验已经证明，可用改进的 Arrhenius 模型表征老化反应速

率 ξ 和绝对温度 S_T 之间的关系

$$\xi = AS_T^m \exp\left(-\frac{E_a}{kS_T}\right) \tag{12-16}$$

其中 A 、m 和 E_a 均为待定常数。式（12-16）被称为修正的 Arrhenius 模型或线性活化能模型。

在贮存过程中，除了温度，固体推进剂还会受到湿度的影响。根据量子力学相关理论，老化反应速率与温度的关系满足 Arrhenius 模型，与湿度的关系满足幂律模型，则有

$$\xi = A\,(S_H - \Delta S_H)^C \exp\left(-\frac{B}{S_T}\right) \tag{12-17}$$

式中　S_T ——绝对温度；

S_H ——贮存环境湿度，在贮存环境中，由于推进剂受到物理化学反应的作用，其含湿量会发生变化；

ΔS_H ——推进剂在物理化学反应作用下含湿量的变化量；

A , B , C ——与温度、湿度无关的常数。

若利用式（12-16）修正的 Arrhenius 模型来描述老化反应速率与温度的关系，则式（12-17）可以表示为

$$\xi = A\,(S_H - \Delta S_H)^C S_T^m \exp\left(-\frac{B}{S_T}\right) \tag{12-18}$$

给定老化反应速率的模型，固体推进剂老化动力学模型可用如下的公式描述

$$P(S_T, S_H, t) = P_0 - K(S_T, S_H) f(t) \tag{12-19}$$

式中　$P(S_T, S_H, t)$ ——选定的性能参数（如弹性模量、药柱强度、延伸率、凝胶百分数等）在温度 S_T 、湿度 S_H 、老化时间 t 后的值；

$K(S_T, S_H)$ ——老化速率，由式（12-18）可得（对于不同的性能参数 $K(S_T, S_H)$ 值不同）；

P_0 ——性能参数初始值，它与温度和湿度有关；

$f(t)$ ——单调函数，用于描述性能参数 P 与 t 的关系，一般可取线性函数、对数函数、指数函数和幂函数等。

以线性函数为例，取 $f(t)=t$，记性能的临界值为 P_c，则推进剂的寿命为

$$\theta=\frac{P_0-P_c}{K(S_T,S_H)} \tag{12-20}$$

将式（12-18）代入式（12-20）可得

$$\theta=\frac{P_0-P_c}{A\,(S_H-\Delta S_H)^C S_T^m \exp\left(-\frac{B}{S_T}\right)} \tag{12-21}$$

由于 $\frac{P_0-P_c}{A}$ 为常数，令 $D=\frac{P_0-P_c}{A}$，则式（12-21）可表示为

$$\theta=D\,(S_H-\Delta S_H)^{-C} S_T^{-m} \exp\left(\frac{B}{S_T}\right) \tag{12-22}$$

一般情况下，物理化学反应对推进剂湿度的影响不大，若忽略物理化学反应对推进剂湿度的影响，即 $\Delta S_H=0$，则式（12-22）可表示为

$$\theta=DS_H^{-C} S_T^{-m} \exp\left(\frac{B}{S_T}\right) \tag{12-23}$$

当湿度恒定，温度变化时，式（12-23）中的 DS_H^{-C} 为常数，即为修正的 Arrhenius 模型。当温度恒定，湿度变化时，$S_T^{-m}\exp\left(\frac{B}{S_T}\right)$ 为常数，即寿命与湿度满足逆幂模型。

以式（12-23）的寿命与温度、湿度的关系模型为例，给定贮存温度 S_T、湿度 S_H 和性能参数临界值 P_c，可得固体推进剂的贮存寿命

$$t=\frac{P_0-P_c}{A}S_H^{-C} S_T^{-m} \exp\left(\frac{B}{T}\right) \tag{12-24}$$

12.2 火工品

12.2.1 利用自然贮存试验数据的评估方法

火工品是一种含药元件或装置，在长期贮存中会受到各种环境因素的影响，比如温度和湿度等，其内部会发生物理或化学变化，导致性能逐渐退化到不能达到规定的可靠性指标或规定的设计功能状态而被判断为失效。火工品的可靠性主要分为作用可靠性和输出可靠性。从可靠性的角度来说，火工品的性能参数主要分为性能感度参数和性能输出参数。故火工品又可以分为发火类火工品和输出类火工品，例如点火器、起爆管和电发火管等属于发火类，而反推火箭和爆炸螺栓等属于输出类火工品。两类火工品的贮存寿命与可靠性评估方法存在较大差异，其中输出类火工品可参见贮存寿命与可靠性共性评估技术。

由于在贮存过程中受到环境因素的影响，这类火工品的临界刺激量随贮存时间的延长而变大。在贮存过程中，当临界刺激量大于工作刺激量时就判定该火工品失效。由于临界刺激量不可测，难以确定火工品的失效时间。而且由于火工品的试验属于破坏型试验，每个样本只能进行一次测试试验。对于这类长期贮存、一次使用的成败型产品，一般先选择合适的模型描述产品贮存可靠性与贮存时间的关系，然后分别选择不同贮存时间的产品进行成败型试验，利用各个贮存时间产品的试验的响应率来估计模型参数，最后利用该模型进行贮存可靠性评估或贮存寿命预测。火工品的可靠性通常较高，在一定贮存时间后其可靠性依然很高，因此当试验样本量较小时，各个贮存时间产品的试验响应率很高，甚至大多数都为1。欲使试验响应率不为1，则需要很大的样本量。显然利用该试验数据难以准确地估计模型参数，以致可靠性评估或预测出现很大偏差。为此从火工品感度随贮存时间变化的角度出发，给出该类火工品的贮存可靠性评估方法。

升降法试验操作相对简单，是较为常用的火工品感度试验方法之一，故利用它来估计感度分布参数[6]。通常假设火工品的感度分布为位置—刻度分布族 $F(x;\mu,\sigma)$（如正态分布、对数正态分布和 logistic 分布等）。利用有效的升降法试验数据，可得感度分布参数唯一的极大似然估计 $(\hat{\mu},\hat{\sigma})$。升降法试验方案包括三个因素：试验样本量 n、初始刺激量 x_0 和步长 d。试验方案对参数估计的精度影响较大，一般当样本量 n 给定时，试验方案 $x_0=\mu$、$d=\sigma$ 较为理想。因此在确定试验方案时应该尽可能获得参数 (μ,σ) 比较精确的预估。由于 $\hat{\sigma}$ 不是 σ 的无偏估计，需要对其进行修正，修正方法如下。

1）根据试验方案 (x_0,n,d)，随机抽取产品进行升降法试验，由试验数据得分布参数的极大似然估计 $\hat{\mu}$ 和 $\hat{\sigma}$；

2）对于总体 $N(\hat{\mu},\hat{\sigma}^2)$，按试验方案 $(\hat{\mu},n,\hat{\sigma})$ 进行模拟试验，同样可得分布参数的极大似然估计 $\hat{\mu}^*$ 和 $\hat{\sigma}^*$；

3）重复 2）k 次，得到 $\hat{\sigma}$ 的 k 个估计值 $\hat{\sigma}_1^*,\hat{\sigma}_2^*,\cdots,\hat{\sigma}_k^*$，由此给出 σ 的修正估计 $\hat{\sigma}^*=\hat{\sigma}^2\left(\frac{1}{k}\sum_{i=1}^{k}\hat{\sigma}_i^*\right)^{-1}$。

由于导弹的贮存环境较为稳定，弹上火工品在贮存过程中性能参数的退化速度较慢。故可以利用产品已有的贮存试验数据来确定升降法试验方案。假设有 k 批次贮存时间不同的产品，按贮存时间进行升序排列为 $t_1,t_2,\cdots,t_k$。以感度参数服从正态分布为例，升降法试验方案的确定步骤为：

1）对于贮存时间为 t_1 的产品，利用产品的历史信息来确定初始刺激量 x_0 和试验步长 d，比如可以做一组小样本量的升降法试验数据来确定位置参数 μ，进而利用变差系数来确定刻度参数 σ，再利用 (μ,σ) 来确定 (x_0,d)。利用试验数据可得感度分布参数的极大似然估计，并对参数 σ 进行了修正，记参数的估计为 $(\hat{\mu}_1,\hat{\sigma}_1)$。

2）对于贮存时间 t_i（$1<i\leqslant k$），取初始刺激量 $x_0=\hat{\mu}_{i-1}$，试

验步长 $d = \hat{\sigma}_{i-1}$。同样可得感度分布参数的估计，并对参数 σ 进行修正，记参数估计为 $(\hat{\mu}_i, \hat{\sigma}_i)$。

由此类推，直到 k 批产品试验结束，可得感度分布参数估计 $(\hat{\mu}_i, \hat{\sigma}_i)$ $(i = 1, 2, \cdots, k)$。

为了便于对试验数据进行统计分析，使分析结果更符合工程实际应用情况，需要满足如下基本假设：

1）用于试验的不同贮存时间的火工品来自同一批次，或者母体没有显著差异的不同批次产品；

2）在贮存过程中样本随着贮存时间的增加，感度参数不断退化，退化过程可以累积，但不可逆。即表现为样本的临界刺激量随贮存时间单调递增，当样本的临界刺激量大于可靠性指标要求的刺激量时，该产品就失效了；

3）相同类型的火工品感度服从相同类型的分别，但分布参数随贮存时间会发生变化；

4）进行贮存试验的火工品贮存环境相同，或者对火工品贮存可靠性有影响的环境因素没有显著不同。

由上述基本假设可知贮存感度分布参数满足如下约束

$$\begin{cases} \mu_1 \leqslant \mu_2 \leqslant \cdots \leqslant \mu_k \\ \sigma_1 \leqslant \sigma_2 \leqslant \cdots \leqslant \sigma_k \end{cases} \tag{12-25}$$

故感度分布参数的估计也应该满足如下约束

$$\begin{cases} \hat{\mu}_1 \leqslant \hat{\mu}_2 \leqslant \cdots \leqslant \hat{\mu}_k \\ \hat{\sigma}_1 \leqslant \hat{\sigma}_2 \leqslant \cdots \leqslant \hat{\sigma}_k \end{cases} \tag{12-26}$$

由于火工品临界刺激量的随机性，当升降法试验样本量较小时，贮存可靠性数据往往不满足上式的约束。由不满足上述约束的估计值对贮存可靠性进行分析时，可能会出现较大的偏差。为此利用序约束方法来对参数估计进行处理使其满足约束条件。以参数 $\hat{\mu}$ 为例，序约束估计的求解过程如下：

1）从 $\hat{\mu}_1$ 开始依次对 $\hat{\mu}_i\ (i=1,2,\cdots,k)$ 进行两两比较，如果 $\hat{\mu}_i > \hat{\mu}_{i+1} > \cdots > \hat{\mu}_{i+j}\ (1 \leqslant j \leqslant k-i)$，则 $\hat{\mu}_{i+s} = \dfrac{1}{j}\sum_{t=0}^{j}\hat{\mu}_{i+t}\ (s=0,1,\cdots,j)$。比如 $\hat{\mu}_i > \hat{\mu}_{i+1}$，则 $\hat{\mu}_{i+s} = \dfrac{(\hat{\mu}_i + \hat{\mu}_{i+1})}{2}\ (s=0,1)$，以此类推。

2）如果 $\hat{\mu}_i\ (i=1,2,\cdots,k)$ 不满足序约束，则重复 1)。

由此可得参数 μ_i 的序约束估计 $\tilde{\mu}_i$，同理可得参数 σ_i 的序约束估计 $\tilde{\sigma}_i$。

假设火工品可靠性指标中规定的刺激量为 x_0，以正态分布为例，该火工品在贮存过程中 t 时刻的临界刺激量 $x(t) \sim N(\mu(t),\sigma^2(t))$。为了便于工程应用，利用线性模型来描述感度分布参数随贮存时间的变化

$$\begin{cases}\mu(t) = a + bf(t) \\ \sigma(t) = c + dg(t)\end{cases} \tag{12-27}$$

式中　a,b,c,d ——模型待估参数；

$f(t)$，$g(t)$ ——关于 t 的已知函数，一般可由产品的历史信息或者相似产品信息确定。

由此可得其贮存可靠性模型

$$R(t) = \Phi\left(\frac{x_0 - a - bf(t)}{c + dg(t)}\right) \tag{12-28}$$

当感度分布参数服从对数正态分布时，可以通过对数变换把其转换为正态分布。但由于对数刻度参数变化很小，为了减少计算量，便于工程应用，可认为其不随贮存时间变化，则有

$$\sigma(t) = \frac{1}{k}\sum_{i=1}^{k}\sigma_i \tag{12-29}$$

一般火工品还服从 Logistic 等位置—刻度分布族，其原理与正态分布一致，只需对式（12-28）中的分布函数进行替换。

由于式（12-27）中模型参数未知，结合位置参数的序约束估计 $\tilde{\mu}_i(i=1,2,\cdots k)$，利用最小二乘估计分别可得模型系数 (a,b) 的

估计

$$\begin{cases} \hat{b} = \dfrac{\sum\limits_{i=1}^{k}(f(t_i) - \bar{f})(\tilde{\mu}_i - \bar{\mu})}{\sum\limits_{i=1}^{k}(f(t_i) - \bar{f})^2} \\ \hat{a} = \bar{\mu} - \hat{b}\bar{f} \end{cases} \tag{12-30}$$

其中

$$\bar{\mu} = \frac{1}{k}\sum_{i=1}^{k}\tilde{\mu}_i \text{ , } \bar{f} = \frac{1}{k}\sum_{i=1}^{k}f(t_i)$$

$\hat{a}$ 和 $\hat{b}$ 分别近似服从正态分布，$\hat{a} \sim N(a, \delta_0^2\lambda_0^2)$ 和 $b \sim N(b, \delta_0^2\lambda_1^2)$，其中

$$\lambda_0^2 = \frac{1}{k} + \frac{\bar{f}^2}{\sum\limits_{i=1}^{k}(f(t_i) - \bar{f})^2}$$

$$\lambda_1^2 = \frac{\bar{f}^2}{\sum\limits_{i=1}^{k}(f(t_i) - \bar{f})^2}$$

$$\delta_0^2 = \frac{1}{k-2}\sum_{i=1}^{k}(\tilde{\mu}_i - \hat{a} - \hat{b}f(t_i))^2$$

同理可得模型系数 (c,d) 的估计

$$\begin{cases} \hat{d} = \dfrac{\sum\limits_{i=1}^{k}(g(t_i) - \bar{g})(\tilde{\sigma}_i - \bar{\sigma})}{\sum\limits_{i=1}^{k}(g(t_i) - \bar{g})^2} \\ \hat{c} = \bar{\sigma} - \hat{d}\bar{g} \end{cases} \tag{12-31}$$

其中

$$\bar{\sigma} = \frac{1}{k}\sum_{i=1}^{k}\tilde{\sigma}_i \text{ , } \bar{g} = \frac{1}{k}\sum_{i=1}^{k}g(t_i)$$

同理 $\hat{c}$ 和 $\hat{d}$ 分别近似服从正态分布。

已知模型系数的估计 $(\hat{a},\hat{b},\hat{c},\hat{d})$ 代入式（12 - 28）可得火工品贮存可靠度估计

$$\hat{R}(t)=\Phi\left(\frac{x_0-\hat{a}-\hat{b}f(t)}{\hat{c}+\hat{d}g(t)}\right) \tag{12-32}$$

由于 $(\hat{a},\hat{b},\hat{c},\hat{d})$ 的分布已知，由式（12-32）可得 $\hat{R}(t)$ 的分布，记其密度函数为 $f(x \mid t)$，贮存可靠度下限 $R_{\mathrm{L}}(t)$ 满足

$$\int_{R_{\mathrm{L}}(t)}^{\infty} f(x \mid t)\mathrm{d}x=\gamma \tag{12-33}$$

式中 γ——置信水平。

给定贮存可靠度 R，火工品的贮存寿命 t_R 满足

$$\hat{d}g(t)u_R+\hat{b}f(t)=x_0-\hat{a}-\hat{c}u_R \tag{12-34}$$

式中 u_R——标准正态分布的 R 分位点。

由于 $f(t)$ 和 $g(t)$ 为已知函数，类似地可得满足贮存可靠性指标要求的贮存寿命下限 t_R。

例子：某撞击火帽贮存可靠性指标为 $\gamma=0.9$，$R\geqslant 0.999$，落锤质量（388±1）g，落高 100 mm。现要评估产品贮存 15 年的可靠性，并预测满足可靠性指标的贮存寿命。该火工品服从正态分布，取出厂时的产品进行感度试验可得分布参数的估计 $\hat{\mu}=4.87$ 和 $\hat{\sigma}=0.56$。为了方便模拟计算，假设 $f(t)=t$ 和 $g(t)=t$，取贮存时间为（2，4，6，8，10）年，样本量为 30，模拟升降法试验，并估计感度分布参数如表 12-2 所示

表 12-2 贮存火工品感度分布参数估计

贮存时间	0	2	4	6	8	10
$\tilde{\mu}$	4.87	5.14	5.33	5.32	5.91	6.10
$\tilde{\sigma}$	0.56	0.58	0.64	0.70	0.74	0.81

对表 12-2 的数据进行处理使其满足序约束条件，然后对其进行统计分析，利用式（12-32）可得贮存时间为 t 时的贮存可靠度估计 $\hat{R}(t)=\Phi\left(\frac{10-(4.48+0.12t)}{0.54+0.026t}\right)$。该产品在贮存时间为 15 年时

的贮存可靠度近似下限为 $R_L = 0.9998$，故该火工品贮存 15 年后还满足可靠性指标要求。同时利用式（12-34）可得该产品满足可靠性指标要求时的贮存寿命近似下限为 $t_L = 16.9$ 年。

12.2.2 利用加速贮存试验数据的评估方法

按照火工品加速贮存寿命试验方案，开展加速寿命试验和感度试验。通过对火工品感度试验数据进行统计分析，按刺激量的升序排列，可表示成如下形式

$$\begin{Bmatrix} x_1, x_2, \cdots, x_p \\ n_1, n_2, \cdots, n_p \\ m_1, m_2, \cdots, m_p \end{Bmatrix} \tag{12-35}$$

式中 p ——刺激量个数；

$x_i\ (i = 1,2,\cdots,p)$ ——试验刺激量；

m_i ——在 x_i 试验的不响应数；

n_i ——在 x_i 试验的响应数。

火工品的临界刺激量分布函数又称感度分布函数。工程中常用的火工品感度分布为正态分布、对数正态分布、Logistic 分布和对数 Logistic 分布，其中对数正态分布和对数 Logistic 分布可通过对数变换，分别转换为正态分布和 Logistic 分布。对于正态分布和 Logistic 分布，记火工品感度为 X，可用位置—刻度模型来统一表示

$$X = \mu + \sigma\varepsilon \tag{12-36}$$

式中 μ ——位置参数；

σ ——刻度参数；

ε ——分布函数是 $G(\cdot)$ 的随机变量，$G(\cdot)$ 与位置参数及刻度参数无关。

给定工作刺激量 x，由式（12-36）可得火工品的可靠度函数

$$R(x) = G\left(\frac{x-\mu}{\sigma}\right) \tag{12-37}$$

如果 X 服从正态分布，则 $G(\cdot)$ 为标准正态分布函数，$G(t)=$

$\Phi(t)$；如果 X 服从 Logistic 分布，则 $G(\cdot)$ 为标准 Logistic 分布函数，$G(t)=\dfrac{\exp(t)}{1+\exp(t)}$。

已知感度分布函数 $G\left(\dfrac{x-\mu}{\sigma}\right)$，结合式（12－35）的感度试验数据可得似然函数

$$L=\prod_{i=1}^{k}C_i\left(G\left(\frac{x_i-\mu}{\sigma}\right)\right)^{n_i}\left(1-G\left(\frac{x_i-\mu}{\sigma}\right)\right)^{m_i} \qquad (12-38)$$

利用广义线性模型来求解感度分布参数的极大似然估计。令 $\beta_1=-\dfrac{\mu}{\sigma},\beta_2=\dfrac{1}{\sigma}$，则感度分布函数可变换为 $G(\beta_1+\beta_2x)$，代入式（12－38）可得对数似然函数

$$l=\sum_{i=1}^{k}(n_i\ln(G(\beta_1+\beta_2x_i))+m_i\ln(1-G(\beta_1+\beta_2x_i))) \qquad (12-39)$$

由广义线性模型的性质可知，式（12－39）对数似然函数可看成连接函数为 $G(\beta_1+\beta_2x)$ 的二项分布变量的广义线性表达式。令 $\boldsymbol{\beta}=(\beta_1,\beta_2)'$，利用二项分布的广义线性模型估计方法，可得参数 $\boldsymbol{\beta}$ 的极大似然估计。

当火工品感度服从正态分布，可取连接函数为 $G(\beta_1+\beta_2x)=\Phi(\beta_1+\beta_2x)$，可得参数极大似然估计 $\hat{\boldsymbol{\beta}}$；当感度服从 Logistic 分布时，取连接函数为 $G(\beta_1+\beta_2x)=\dfrac{\exp(\beta_1+\beta_2x)}{1+\exp(\beta_1+\beta_2x)}$，可得参数极大似然估计 $\hat{\boldsymbol{\beta}}$。已知参数估计 $\hat{\boldsymbol{\beta}}$，可得感度分布参数估计 $\left(\hat{\sigma}=\dfrac{1}{\hat{\beta}_2},\hat{\mu}=-\dfrac{\hat{\beta}_1}{\hat{\beta}_2}\right)$。

给定工作刺激量 x，把感度分布参数估计 $(\hat{\mu},\hat{\sigma})$ 代入式（12－37）可得火工品的可靠度估计

$$\hat{R}(x)=G\left(\frac{x-\hat{\mu}}{\hat{\sigma}}\right) \qquad (12-40)$$

根据极大似然估计 $\hat{\boldsymbol{\beta}}$ 具有渐近正态性，给定置信水平 $1-\alpha$，可得火工品在工作刺激量 x 的可靠性置信下限

$$R_{\mathrm{L}}(x)=\left(1+\frac{1-R(x)}{R(x)}\exp(z_{1-\alpha}\sigma_h)\right)^{-1} \tag{12-41}$$

其中

$$h(\boldsymbol{\beta})=\ln\left(\frac{R(x)}{1-R(x)}\right)$$

$$J_h(\boldsymbol{\beta})=\left(\frac{\partial h(\beta)}{\partial \beta_1},\frac{\partial h(\beta)}{\partial \beta_2}\right)'$$

$$\sigma_h=\sqrt{J'_h(\hat{\boldsymbol{\beta}})\boldsymbol{I}^{-1}J_{\mathrm{h}}(\hat{\boldsymbol{\beta}})}$$

式中　$z_{1-\alpha}$ ——标准正态分布的 $1-\alpha$ 分位点。

例子　某火工品的贮存温度为 5～35 ℃，可靠性要求不低于 0.999 9（置信水平为 0.95），工作刺激量为 4.5 *cm*，贮存寿命不低于 15 *a*。待加速贮存试验后，利用升降法感度试验。通过数值模拟，获得某火工品加速后的升降法感度试验数据如表 12 - 3 所示。

表 12 - 3　火工品感度试验模拟数据

刺激量/*cm*	2	2.5	3	3.5	4
响应数	0	1	13	10	1
不响应数	1	13	10	1	0

根据工程经验可知，该火工品感度服从正态分布，利用表 12—3 中的升降法试验模拟数据对火工品进行可靠性分析。取连接函数为 $\Phi(\beta_1+\beta_2 x)$，利用二项分布广义线性模型可得参数 $\boldsymbol{\beta}$ 的极大似然估计（$\hat{\beta}_1=-8.44$，$\hat{\beta}_2=2.84$），进而可得分布参数的估计（$\hat{\mu}=2.97$，$\hat{\sigma}=0.35$）。给定置信水平 0.95 和工作刺激量水平 $x=4.5\mathrm{cm}$，结合参数估计的渐近正态性质，由式（12 - 41）可得该火工品的可靠性下限 $R_{1\mathrm{L}}=0.999\ 94$。由评估结果可知，火工品在经过加速贮存试验后其可靠性依然满足要求，因此其贮存寿命不小于 15 *a*。

参 考 文 献

[1] 张昊，庞爱民，彭松．固体推进剂贮存寿命非破坏性评估方法—老化特征参数监测法［J］．固体火箭技术，2005，28（4）：271-275.

[2] 张仕念，易当详，宋亚男，等．固体推进剂多失效模式相关的贮存可靠性评估［J］．固体火箭技术，2007，30（6）：525-528.

[3] JamesFillerup，Robert Pritchard. Service Life Prediction Technology Program［R］. ADA397950，2002.

[4] 杨根，赵永俊，张炜，等．HTPB推进剂贮存期预估模型研究［J］．固体火箭技术，2006，29（4）：283-285.

[5] Uusipaikka E. Confidence Intervals in Generalized Regression Models［M］. London：Chapman&Hall/CRC，2009.

[6] 蔡瑞娇，翟志强，董海平，等．火工品可靠性评估试验信息熵等值方法［J］．含能材料，2007，15（1）：79-82.

第 13 章　延寿整修方案规划

通常导弹武器系统贮存寿命到期后，不会立刻退役，依然要在一定时间内继续担负战备值班任务。同时，导弹到达规定贮存寿命后并不意味着所有产品丧失功能和性能，除了部分产品性能可能达不到规定要求外，大部分产品的性能依然能满足要求。如果能对部分性能超出规定要求的产品进行延寿整修，则可以延长导弹寿命，使其继续服役，大大提高了效费比。而且通过延寿整修和性能改制，可以切实提高到期或即将到期导弹的作战使用性能。因此开展延寿整修工作具有重要的军事和经济意义。本章结合地地战术导弹的延寿整修工程经验，规划了导弹延寿整修方案。

13.1　延寿整修改制工作原则

导弹武器系统延寿整修改制包括延寿整修和提高性能改制。随着导弹的贮存寿命逐渐到期，需要开展整修改制工作。整修后的导弹武器经试验验证能满足使用要求，则可继续担负战备值班任务。为适应转为常态化的多种任务需求，在役导弹武器装备不仅要做好延寿整修工作以保持现有战斗力，还要充分挖掘潜力，不断提高和拓展其战斗力水平。随着技术的快速发展，有一些新技术已成熟应用于新研导弹武器装备，并经过了飞行试验验证。结合延寿整修工作，采取这些新技术对在役导弹武器装备进行适当改制，可明显提高导弹武器装备作战使用性能，以保持在役导弹继续服役的技术先进性。综上所述，开展在役导弹武器装备的延寿整修和性能改制工作，能切实提高武器装备的持续战备值班能力和作战使用性能，是符合科学发展规律的，并具有重要的经济意义和军事意义。

导弹延寿整修改制工作原则主要包括：

1）充分借鉴其他导弹武器装备的延寿整修改制措施，并结合导弹武器装备贮存延寿研究成果及自身实际情况，制定合适的延寿整修改制措施；

2）采用成熟的技术和产品，在不改变原来导弹总体技术状态的前提下，通过局部改制，以提高其作战使用性能；

3）本着采购方和研制方双赢的目的，单发导弹整修改制的费用控制在导弹采购费用的30%～50%；

4）充分利用基层级、基地级的维修保障力量，尽可能在现场完成整修改制工作，降低产品返厂率，降低对导弹战备值班工作的影响。

13.2 延寿整修改制工作模式

在导弹贮存延寿工程研究的基础上，对地地战术导弹武器系统延寿整修改制工作进行总结，探索给出适合战术导弹武器系统的延寿整修改制工作模式。

（1）整修改制和贮存延寿研究相结合

一般战术导弹武器装备数量大、整修周期紧、战备值班任务重，需研制单位和使用部队共同探索出一种集整修改制和贮存延寿研究于一体的工作模式。以贮存延寿理论与方法研究为基础，以延寿为目的，以整修为核心，以改制为支撑，在有效延长导弹寿命和提高作战使用性能的前提下，最大限度地缩短了延寿整修改制工作时间，节约费用并减少了对导弹战备值班任务的影响。

（2）延寿整修与提高性能改制相结合

作为导弹武器装备，要延长其服役期限，不仅要有可靠的寿命，还要在技术上保持一定的先进性，能够适应战场环境的变化。因此，单纯进行延寿整修，只能在一定程度上保持部队的现有战斗力。随着技术的进步，各军兵种对导弹武器装备作战性能的要求不断提高。

通常战术导弹武器装备数量大、战备任务重，要长期保持装备的在编完好率，不可能频繁安排整修改制工作。因此，在开展导弹整修工作的时候，除了要做好延寿整修工作外，应尽可能充分利用成熟技术和产品，积极开展提高性能改制，实际上是保持并提高了部队的战斗力。

（3）研制单位与使用部队相结合

研制单位充分利用自身的技术优势，在整修改制工作中发挥了技术抓总的主导作用，设计单位在整修方案制定、产品验收、质量管理等方面承担主要工作，生产单位不仅承担整修备品备件提供和弹上单机产品、结构件等整修改制工作，同时还派出工艺人员现场进行指导，检验人员负责整修全程的质量检验工作。

使用部队充分发挥整修资源靠前部署的优势，利用部队的厂房、设备及整修操作队伍，在研制单位提供备件和派出专业技术人员现场指导的情况下，承担装备调运、弹体分解、发动机整修、总装测试等工作，避免发动机等大件产品的返厂工作，缩短整修周期、节约整修经费，同时也可锻炼部队的操作队伍。

13.3　延寿整修

13.3.1　固体发动机

在分解前对发动机进行检测，包括外观检查和气密检测。外观检查主要对发动机进行表观质量检查，包括铅封的完整性、漆层状态、非喷漆面镀层及防锈膜情况等。气密检测主要是实测发动机内腔压强，同时在适量放气后补充氦气，用氦气质谱检漏仪对各配合面、喷管软堵片部位、螺栓根部等进行检漏。

在整机外观、气密检查的基础上，进行发动机分解，将安全机构、发火机构、喷管与燃烧室分解开来，进行检测。对安全机构进行电性能检测和功能检查，对电发火管进行电性能检测，对填充块进行外观质量检查。

对燃烧室进行检测，主要包括：

1）对药柱内表面进行内窥镜检查，重点检查药柱前翼、前环、后翼等关键部位，不允许有裂纹存在；

2）对前、后开口的粘接部位进行检查；

3）对燃烧室进行超声波探伤；

4）对燃烧室进行直线加速器探伤；

5）对药柱的几何尺寸进行测量，包括药柱柱段内径、前后翼以及前环的相关尺寸等。

对喷管进行检测，主要包括：

1）对喷管进行几何尺寸测量，包括喉径、出口内径、出口外径以及配合尺寸等；

2）对扩张段绝热层进行干耦合探伤；

3）对喷管壳体粘接面进行超声波探伤；

4）对喷管整机进行 CT 检测；

5）对喷管整机进行气密性检测。

在对发动机部组件进行检测的基础上，开展部组件整修和更换：

1）发动机外表面局部漆层脱落，须进行补漆；

2）燃烧室药柱的微小缺陷、前后开口粘接界面的微小脱粘可根据情况进行修补；

3）喷管堵片若出现微小脱粘，根据情况进行修补；

4）更换安全机构、点火机构、填充块、紧固件、密封圈、润滑密封涂料；

5）喷管粘接界面或扩张段等若发现严重缺陷，须视情况进行维修或更换；

6）燃烧室若存在严重缺陷，经分析不能继续使用的，须视情况进行维修或更换。

在部组件的分解检测以及整修工作完成后，重新进行齐套总装，再装按照发动机装配检测技术条件以及相关的工艺文件执行。

13.3.2　弹体结构

整修前对弹体先进行外观检查，记录掉漆、铆钉脱落等出现表观质量问题的部位。将弹体分解为部段，进而分解各部段内仪器，并将弹上仪器电缆返厂整修。为确保后续检修改装工作安全，需分解弹上火工品。

在弹体分解之后，进行的部段检修及改装工作主要包括：

1）对分解的部段壳体内、外表面进行外观检查，掉漆部位补漆，铆钉脱落部位更换铆钉，舱口导电橡胶垫脱粘或损坏的视情况修补或更换；

2）对各部段仪器支架进行检修；

3）分解惯性测量组合安装支架，检查支架及减振器，减振器更换为新产品，支架进行检查，有缺陷的视情况修理或更换；

4）按要求重新安装惯性测量组合支架，紧固件更换新品，并调整减振器压缩量。

除了对部段检修和改装外，还需要对翼舵、随弹附件、总装直属件等结构件进行检查，有缺陷的视情况修理或更换。

13.3.3　控制系统

13.3.3.1　伺服机构

伺服机构返厂后保持状态不变进行性能检测产品外观检查，检测产品的整体性能，如有性能超差或故障，应查明原因并视情况进行返修或更换，如有不能处理的霉、锈严重零件也应予以更换。伺服机构整机测试合格后，对整机进行分解，并对元件进行测试，若元件测试性能超差，则更换新品。同时更换传感器和部分金属及非金属材料。在测试和整修基础上，对伺服机构进行整机重新装配，并更换各连接面的密封件，对产品表面进行防霉、防锈处理，进行性能检测。

13.3.3.2　惯性测量组合

返厂进行稳定性测试，测试不合格的更换陀螺或加表。对密封圈、弹簧垫圈等进行检查、更换。

13.3.3.3　计算机等控制单机

控制单机返厂后保持状态不变进行产品外观和性能检查，检测产品的整体性能，如有性能超差或故障，应查明原因并视情况进行返修或更换，如有不能处理的霉、锈严重零件也应予以更换。将控制单机中不满足贮存寿命要求或者技术陈旧的元器件进行更换或升级改造。更换减振器、密封圈和橡胶垫等结构非金属件。产品整修后按照验收技术条件进行验收后交付使用。

13.3.4　弹头系统

整修前对弹头壳体外观检查，对掉漆、防热层局部损伤等部位进行修补。根据贮存延寿工程研究结果，采取的整修延寿措施主要包括：

1）根据非金属材料的研究结果，如果满足导弹延长后贮存期要求，可不做更换，否则需要更换新品，但对分解重装部分的密封圈、消耗品等更换新品；

2）开盖检查装药及传爆药柱的外观质量，不允许出现裂纹、晶格变粗、渗油、颜色改变或局部脱掉等异常现象，传爆药柱如出现上述问题，应进行更换，主装药如出现上述问题，应视情况进行修理；

3）电池达到规定的贮存期后更换新品；

4）保险机构达到规定的贮存期后更换新品；

5）对引控系统进行检测，如性能无显著变化可继续使用，同时可根据技术发展进行适应性改进，例如对抗干扰电路进行改进设计，提高抗干扰能力。

13.3.5　弹体总装

在完成发动机、部段壳体、配套件、仪器电缆的检修工作后，进行全弹总装，需注意事项主要包括：

1）检查弹上仪器设备的安装情况，更换、补充紧固件（使用过的弹簧垫圈、花垫圈、平垫圈一律更换新品，紧固螺栓损伤严重的要予以更换）；

2）根据非金属材料的研究结果，如果满足导弹延长后贮存期要求，可不做更换，否则需要更换新品，但对分解重装部分的密封圈、消耗品等须更换新品；

3）电池、火工品原则上到期更换新品，未到期可继续使用，但对于那些装弹贮存且不具备可反复装拆使用能力的火工品，分解下弹后必须更换新品。

13.4　延寿整修验证试验方案

13.4.1　固体发动机

（1）整机公路运输试验

按照发动机任务书要求的路况、里程、速度，进行发动机整机公路运输试验。

（2）高低温循环试验

在保温工房内进行发动机整机高低温循环试验。在经过运输试验、高低温循环试验后，发动机进行分解、检查，并落实试整修措施，更换部分产品。

（3）部、组件单项试验

分解下来的安全机构、点火机构进行振动、冲击力学环境试验后，进行安全机构电性能测试及地面点火单项试验。

新安全机构、点火机构按出厂验收技术要求完成相应试验。分解下来的密封圈等非金属件进行加速寿命试验。

（4）地面鉴定试车

在落实试整修措施，整机重新装配、检测后，进行地面试车，获得发动机的性能参数，一方面检验延寿整修措施的正确性、有效性，另一方面也为贮存期鉴定提供相应的数据。

13.4.2　弹体结构

对弹体进行分解、检查、落实试整修措施后，进行安装支架角振动试验和三舱振动及导航精度试验，获取惯性测量组合安装支架及减振器力学特性数据。

13.4.3　弹头系统

打开战斗部底盖，检查装药端面和传爆药柱的外观质量，不允许出现裂纹、晶格变粗、渗油、颜色改变或局部脱掉等异常现象；挖取少量主装药进行理化性能测试；开展地面静爆试验。引控系统主要是进行单机的鉴定试验，同时分解更换的非金属件进行加速寿命试验。

13.4.4　控制系统

对于伺服机构，落实试整修措施，进行性能、环境和寿命试验，试验后分解主要元件进行性能复测，复测结果与批产同工况产品进行对比，验证所采取技术措施的有效性、可靠性及环境适应性。对于惯性测量组合、计算机等控制单机，在采取整修措施后进行鉴定试验。所有拆下的结构非金属件进行检查、加速寿命试验。控制电池、伺服电池到达贮存期后，则更换新品。弹上电缆网在整修后进行鉴定试验。

13.4.5　系统级大型地面试验

利用飞行试验对整修改制的产品进行考核，以验证整修措施的合理性。在飞行试验前需要开展多项系统级大型地面试验。控制系统产品在采取整修措施后，均进行散态综合试验，检验控制系统软、硬件更改的正确性，接口协调性。控制系统、弹头引控系统在采取整修措施后进行电气系统散态匹配试验，检验电气系统接口协调性、匹配性。导弹在落实整修措施、完成总装测试后，进行弹车合练。

第 14 章　贮存延寿工程使能技术

为适应战术导弹武器系统的发展需求，贮存延寿工程逐渐成为了涵盖统计学、可靠性工程、系统工程、电气工程、固体力学、机械工程、飞行器设计等综合交叉学科。基础学科理论与方法的不断完善，在很大程度上促进了贮存延寿工程的发展。特别是信息、计算机与概率统计的发展，诞生了一系列适合贮存延寿工程的使能技术，例如预测和健康管理（PHM）技术、变动统计评估技术和可靠性综合验证技术等。将这些使能技术应用于战术导弹武器系统贮存延寿工程，通过工程实践，对这些使能技术进行补充完善，将极大地推动贮存延寿工程的发展。

14.1　使能技术概述

随着高新技术特别是信息技术在导弹武器系统的广泛应用，导弹武器系统的战术技术性能有了质的飞跃。将高新技术应用于导弹武器系统研制和贮存延寿工作，不仅可以提高导弹武器系统的作战效能，还可以促进贮存延寿工作的有效开展，以达到延长导弹武器系统贮存寿命、提高贮存可靠性、降低全寿命周期费用等目的。参照装备保障使能技术的定义[1]，把这些可应用于贮存延寿工作的高新技术定义为贮存延寿使能技术。

使能技术是指一项或一系列应用面广、具有多学科特征的关键技术。这些关键技术能够被广泛应用，不仅可以推动现有科学技术进步，而且可以在军事和经济上产生深远影响。使能技术具有应用领域的差异，在装备保障方面，又称为保障使能技术[1]。保障使能技术定义为可用于提高装备保障能力的各种技术。参照保障使能技术的定义，贮存延寿使能技术可定义为可用于延长导弹武器系统贮存寿命、提高贮存可靠性、降低全寿命周期费用，推动贮存延寿工作开展的各种技术。

随着大量高新技术的涌现，有很多技术都可以应用于导弹武器系统贮存延寿工程，并取得较好的效果。考虑到各项技术的成熟性、关键性和适用性，本章主要介绍 PHM 技术、变动统计评估技术和可靠性综合验证技术。

14.2 基于 PHM 的贮存延寿技术

14.2.1 PHM 技术

14.2.1.1 PHM 技术的兴起

随着高新科技的发展，各种大型复杂系统的性能不断提高、复杂性不断增加，系统的可靠性、故障诊断和预测以及维修保障等问题越来越受到人们的重视。系统的维修方式可分为修复性维修，预防性维修及预计性维修三个阶段。目前对于大多数系统的维修仍是以修复性维修和预防性维修为主。这两种维修方式不仅消耗人力、物力资源，效率较低，且频繁的维修保障活动也容易对系统造成损伤[2]。据美国在 X-34 和 X-37 运载器研制过程中的统计数据表明，为保证航天飞机执行机构的成功，每个任务期内要耗费 400 万美元以及 200 人左右的工作小组来进行预防性维修。航空航天、国防部门、各军种以及其他各工业部门越来越不能承受如此巨大的财力、物力和人力消耗。美国 20 世纪 90 年代中期进行的国防采办改革及后继的相关大型项目研究中均将“经济可承受性”列为重点考虑因素。因此，预计性维修因为具有后勤保障规模小、经济可承受性好、自动化、高效率以及可避免重大灾难性事故等显著优势而具有很好的前景。预计性维修要求系统自身具有对其故障进行预测并对其健康状态进行管理的能力，由此产生了 PHM 的概念，并通过 PHM 技术实现“经济可承受性”的目标。同时，随着大容量存储、高速传输和处理、信息融合、MEMS、网络等信息技术和高新技术的迅速发展，也为 PHM 的应用创造了有利的条件。目前，国外 PHM 技术已从方案设计阶段发展到工程试验验证阶段。现在，在航天领域进行过 PHM 工程验证的项目有 X－33、X－34、X－37、深空一号等，而航空领域也已在 F/A－18，F－22、联合攻击战斗机 JSF、无人作战飞机 UCAV 等军用飞机上进行过验证。此外，波音等飞机制造厂商也正在开展关键技术与应用研究[2]。国内对于 PHM 的研究刚刚起步，但其先进的维修保障理念已得到军方和科研人员的关注，各军兵种已开始将 PHM 技术融入到先进武器装备设计环节之中。国内许多高校及科研单位也已开展了 PHM 技术的研究工作，并取得了一些进展[3]。

PHM 概念的提出代表了一种方法的转变。从传统的基于传感器的诊断转向基于智能系统的预测，反应式的通信转向先导式的 3R（在准确的时间对准确的部位采取准确的管理活动），实现故障预测及状态管理。实现故障预测，即预计性诊断部件或系统完成其功能的状态，包括确定部件的剩余寿命或战场工作的时间长度；实现状态管理，即根据诊断/预测信息，可用资源和使用需求对管理活动做出适当的决策[4]。

14.2.1.2　PHM 技术的内涵

PHM 是指利用尽可能少的传感器采集系统的各种数据信息，借助各种智能推理算法（如物理模型、神经网络、数据融合、模糊逻辑、专家系统等）来评估系统自身的健康状态，并在系统故障发生前对其故障进行预测，结合各种可利用的资源信息提供一系列的维修保障措施以实现系统的预计性维修的一门技术[5]。

PHM 包括原始数据、故障诊断、故障预测和健康管理等部分构成。

1）原始数据包括来自传感器（或 BIT）的数据以及维修和历史失效数据；

2）故障诊断指确定部件或系统完成其功能的状态或能力；

3）故障预测指预计诊断部件或系统完成其状态，包括确定部件的残余使用寿命或正常工作的时间长度；

4）健康管理是指根据故障诊断/预测信息、可用资源和使用需求对维修活动做出适当决策的能力[1]。

原始数据的采集是 PHM 技术的基础，主要包含两方面含义：采集何种数据及如何采集数据。采集数据的类型取决于被采集设备，通过分析设备的失效机理，选取包含设备状态信息的数据进行采集，是准确诊断、预测设备故障的前提；原始数据的采集主要依靠传感器，随着传感器技术的发展，应用小型化、集成化、智能化的新型传感器，确保在满足设备的各种约束条件（如尺寸、质量、空间等）的前提下，准确、高速地采集、传输数据，为 PHM 技术的应用与发展起到了关键作用。

故障诊断与预测是 PHM 技术的核心。图 14－1 表达了故障模式从故障发展到失效的过程。当系统、分系统或部件可能出现小缺陷和（或）早期故障时或逐渐降低到不能以最佳性能完成特定功能的特征点时，假定有充分的相关检测方式可用，可以设计预测系统来检测这些小缺陷、早期故障或降级，并随着其严重性的增长，对其实施监控。最终，这些缺陷、早期故障或降级变得很严重，使系统、分系统或部件不能执行其性能，在这一点检测故障被视为诊断能力。预测与诊断之间的界限是模糊的，通常可认为诊断是监测系统或分系统中的失效模式，而预测是检测微小的初期故障，并相对准确地估计全面失效前的剩余使用寿命。预测所关注的是发现的初始故障和其发展到系统或部件失效之间的这段时间。

健康管理是 PHM 技术的目标。通过诊断/预测信息、可用的资源和运行要求，结合 FMECA、FTA 的设计分析手段，对维修保障活动进行智能的、信息的、适当的决策，为后勤保障人员提供相应的维修技术支持（维修时间、维修保障措施等），降低人员和物资需求，同时提高维修保障效率。

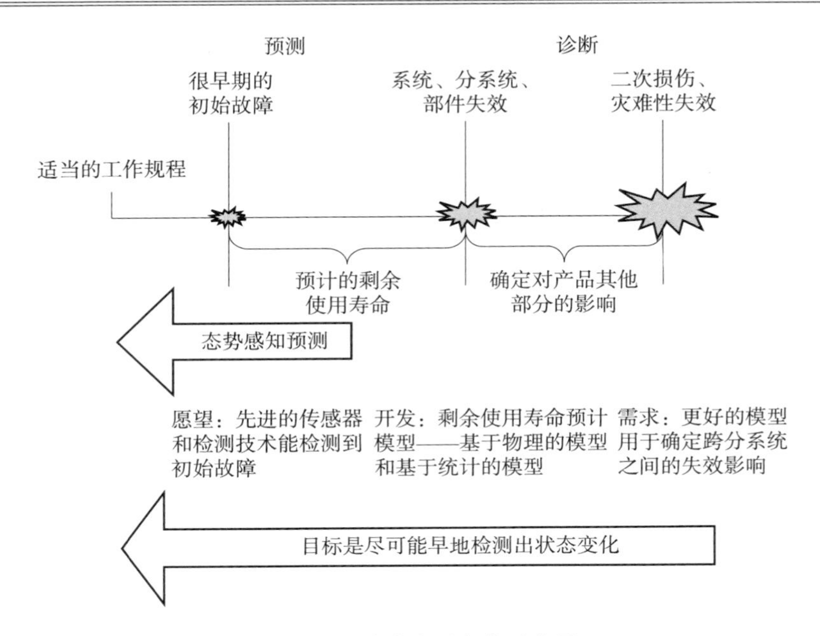

图 14-1　故障发展变化示意图

典型 PHM 系统流程如图 14-2 所示，其主要环节一般包括基于传感器的数据采集、数据预处理、数据传输、特征提取、数据融合、状态监测、故障诊断、故障预测、保障决策等环节。进行故障预测一般还需要用到历史监测数据、历史统计数据和（或）产品参数/模型等[6]。

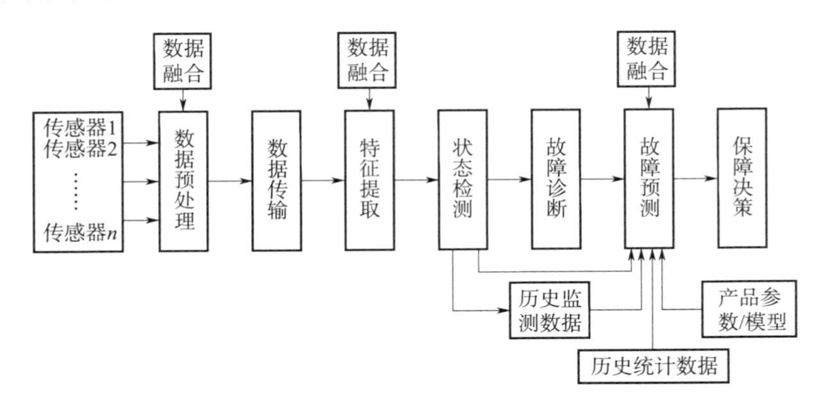

图 14-2　典型 PHM 流程

14.2.2 贮存寿命预测与健康管理平台

14.2.2.1 需求分析

PHM作为近年来的新兴技术，融合了数据监测、信号处理、故障预测、信息采集和决策支持等功能，在航天、航空领域已逐步得到推广应用。将PHM先进的理念和技术融入导弹贮存延寿工作当中，不仅可以提升贮存寿命评估、预测精度，同时可以降低使用维护成本，并有助于改进设计，对贮存延寿工作具有重要意义。

（1）延寿工作由整批次延伸到个体

虽然同一批次的导弹具有相同的设计方式，但由于贮存环境、制造工艺等条件的影响，导弹之间仍存在个体差异。应用PHM技术对导弹进行性能及环境载荷监测、寿命预测，并针对性地给出适当的维修决策，可以将导弹延寿工作由整批次发展到小批次甚至导弹个体，充分挖掘每个导弹的延寿潜力。

（2）将预防性维修转为预计性维修

导弹的维修体制仍以预防性维修为主，频繁的定期检测不仅会带来人员、经费上的消耗，同时也提升了设备故障的风险。应用PHM技术，通过对弹上各系统进行实时监测，预测其到寿年限，将预防性维修转变为预计性维修，可减少不必要的检测与维修活动，在节约费用的同时降低部队维修任务的压力。

（3）对导弹贮存期内寿命数据进行监测收集

应用PHM技术，采用先进的传感器技术对导弹在整个贮存期内的性能参数和环境载荷进行监测、收集，并用于研究影响导弹寿命的薄弱环节及失效机理，导弹贮存环境、故障与寿命之间的关联，为新研导弹设计提供支撑。

（4）提供合适的贮存延寿决策

通过导弹寿命评估及预测结果，结合已有导弹贮存延寿措施及专家的决策意见，针对导弹现状给出合适的贮存延寿决策，以供使用维护人员参考，可减少使用维护人员的工作量并提高工作效率。

(5) 提高贮存延寿工程的电子化、信息化能力

随着高新技术的发展，特别是电子、微电子产品的发展，电子化、信息化的管理模式是现代武器装备管理的发展趋势。建立采用基于 PHM 的导弹寿命预测与健康管理系统，对导弹贮存期内的各类信息进行收集、处理，为贮存延寿工作提供一个信息全面、数据处理能力强、可视化好、操作简单的专用平台，对贮存延寿工作具有重要意义。

14.2.2.2　平台组成

导弹贮存寿命预测与健康管理平台按功能将其进行模块化划分，其结构如图 14-3 所示。

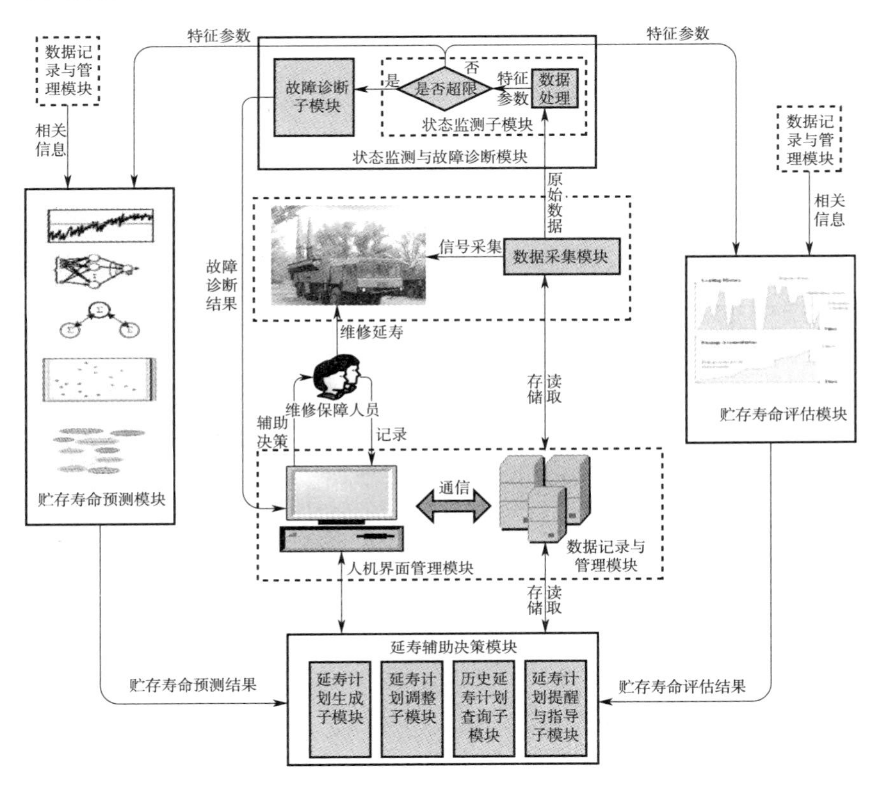

图 14-3　导弹贮存寿命预测与健康管理平台结构图

对各个模块的功能进行简要介绍。

(1) 数据采集模块

数据采集模块由BIT、传感器、数据采集卡、处理器、通信链等构成，主要用于实现实时或定时采集导弹各设备贮存期间性能参数、环境参数等数据的功能。该模块与数据记录与管理模块之间进行信息传递，存储所采集的相关数据。同时，数据采集模块可根据需要读取已存储的各类历史数据，并与新数据一并传送至后续模块。

(2) 状态监测与故障诊断模块

状态监测与故障诊断模块主要包括两部分：状态监测子模块与故障诊断子模块。状态监测子模块接收来自数据采集模块的原始数据，对其进行分析处理，如去噪、时频转换、降维处理等，从而提取出能够表征导弹各设备当前贮存状态的特征参数。然后将特征参数与阈值进行比较来判断其是否超限。若当前特征参数超出阈值，则认为设备出现故障。其中，阈值是根据设备的故障机理、失效模型、使用要求等进行选取。该参数可以预先进行设定，也可根据实际贮存环境条件等进行自适应更改。

若特征参数超限，则将其传递至故障诊断子模块。该模块内嵌有诊断算法、专家系统、数据融合算法等，通过分析计算得到明确的故障诊断结果并送至后续模块，给出维修延寿策略，辅助维修保障人员进行维修活动；若特征参数未超限，则将其分别传递至贮存寿命评估模块与贮存寿命预测模块。

(3) 贮存寿命评估模块

贮存寿命评估模块利用能表征导弹组成设备当前贮存状态的特征参数，结合相关信息，如加速贮存试验数据、相似产品信息、历史数据等，分析研究影响导弹寿命薄弱环节的失效物理模型、寿命分布模型等，利用寿命评估算法对导弹各单机、分系统直至全弹贮存寿命进行评估，给出相应的贮存寿命评估结果，并将结果传递至后续模块。

(4) 贮存寿命预测模块

贮存寿命预测模块利用能表征导弹设备贮存状态的特征参数，结合相关信息，如加速贮存试验数据、相似产品信息、历史数据等，采用寿命预测算法预测导弹未来的寿命及状态，给出相应的贮存寿命预测结果，并将结果传递至后续模块。

(5) 延寿辅助决策模块

延寿辅助决策模块根据批次导弹、每枚导弹、弹上设备不同级别不同层次的诊断、评估、预测结果给出贮存延寿决策建议。该模块主要包含四个子模块：延寿计划生成子模块、延寿计划提醒与指导子模块、延寿计划调整子模块与历史延寿计划查询子模块。延寿计划生成子模块是延寿辅助决策模块的核心，内部嵌有推理机、专家系统、综合模型、决策评价准则等，对输入结果进行分析和识别并形成初步延寿计划。然后利用决策评价准则对初步延寿计划进行优化，综合分析计划的作用和影响，并形成最终的延寿计划。延寿计划提醒与指导子模块则是在生成最终延寿计划后，通过人机接口对维修保障人员进行提醒，确保计划的实施。延寿计划调整子模块用于在因某些因素未按要求进行延寿计划时，对延寿计划进行调整。维修保障人员应详细录入调整原因并指明下次执行的具体时间。历史延寿计划查询子模块通过对历史延寿活动的查询，使维修保障人员了解贮存延寿工作的进度并辅助其对后续工作进行规划。

(6) 数据记录与管理模块

数据记录与管理模块作为整个平台的信息处理中心，内部储存了大量贮存延寿相关信息。同时与各个模块之间存在通信接口，可以准确、快速地在各模块之间进行存储与读取工作。

(7) 人机界面管理模块

人机界面管理模块是整个平台与维修保障人员进行人机交互的界面。维修保障人员可通过界面查看各类贮存延寿信息，也可将实际延寿计划执行情况录入并存储至数据记录与管理模块。

14.2.2.3 关键技术

(1) 故障诊断技术

故障诊断（FD）全名状态监测与故障诊断（CMFD）。它包含两方面内容：一是对设备的运行状态进行监测；二是在发现异常情况后对设备的故障进行分析、诊断。设备故障诊断是随设备管理和设备维修发展起来的。美国诊断技术在航空、航天、军事、核能等尖端部门仍处于世界领先地位。英国在20世纪60～70年代，以Collacott为首的英国机器保健和状态监测协会最先开始研究故障诊断技术。英国在摩擦磨损、汽车和飞机发电机监测和诊断方面具有领先地位。日本的新日铁自1971年开发诊断技术，1976年达到实用化。日本诊断技术在钢铁、化工和铁路等部门处于领先地位。我国在故障诊断技术方面起步较晚，1979年才初步接触设备诊断技术。目前我国诊断技术在化工、冶金、电力等行业应用较好。故障诊断技术经过30多年的研究与发展，已应用于飞机自动驾驶、人造卫星、航天飞机、核反应堆、汽轮发电机组、大型电网系统、石油化工过程和设备、飞机和船舶发动机、汽车、冶金设备、矿山设备和机床等领域[7-9]。

故障诊断的基本任务就是监视机械设备的运行状态，诊断和判断机械设备的故障并提供有效的排故措施，指导设备管理和维修。就故障诊断技术的原理而言：当系统发生故障时，系统的各种量（可测的或不可测的）或它们的一部分表现出与正常状态不同的特性，这种差异就包含丰富的故障信息，如何找到这种故障的特性描述，并利用它来进行故障的检测隔离即实现了故障诊断。目前，故障诊断技术的研究主要集中在故障机理与诊断理论的研究、故障信息的提取与分析方法研究，以及诊断仪器与专用智能诊断系统的研究，并朝着诊断对象与诊断技术多元化、诊断系统分布式和网络化方向快速发展。

故障诊断方法可以分成基于解析模型的方法、基于信号处理的方法和基于知识的方法。

1）基于解析模型的方法需要比较准确的数学模型；

2）基于信号处理的方法直接利用相关函数、频谱和自回归、滑动平均过程以及小波分析等信号模型；

3）基于知识的方法主要利用诊断对象信息、专家诊断知识等。

基于解析模型的方法与基于数据驱动的方法都是定量的方法，基于知识的方法是定性的方法。

①基于解析模型的方法

核心思想是用解析冗余取代硬件冗余，以系统的数学模型为基础，利用观测器（组）、等价空间方程、Kalman 滤波器、参数模型估计和辨识等方法产生残差，然后基于某种准则或阈值对该残差进行评价和决策。这类方法中常用的技术有三类。

1）状态估计方法。基于状态估计方法的主要思想是用真实系统的输出与观测器或滤波器的输出进行比较，形成残差。当系统正常工作时，残差为零；发生故障时，残差非零。从残差中提取故障特征并设计相应的判决分离算法实现故障诊断。基于状态估计的典型的方法有故障检测滤波器方法、卡尔曼滤波器方法等。

2）参数估计方法。参数估计方法根据对理论过程建立模型，通过模型参数及相应的物理参数的变化来检测和分离故障。该方法要求过程模型能够精确地描述过程的行为，找出模型参数和物理参数之间的对应关系，且被控过程需要充分激励。

3）等价空间法。等价空间法实质是把测量信息进行分类，得到最一致的冗余数据子集，并识别出最不一致的冗余数据，即可能产生故障的数据。等价方程方法是一种无阈值的方法，需要较多的冗余信号，因此当被测量过程个数较多时，这种方法的计算量会显著增大。Alexander Medvedev 在 1997 年提出了采用伪微分算子的等价空间法，进行故障检测和识别。

②基于数据驱动的方法

1）频谱分析故障诊断方法。频谱分析故障诊断方法主要利用故障的 FFT 谱分析与时域分析相结合，对输入输出信号进行自相关、常相干、偏向干、倒谱、三阶谱、相关谱、细化谱，该方法已经广泛应用于机械设备故障诊断实践中。

2）基于输出信号的故障诊断方法。基于输出信号的故障诊断方法主要利用数学表达式描述系统输出的幅值、相位及相关性与系统故障之间的联系，并利用这些数学表达式进行分析和处理，确定故障源，常用方法有谱分析法、概率密度法、相关分析法及互功率谱分析法。

3）基于时间序列特征提取的故障诊断方法。该方法通过选取与故障直接相关的状态变量，建立时间序列过程模型，并利用该模型参数作为特征矢量来判断故障类型，诊断可分为故障特征的自学习和时间序列模式识别两个过程。

4）基于信息融合的故障诊断方法。基于信息融合的故障诊断方法对多源信息进行过滤和智能化融合，适于解决复杂系统故障诊断中信号信噪比低、诊断可信度差的问题，该方法注重于信息表达方式的融合、决策层融合、融合算法与模型等技术的研究。

5）基于神经网络的智能故障诊断方法。基于神经网络的智能故障诊断方法主要是从模式识别角度应用神经网络作为分类器、从预测角度应用神经网络作为动态预测模型、从知识处理角度建立基于神经网络的诊断专家系统等，克服了“组合爆炸”“推理复杂性”及“无穷递归”等困难，实现了并行联想和自适应推理，提高专家系统的智能水平、实时处理能力和鲁棒性。

③基于知识的方法

1）模糊逻辑故障诊断法。模糊逻辑故障诊断法引入了诊断对象本身的模糊信息和模糊逻辑，克服了故障传播和诊断过程的不确定性、不精确性，因而在处理复杂系统的大时滞、时变及非线性方面具有一定的优越性，主要有基于模糊关系及合成算法的故障诊断、基于模糊知识处理技术的故障诊断、基于模糊聚类算法的故障诊断三种诊断思想。

2）专家系统。专家系统适用于没有或很难建立精确数学模型的系统，主要是利用系统浅知识或深知识建立符合专家思维逻辑的系统推理模型。有人提出了由深、浅知识相结合的混合结构专家系统，弥补了上述两种推理模型的不足。但是，目前存在的专家系统普遍存在着知识获取和表示困难、并行推理能力低下的缺点。

3）基于故障树分析的故障诊断方法。基于故障树分析的故障诊断方法包括定性分析和定量分析两种方法，定性分析使用最小割集和最小路集算法，寻找导致顶事件发生的所有可能的故障模式；定量分析主要是求顶事件发生的特征量和底事件的重要度。

4）基于案例推理的故障诊断方法。基于案例的故障诊断方法是通过联想记忆以前的案例解决方案来求解新问题的一种推理方法，该方法缩短了问题求解路径，提高了推理效率[10]。

导弹长期处于贮存状态，在整个寿命周期内，使其产生故障的主要因素大部分是外界的环境应力的作用。因此对于导弹武器系统故障的诊断，需通过导弹寿命薄弱环节及失效机理分析，选取能够表征导弹故障产生原因的特征应力和特征参数与能够表征薄弱环节当前是否发生故障的状态量。通常在贮存延寿工程中，贮存期间的特征应力和特征参数比较容易监测，但表征薄弱环节状态的状态量是难于或无法直接监测的，如弹体结构强度、非金属材料性能等。因此，需结合贮存寿命试验、相似产品等数据，采用基于解析模型或基于数据驱动的方法，研究准确表示特征应力和特征参数与状态量之间的表达式或模型，通过监测特征应力和特征参数的值计算出状态量。上述过程可用表示为

$$\varphi_t = f(X_{1t}, X_{2t}, \cdots, X_{kt}) \tag{14-1}$$

其中　$\boldsymbol{X}_{it} = (x_{i1}, x_{i2}, \cdots, x_{it})(i = 1, 2, \cdots, k)$

式中　φ_t ——能够表征导弹薄弱环节状态的状态量在贮存期 t 时刻的值（或矩阵）；

$\boldsymbol{X}_{it}$ ——表征导弹故障产生原因的特征应力和特征参数从贮存开始到 t 时刻的值；

$f(\cdot)$ ——特征应力和特征参数与状态量之间的函数关系。

判断导弹薄弱环节是否发生故障，则是通过失效机理分析得到一个故障判据阈值 φ 。随着贮存时间 t 的增加，导弹薄弱环节状态量 φ_t 随着其性能的衰退而变化。当到达某一时刻 t_1 ，状态量 φ_{t_1} 超出阈值 φ，就可以得出薄弱环节已发生故障的结论。

导弹在贮存期间，对其故障发生有影响的因素一般是缓变信号(如温度、湿度等)，而导弹的贮存期时间通常很长（10 年或更久）。若直接采用式（14－1）进行计算，特征应力或特征参数矩阵则会变的很庞大。这会导致信息过多而造成存储空间需求量大、数据处理时间加长、硬件设备变得昂贵，有时甚至难以实现。为解决这一问题，根据导弹贮存期内主要受缓变信号影响的特点，可使用缓变信号的变化率与变化时间作为特征参数。可用式（14－2）表示

$$\begin{aligned} \varphi_t &= g(X_{1t}^*, X_{2t}^*, \cdots, X_{kt}^*) \\ \boldsymbol{X}_{it}^* &= (x_{i0}, (\xi_{it_1}, t_1), (\xi_{it_2}, t_2), \cdots, (\xi_{it_s}, t_s)) \end{aligned} \tag{14-2}$$

式中 φ_t ——能够表征导弹薄弱环节状态的状态量在贮存期 t 时刻的值（或矩阵）；

X_{it}^* ——表征导弹故障产生的特征参数；

x_{i0} ——特征参数在贮存开始时的初始值；

(ξ_{it_1}, t_1) ——从贮存开始的变化率 ξ_{it_1} 和持续时间 t_1 ；

(ξ_{it_2}, t_2) ——从时刻 t_1 开始的变化率 ξ_{it_2} 和持续时间 t_2 。

通过上述方法，可大大减少数据的存储量，减少数据处理时间，提高计算效率。

（2）贮存寿命预测

在贮存延寿工程中，对导弹贮存寿命的预测是关键问题。若能准确预测导弹贮存期薄弱环节（关键设备）的剩余寿命，合理安排、规划整修维修活动，可以将视情维修和预防性维修转变为预计性维修，降低维修活动所需的人力、物力，同时提高导弹武器系统的战备完好率。基于 PHM 技术的导弹贮存寿命预测，是以预测导弹未来贮存期何时发生故障为基础来预测导弹贮存剩余寿命。具体可分为两个步骤，即导弹薄弱环节（关键设备）的贮存寿命预测和导弹

全弹贮存寿命预测。

①导弹薄弱环节（关键设备）的贮存寿命预测

导弹薄弱环节（关键设备）的贮存寿命预测是导弹贮存寿命预测工作的基础工作和关键项目，能否准确预测导弹薄弱环节（关键设备）的贮存寿命将直接决定能否在正确的时间、经济有效地进行维修活动。对于导弹薄弱环节（关键设备）贮存期内的剩余寿命，可以等效看作对其何时发生故障进行预测。当预测出其未来发生故障的时间时，就要安排在适当的时间节点进行相应的维修工作：对于可修复产品来说，在充分考虑经济性的前提下（即修复产品所需消耗与更换产品所需消耗的分析比较），对其进行修复或更换；对于不可修复产品来说，则需对其进行更换处理。导弹薄弱环节（关键项目）的故障预测方法有很多，包括从概率统计到人工智能等不同学科领域的方法。不同的预测方法，对系统的适用性、应用成本和预测精度都有所不同，如图 14－4 所示[4]。

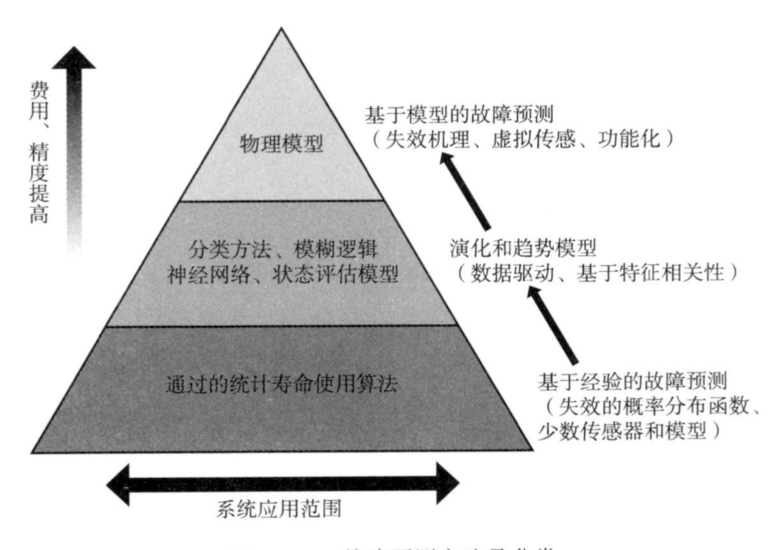

图 14－4　故障预测方法及分类

1）基于统计分布的预测方法。由于危险程度低，或者故障发生率低，或者缺少足够的传感器来监测状态，导致无法使用先进预测模型，在此情况下，统计可靠性和基于使用的方法也许是唯一可供选择的方法。利用历史故障数据，拟合统计失效分布（如 Weibull 分布、指数分布）等，当可靠度达到某一个预先设定的值时，便认为该设备失效。利用这些信息，对弹上设备当前的可靠度进行评估，从而计算出剩余寿命。

2）数据驱动的预测方法。数据驱动的方法指人工神经网络(ANN)、模糊逻辑等软计算方法，应用这些方法既不像统计方法对研究对象一无所知，也不像基于模型的方法需要对研究对象具有深入地了解，存在确切的对象模型，数据驱动的方法，如人工神经网络方法，从大量的历史数据中学习输入/输出值之间的映射关系，并在内部建立非线性、非透明、非针对特定对象的模型，用以计算未来值，从而可以用以预测剩余寿命。

3）基于模型的预测方法。模型分为两类：物理模型，通过研究物理、化学和生物作用机理获得；一种是回归数据模型，通过分析输入、输出和状态参数之间的关系获得，如卡尔曼状态估计模型、ARMA 模型、隐马尔科夫模型。如果能够建立确切的模型，预测精度将大大提高，误差大大减小。

②全弹贮存寿命预测

对全弹贮存寿命的预测是导弹贮存寿命预测的最终目的，其结果应是从预测时刻起，经过一系列贮存延寿活动，到导弹最终退役报废时刻期间的剩余寿命。对全弹贮存寿命的准确预测，有利于使用方安排后续维修、训练、作战等任务。全弹贮存寿命的预测应以导弹薄弱环节（关键设备）的贮存寿命预测结果为基础。若采取直观而简单的方法，可应用最短寿命法，即将预测得到的导弹薄弱环节（关键设备）贮存寿命中的最短寿命作为全弹的贮存寿命。这种方法虽然简单易行，但是该方法没有充分考虑贮存延寿工作对于导弹贮存寿命的影响，不能准确得到导弹的剩余寿命。因此，应采用多数据融合技术得到寿命预测结果。利用数据融合技术，对多预测结果进行融合，得到综合后的结果。根据不同情况，可选用不同的数据融合技术，包括贝叶斯推理、D－S 证据理论、加权/投票、神经网络和模糊逻辑推理等。采用多数据融合技术对全弹贮存寿命进行预测时，应充分考虑以下因素。

1）维修性。在预测全弹贮存寿命时，应考虑导弹薄弱环节（关键设备）是否可修。若一件可修的产品已到寿命，则可以选择对其进行修复或更换的方式来延长贮存寿命。若到寿命的产品不可修，也可采用更换的方式来延长贮存寿命。

2）经济性。虽然可以通过修复或更换等活动延长导弹的贮存寿命，但若维修或更换所需花费过高或工作量过大，则应认为此时导弹已到寿命并对其进行退役处理。

对于可修复产品来说，若以贮存可靠性作为衡量产品贮存寿命的定量指标，每个检测修复间隔后，其贮存可靠性有一个明显下降趋势，主要有两种修复更新和修复退化模型[11]。

1）修复更新模型。每次修复是一个更新，即刚经检测后的导弹贮存可靠度可达到 1，但修复后产品的故障率比修复前的故障率更高一些，其贮存可靠度变化曲线如图 14－5 所示。

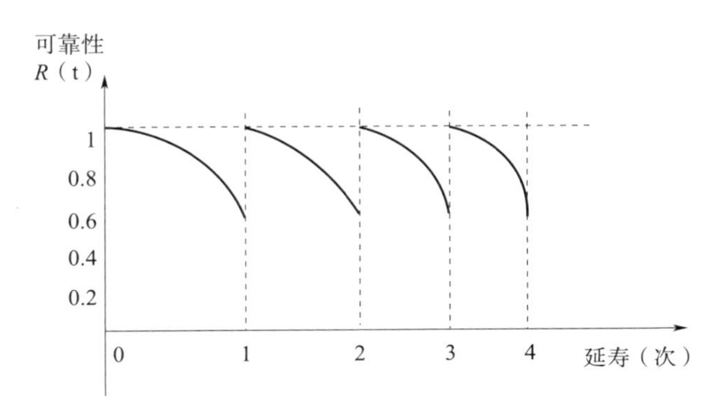

图 14－5　修复更新模型

2）修复退化模型。对于某些可修产品来说，虽然可以通过维修时期恢复规定的功能，但是其性能已发生不可逆的退化或衰减，贮存可靠性已不能恢复到原来水平，如图 14－6 所示。

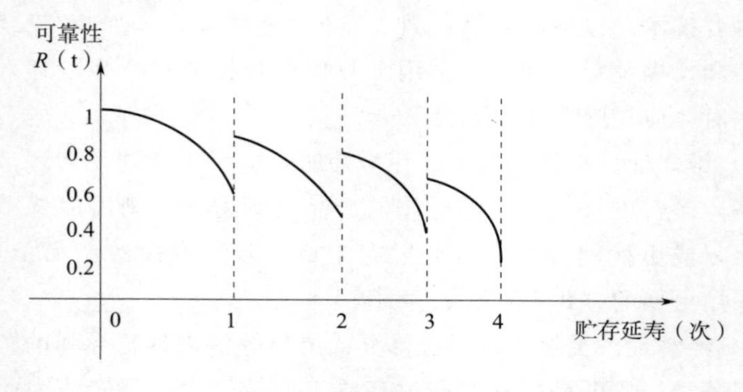

图 14－6　修复退化模型

因此，随着贮存时间的维修次数的增长，可修产品的维修频率将越来越高。当产品后续维修活动的花费大于更换产品所需花费时，便应对产品进行更换。

对于不可修产品或后续维修活动过于频繁的可修产品，更换新产品是延长导弹贮存寿命的唯一方式。如发动机等更换花费过高或无法更换的产品到寿命，则应认为此时导弹已到寿命并对其进行退役处理。

14.3　基于变动统计的综合评估技术

14.3.1　可靠性建模

14.3.1.1　可靠性模型

作为复杂系统，导弹武器系统的环境、功能、状态及演化过程均包含有随机的特性，其可靠性特征具有时间上的动态特性、环境上的差异特性、层次上的变化特性及对象上的关联特性，使得传统可靠性理论与方法面临严峻挑战。鉴于复杂系统的特点及可靠性工程的难点，国内外学者逐渐从系统论、信息论的思想出发，提出了变动统计的思想[12-13]。变动统计是建立在传统应用统计的基础之上，针对导弹武器装备可靠性工程的特点，并结合可靠性统计的实践规律，发展起来的一套通过运用综合统计的方法来对系统的各种统计规律进行分析和描述的工程统计技术方法[12]。就导弹武器装备全寿命周期的可靠性试验与评价而言，变动统计学抓住了统计对象在发展历程、环境条件、系统层次以及物理关联上的特性，因此是一种比传统可靠性统计内涵更为丰富的理论和方法。变动统计是采用系统科学的方法，运用系统论、信息论的原理，研究统计对象（总体）固有特性与动态发展的系统方法。从统计对象本身出发，把个体自身以及与统计相关个体的各个部分、各种因素、各类信息联系起来加以系统研究，结合分析统计的各种思想方法，从中寻找总体的统计规律。

将变动统计的理论与思想引入贮存延寿工程，给出基于变动统计的贮存可靠性综合评估方法。战术导弹武器系统的贮存可靠性数据具有时间上的动态特性、环境上的差异特性、层次上的变化特性及对象上的关联特性。基于变动统计的理论和方法，可利用具有其中一个或多个特性的数据，对导弹贮存可靠性进行综合评估。记时间上的动态特性为 X，环境上的差异特性为 Y，对象上的关联特性为 Z，假设复杂系统的组成设备具有 X，Y 和 Z 3 种特性，则设备的贮存可靠性模型为

$$R = F(X,Y,Z) \tag{14-3}$$

其中 $F(X,Y,Z)$ 为设备关于特性 X,Y,Z 的可靠性函数。假设复杂系统由 l 个设备组成，考虑到系统和设备层次上的变化特性，则系统的贮存可靠性模型为

$$R_s = \varphi(R_1, R_2, \cdots, R_l) \tag{14-4}$$

其中　$R_i = F(X_i, Y_i, Z_i) \ (i = 1, 2, \cdots, l)$

式中　$\varphi(R_1, R_2, \cdots, R_l)$ ——系统关于设备的可靠性函数。

作为复杂系统，战术导弹武器系统在研制过程中的可靠性数据同样具有时间上的动态特性、环境上的差异特性、层次上的变化特

性及对象上的关联特性。为了便于工程应用，分别引入增长因子 η、环境因子 k 和继承因子 ρ 用于表述 X,Y,Z 对系统可靠性的影响，则式（14－4）系统的可靠性模型可转化为

$$R_s = \varphi(F(\eta_1,k_1,\rho_1),F(\eta_2,k_2,\rho_2),\cdots,F(\eta_l,k_l,\rho_l)) \quad (14-5)$$

式中 η_i,k_i,ρ_i ——分别为设备 i 的增长因子，环境因子和继承因子，$i=1,2,\cdots,l$ 。

14.3.1.2 增长因子

复杂系统全寿命周期过程通常要经历方案、工程研制、定型和使用等阶段，在不同的阶段系统的可靠性水平也不一致，故系统的可靠性数据具有了时间上的动态特性。通常在全寿命周期过程系统的可靠性处于一个增长的过程，可利用增长因子来描述这类数据之间的等效折合关系。

记产品在阶段Ⅰ的后验分布均值为 μ_1 ，阶段Ⅱ的先验分布均值为 μ'_2 ，阶段Ⅱ对阶段Ⅰ的增长因子 η（$0\leqslant\eta<1$），则 μ'_2 为 μ_1 和 η 的函数。增长因子 η 反映了前后两个阶段产品可靠性的增长过程，增长越厉害，η 值越大。关于增长因子的统计推断方法，通常利用ML－Ⅱ方法来确定增长因子[14-15]。战术导弹武器系统具有研制周期短、技术相对成熟等特点，其在研制过程中通常维持较高的可靠性水平，增长趋势不明显，故增长因子 η 通常较小，可通过综合利用不同阶段的试验数据确定增长因子[16]，以提高增长因子计算精度。当各个阶段的可靠性没有明显变化时，可把各个阶段的数据看成一个整体，利用经典统计方法进行可靠性评估。

14.3.1.3 环境因子

复杂系统的可靠性特征与所处的环境密不可分，在不同的环境条件下会表现出不同的水平。在全寿命周期过程中复杂系统要经历一系列试验，这些试验的条件也存在较大的差异，故复杂系统的可靠性数据具有环境上的差异特性。在利用不同环境条件下的试验数据进行可靠性综合评估时，需要对这些数据进行等效折合。一般利

用环境因子来描述这类变环境数据之间的等价折合关系。

由于战术导弹武器系统的环境相对复杂，需要分析战术导弹武器系统实战条件对其可靠性的影响，包括温度、湿度和振动等单项环境因素的影响，以及各环境因素之间交互作用的影响。在此基础上，分析经历的试验条件与实战条件的差异性，可通过比例风险模型综合利用不同环境下的试验数据确定环境因子，以提高环境因子计算精度。在缺乏试验数据的情况下，环境因子的取值可根据工程经验选取，但应根据试验数据逐步修正。

14.3.1.4　继承因子

复杂系统具有一定的继承性，其组成设备通常继承了其他系统的成熟技术或借用其他系统的成熟产品。可利用相似产品信息来扩充设备可靠性数据，故复杂系统的可靠性数据具有对象上的关联特性。由于这些产品与相似产品之间存在不同程度的相似性，又有一定差异性，可利用继承因子来描述这类变总体数据之间的等价折合关系。

记老设备的先验分布为 $h_1(R)$，新设备先验分布为 $h_2(R)$，混合先验为 $h_0(R)$，则继承因子 ρ 满足

$$h_0(R) = \rho h_1(R) + (1-\rho)h_2(R) \tag{14-6}$$

继承因子 ρ 反映了新设备对老设备的继承程度，如果新设备在老设备的基础上进行了较大的革新，则 ρ 的取值较小，反之则 ρ 的取值较大。关于继承因子的统计推断方法，通常由专家根据产品的改进程度确定[17-19]，但这种方法受主观因素影响。由于复杂系统研制过程的特点可知，新老设备在研制过程中均会进行一定的试验，可通过卡方拟合优度检验，综合利用新老设备的数据确定继承因子，以提高继承因子计算精度[20]。

14.3.2　可靠性综合评估

可用于复杂系统可靠性评估的数据主要分为成败型和指数型。对于成败型数据，可记为 (n,s)，其中 n 为试验样本，s 为成功样本。

对于指数型数据，可记为（T,r），其中 T 为累积时间，r 为累积失效数。可以通过转换方法，将指数分布转换为成败型数据。假设复杂系统的可靠性数据同时具备四种特性，则可靠性综合评估包括四个步骤。

（1）利用环境因子 k 将产品同一阶段不同环境的数据进行折合

对于成败型数据，在阶段 j（$j=1,2,\cdots,q$），记实战条件下的数据为（n_{js},s_{js}），其他环境条件下的数据为（n'_{ji},s'_{ji}）（$i=1,2,\cdots,m$），相应的环境因子为 k_i，则可得产品在阶段 j 等效成败型数据（n_j,s_j）为

$$\begin{cases} n_j = n_{js} + \sum_{i=1}^{m} k_i n'_{ji} \\ s_j = s_{js} + \sum_{i=1}^{m} k_i n'_{ji} - \sum_{i=1}^{m} (n'_{ji} - s'_{ji}) \end{cases} \tag{14-7}$$

如利用折合后的数据直接进行可靠性评估，记可靠度点估计为 $\hat{R}$，可靠度下限为 R_{L}，给定置信水平 γ，则按成败型评估方法有

$$\begin{cases} \hat{R} = \dfrac{s}{n} \\ R_{\mathrm{L}} = \beta_{\alpha}(s, n-s+1) \end{cases} \tag{14-8}$$

式中　$\beta_{\alpha}(s,n-s+1)$——beta 分布函数分位数。

对于指数型数据，在阶段 j（$j=1,2,\cdots,q$），记贴近实战条件下的数据为（T_{js},r_{js}），其他环境条件下的指数型数据为（T'_{ji},r'_{ji}），相应的环境因子为 k_i，则可得等效指数型数据（T_j,r_j）为

$$\begin{cases} T_j = T_{js} + \sum_{i=1}^{m} k_i T'_{ji} \\ r_j = r_{js} + \sum_{i=1}^{m} r'_{ji} \end{cases} \tag{14-9}$$

如利用折合后的指数型数据直接进行可靠性评估，该数据通常为随机截尾，给定任务时间 t_0，按指数型数据评估方法有

$$\begin{cases} \hat{R} = \exp\left(-\dfrac{rt_0}{T}\right) \\ R_L = \exp\left(-\dfrac{t_0\chi^2_{1-\alpha}(2r+1)}{2T}\right) \end{cases} \tag{14-10}$$

式中　$\chi^2_{1-\alpha}(2r+1)$ —— χ^2 分布的分位点。

（2）利用增长因子 η 将产品不同阶段的数据进行折合

对于成败型数据，选择 beta 分布作为先验分布，第 j 个阶段的先验分布参数记为（a_j, b_j），环境折合后数据为（n_j, s_j），则后验分布均值为 $E(R \mid a_j + s_j, b_j + n_j - s_j)$，第 $j+1$ 个阶段的先验分布参数（a_{j+1}, b_{j+1}），均值为 $E(R \mid a_{j+1}, b_{j+1})$，则增长因子 η_i 为

$$\eta_i = 1 - \frac{1 - E(R \mid a_{j+1}, b_{j+1})}{1 - E(R \mid a_j + s_j, b_j + n_j - s_j)} \tag{14-11}$$

已知增长因子 η_i，第 $j+1$ 个阶段的先验分布参数（a_{j+1}, b_{j+1}）满足

$$\begin{cases} a_{j+1} = \dfrac{-g_j^{\ 3} + g_j^{\ 2} - f_j g_j}{f_j} \\ b_{j+1} = \dfrac{g_j^{\ 3} - 2g_j^{\ 2} + g_j + f_j g_j - f_j}{f_j} \end{cases} \tag{14-12}$$

其中
$$g_j = 1 - \frac{b_j + n_j - s_j}{a_j + b_j + n_j}(1 - \eta_i)$$

$$f_j = \frac{(a_j + s_j)(b_j + n_j - s_j)}{(a_j + b_j + n_j)^2(a_j + b_j + n_j + 1)}$$

如利用折合后的成败型数据直接进行可靠性评估，记先验分布函数为 $\beta(R \mid a_q, b_q)$，数据为（n_q, s_q），则后验分布函数为 $\beta(R \mid a_q + s_q, n_q - s_q + b_q)$，给定置信水平 $1-\alpha$，可靠度下限 R_L 满足

$$\int_{R_L}^{1} \beta(R \mid a_q + s_q, n_q - s_q + b_q)\mathrm{d}R = 1 - \alpha \tag{14-13}$$

对于指数型数据，选择 Gamma 分布作为先验分布，记先验分布参数为（c_j, d_j），环境折合后数据为（T_j, r_j），后验分布均值为 $E(\lambda \mid c_j + r_j, d_j + T_j)$，第 $j+1$ 个阶段的先验分布参数（c_{j+1}, d_{j+1}），均值为 $E(\lambda \mid c_{j+1}, d_{j+1})$，则增长因子 η_i 为

$$\eta_i = 1 - \frac{E(\lambda \mid c_{j+1}, d_{j+1})}{E(\lambda \mid c_j + r_j, d_j + T_j)} \tag{14-14}$$

已知增长因子 η_i ，第 $j+1$ 个阶段的先验分布参数 (c_{j+1}, d_{j+1}) 满足

$$\begin{cases} c_{j+1} = (c_j + r_j)(1 - \eta_j)^2 \\ d_{j+1} = (d_j + T_j)(1 - \eta_j) \end{cases} \tag{14-15}$$

如利用折合后的指数型数据直接进行可靠性评估，记先验分布函数为 Gamma 分布 $\Gamma(\lambda \mid c_q, d_q)$ ，数据为 (T_q, r_q) ，则后验分布函数为 $\Gamma(\lambda \mid c_q + r_q, d_q + T_q)$ ，给定置信水平 $1-\alpha$ ，失效率上限 λ_U 满足

$$\int_0^{\lambda_U} \Gamma(\lambda \mid c_q + r_q, d_q + T_q) \mathrm{d}\lambda = 1 - \alpha \tag{14-16}$$

则给定任务时间 t_0 ，可靠性下限 R_L 满足

$$R_L = \exp(-t_0 \lambda_U) \tag{14-18}$$

(3) 利用继承因子 ρ 将相似产品的数据进行融合

对于成败型数据，选择 beta 分布作为先验分布，记老设备的先验为 (a_0, b_0) ，通过阶段折合确定新设备的先验为 (a_q, b_q) ，由式 (14-6) 可得混合先验 (a, b)

$$\begin{cases} a = \dfrac{p_0 p_1 - p_0^2}{p_0^2 - p_1} \\ b = \dfrac{(p_1 - p_0)(1 - p_0)}{p_0^2 - p_1} \end{cases} \tag{14-18}$$

其中
$$p_0 = \rho \frac{a_0}{a_0 + b_0} + (1 - \rho) \frac{a_q}{a_q + b_q}$$

$$p_1 = \frac{\rho a_0 (a_0 + 1)}{(a_0 + b_0)(a_0 + b_0 + 1)} + (1 - \rho) \frac{a_q (a_q + 1)}{(a_q + b_q)(a_q + b_q + 1)}$$

记新设备的数据为 (n_q, s_q) ，已知先验分布函数 $\beta(R \mid a, b)$ ，则后验分布函数为 $\beta(R \mid a + s_q, b + n_q - s_q)$ ，给定置信水平 $1-\alpha$ ，代入式 (14-13) 可得可靠性下限 R_L 。

对于指数型数据，选择 Gamma 分布作为先验分布，记老设备的先验为 (c_0, d_0) ，通过阶段折合确定新设备的先验为 (c_q, d_q) ，由式

(14－6) 可得混合先验 (c,d)

$$\begin{cases} c = \dfrac{y_0 y_1}{y_1 - y_0^2} \\ d = \dfrac{y_1}{y_1 - y_0^2} \end{cases} \tag{14-19}$$

其中
$$y_0 = \rho \frac{c_0}{d_0} + (1-\rho)\frac{c_q}{d_q}$$

$$y_1 = \frac{\rho\alpha_0(\alpha_0+1)}{\beta_0^2} + \frac{\alpha_q(1-\rho)(\alpha_q+1)}{\beta_q^2}$$

记新设备的数据为 (T_q, r_q)，已知先验分布函数 $\Gamma(\lambda \mid c,d)$，则后验分布函数为 $\Gamma(\lambda \mid c+r_q, d+T_q)$，给定置信水平 $1-\alpha$，由式 (14－16) 和式 (14－17) 可得可靠性下限 R_L。

(4) 综合利用系统组成设备数据进行综合评估

假设系统由 l 个成败型设备串联组成，若已知设备成败型数据 (n_i, s_i) $(i=1,2,\cdots,l)$，利用系统评估方法可得系统等效成败型数据 (n^*, s^*) 为

$$\begin{cases} n^* = \min\{n_1, n_2, \cdots, n_l\} \\ s^* = n^* \prod\limits_{i=1}^{l} \dfrac{s_i}{n_i} \end{cases} \tag{14-20}$$

若已知设备后验信息，记后验分布为 $\beta(R \mid a'_i, b'_i)$ $(i=1,2,\cdots,l)$，取系统先验分布为 $\beta(R \mid 0,0)$，利用 Bayes 方法，可得系统等效成败型数据 (n^*, s^*) 满足

$$\begin{cases} \dfrac{s^*}{n^*} = \prod\limits_{i=1}^{l} \dfrac{a'_i}{a'_i + b'_i} \\ \dfrac{s^*(s^*+1)}{n^*(n^*+1)} = \prod\limits_{i=1}^{l} \dfrac{a'_i(a'_i+1)}{(a'_i+b'_i)(a'_i+b'_i+1)} \end{cases} \tag{14-21}$$

记系统的成败型数据为 (n_s, s_s)，综合系统和设备的成败型数据可得系统等效成败型数据 (n_s+n^*, s_s+s^*)，给定置信水平 $1-\alpha$，由式 (14－8) 可得可靠度点估计和置信下限。

假设系统由 l 个指数型设备串联组成，若已知设备指数型数据

(T_i, r_i) $(i=1,2,\cdots,l)$，利用经典统计的系统评估方法，可得系统等效指数型数据（T^*, r^*）为

$$\begin{cases} T^* = \min\{T_1, T_2, \cdots, T_l\} \\ r^* = \sum_{i=1}^{l} r_i \end{cases} \tag{14-22}$$

若已知设备后验信息，记后验分布为 $\Gamma(\lambda \mid c'_i, d'_i)$ $(i=1,2,\cdots,l)$，设规定的任务时间为 t_0，可把后验分布转换为负对数 Gamma 分布 $L\Gamma(R \mid c'_i, d'_i/t_0)$，取系统的先验分布为 $L\Gamma(R \mid 0.5, 0)$，利用 Bayes 方法，可得系统等效指数型数据（T^*, r^*）满足

$$\begin{cases} \left(\dfrac{T^*}{T^* + t_0}\right)^{r^*+0.5} = \prod_{i=1}^{l} \left(\dfrac{T_i}{T_i + t_0}\right)^{r_i+0.5} \\ \left(\dfrac{T^*}{T^* + 2t_0}\right)^{r^*+0.5} = \prod_{i=1}^{l} \left(\dfrac{T_i}{T_i + 2t_0}\right)^{r_i+0.5} \end{cases} \tag{14-23}$$

记系统的指数型数据为（T_s, r_s），综合系统和设备的指数型数据可得系统等效指数型数据（$T_s + T^*, r_s + r^*$），给定置信水平 $1-\alpha$，由式（14-10）可得可靠度点估计和置信下限。

假设系统由 l 个指数型和成败型设备串联组成，已知指数型设备数据，由式（14-10）可得可靠性评估结果 $(\hat{R}_i, R_{iL})$，并由下式转换为成败型数据 (n_i, s_i)

$$\begin{cases} \hat{R}_i = \dfrac{s_i}{n_i} \\ I_{R_{iL}}(s_i, n_i - s_i + 1) = 1 - \alpha \end{cases} \tag{14-24}$$

式中　$I_{R_{iL}}(s_i, n_i - s_i + 1)$ ——beta 分布函数。

14.4　作战使用可靠性综合验证技术

14.4.1　需求分析

现代战争的节奏越来越快，对导弹武器装备的战术指标提出了

越来越高的要求，可靠性作为主要的战术技术指标之一日益受到重视。目前，通常要求在设计定型时制定以考核可靠性指标为主的定型飞行试验方案，并通过飞行试验对导弹武器系统作战使用可靠性进行有效验证。可靠性验证作为导弹武器系统定型工作一个重要的、必不可少的组成部分，具有重要的意义，不仅能够全面地对导弹武器系统研制阶段所开展的可靠性设计、分析与试验工作的有效性进行验证，而且可以在导弹武器系统交付部队后正确评价其战斗力，从而制定正确的作训保障乃至战斗保障计划，提供真实的依据[21-22]。

由于战术导弹武器系统在开展贮存延寿工作后，依然作为主力装备，进行战斗值班，因此也需要对导弹的作战使用可靠性进行考核验证。通过对贮存延寿后的导弹武器系统开展可靠性验证工作，不仅能够对贮存延寿过程中所开展的整修、改制、分析与试验工作的有效性进行验证，而且可以为导弹继续服役所具备的战斗力进行正确评价，同样可为制定正确的作训保障和战斗保障计划提供真实的依据。鉴于战术导弹武器系统的复杂性，以及实验室内环境与作战使用环境的差异性，通过实验室内试验难以验证战术导弹武器系统在实战任务剖面下的可靠性水平。特别是机载导弹武器系统，通常具有多可靠性指标、多任务剖面的特点，难以利用实验室内试验进行同时验证与评价。在这种情况下，利用现场飞行试验进行验证就成为唯一的途径，这是战术导弹武器系统的发展需求，也是战术导弹武器系统可靠性验证方法发展的必然趋势。

鉴于导弹武器系统高可靠性和高成本等特点，如直接利用贮存延寿后产品飞行试验样本来验证作战使用可靠性，需要较多的飞行试验样本，势必会大幅增加贮存延寿工程成本和周期[23]。但在导弹武器系统服役和贮存延寿过程中，通常会存在较多的试验数据和使用数据，这些数据在一定程度上能够反应导弹武器系统的可靠性水平。如利用这些数据进行可靠性综合验证，则可以提高导弹武器系统可靠性验证精确性，减少验证试验样本[24-25]。针对战术导弹武器系统可靠性特征具有时间上的动态特性、环境上的差异特性、层次上的变化特性及对象上的关联特性，结合变动统计的理论和方法，利用导弹服役和贮存延寿过程中的各种试验数据，对导弹贮存延寿后的作战使用可靠性进行综合验证。

14.4.2 可靠性验证方案

在制定可靠性验证方案前，需要对导弹武器系统典型任务剖面进行分析，明确典型任务剖面，进而确定需要验证的可靠性参数。以空地战术弹道导弹武器系统为例，作战任务主要分为挂飞任务剖面和自主飞行任务剖面。相应地，需要进行验证的可靠性参数包括挂飞可靠性和自主飞行可靠性。由可靠性参数的定义可知，挂飞可靠性试验数据为指数型，自主飞行可靠性试验数据为成败型。针对空地导弹两类可靠性参数的特点，采用一次抽样检验方案，分别给出两类参数的可靠性验证试验统计方案。

(1) 挂飞可靠性验证统计方案

导弹挂飞可靠性一次抽样检验方案的思路是：随机抽取样本量为 n 的导弹进行挂飞试验，试验进行到累计时间得到预定值 T 时截止，设在试验中共出现 r 次故障，如果 r 不大于接收数 u_0 ，认为导弹挂飞可靠性达到要求，可接收；如果 r 大于接收数 u_0 ，认为导弹可靠性没有达到要求，拒收。

挂飞可靠性一次抽样方案属于指数分布随机截尾试验，记空地导弹挂飞 MTBF 最低可接受值为 θ_1 ，相应的使用方风险为 β ；挂飞 MTBF 规定值为 θ_0 ，相应的使用方风险为 α ，则有

$$\begin{cases}\chi^2(2T/\theta_1, 2u_0+1)=\beta \\ \chi^2(2T/\theta_0, 2u_0+1)=1-\alpha\end{cases} \tag{14-25}$$

式中 $\chi^2(2T/\theta, 2u_0+1)$ —— χ^2 分布函数。

给定挂飞可靠性指标和双方风险，由式（14-25）可得挂飞可靠性验证统计方案 (T, u_0) 。

(2) 自主飞行可靠性试验统计方案

导弹自主飞行可靠性一次抽样检验方案的思路是：随机抽取样本量为 n 的导弹进行飞行试验，其中有 f 个失败，如果 f 不大于接收数 u_1，认为导弹自主飞行可靠性达到要求，可接收；如果 f 大于接收数 u_1，认为导弹自主飞行可靠性没有达到要求，拒收。

自主飞行可靠性一次抽样方案属于成败型试验，记空地导弹自主飞行可靠性最低可接受值为 R_1，相应的使用方风险为 β；自主飞行可靠性规定值为 R_0，相应的使用方风险为 α，则有

$$\begin{cases} I_{R_1}(n-u_1, u_1+1) = \beta \\ I_{R_0}(n-u_1, u_1+1) = 1-\alpha \end{cases} \tag{14-26}$$

式中　$I_R(n-u_1, u_1+1)$——beta 分布函数。

给定自主飞行可靠性指标和双方风险，由式（14-26）可得自主飞行可靠性验证统计方案（n, u_1）。

对于地地导弹，其自主飞行可靠性试验统计方案与空地导弹一致，发射可靠性试验统计方案可参照自主飞行可靠性试验统计方案制定。

14.4.3　可靠性综合验证

14.4.3.1　综合验证流程

现有各类统计试验方案的确定都不考虑产品已有的可靠性试验数据，鉴于导弹武器系统高可靠性指标的特点，如制定以考核可靠性指标为主的飞行试验方案，不仅大幅增加了贮存延寿工程经费，也延长了贮存延寿工程周期。然而导弹武器系统在服役和贮存延寿过程中往往进行了大量的试验，积累了相当数量的贮存延寿试验数据，如果综合利用贮存延寿试验数据制定验证试验方案，势必将减少验证试验时间/样本数，或在试验时间/样本数保持不变的情况下，双方风险将相应降低。然而，导弹武器系统可靠性特征具有时间上的动态特性和环境上的差异特性。针对以上，贮存延寿试验数据的这种复杂多样的特点，如何在可靠性验证方案的确定过程中利用这

些试验数据是一个技术难点。为此，根据变动统计的理论和方法，综合利用贮存延寿试验数据，根据抽样检验的原理重新确定可靠性验证方案，然后再结合贮存延寿性能验证方案，提出可靠性综合验证方案，如图 14-7 所示。

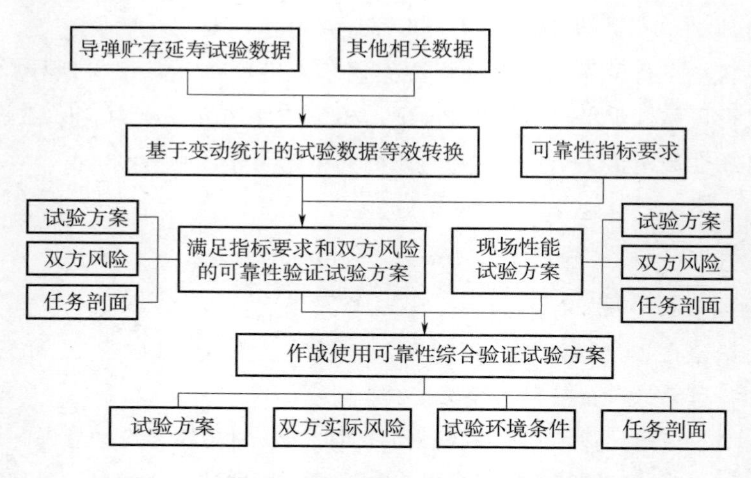

图 14-7　作战使用可靠性综合验证方案确定流程

利用贮存延寿试验数据确定可靠性综合验证方案的基本思路是：通过利用环境因子和增长因子等方法将贮存延寿数据转为实战条件下等效试验数据，根据该数据和要求的可靠性最低可接受值和规定值，计算双方实际风险，与规定的风险进行比较，作出接收或拒收的判定。如果同时满足双方风险要求，则认为机载导弹武器作战使用可靠性满足要求，接收；否则需要结合性能试验方案，制订飞行试验方案进行可靠性综合验证。根据抽样统计原理，在贮存延寿试验数据等效转换的基础上制订可靠性综合验证试验方案，包括试验样本数和相应的拒收数。

14.4.3.2　挂飞可靠性综合验证统计方案

用于挂飞可靠性验证的试验数据为指数型，可记为 (T,r)，其中 T 为累积时间，r 为累积失效数。假设空地导弹武器的挂飞可靠性试验数据同时具备两种特性，则确定挂飞可靠性综合验证统计方案包含两个步骤。

（1）利用环境因子 k 将产品同一阶段不同环境的数据进行折合

记在阶段 j（$j=1,2,\cdots,q$）贴近实战条件下的数据为（T_{js}, r_{js}），其他环境条件下的指数型数据为（T'_{ji}, r'_{ji}），相应的环境因子为 k_i，则可得等效指数型数据（T_j, r_j）为

$$\begin{cases} T_j = T_{js} + \sum_{i=1}^{m} k_i T'_{ji} \\ r_j = r_{js} + \sum_{i=1}^{m} r'_{ji} \end{cases} \tag{14-27}$$

如利用折合后的指数型数据（T_j, r_j）直接进行可靠性综合验证，已知挂飞可靠性指标 θ_1 和 θ_0，则可得双方实际风险

$$\begin{cases} \beta' = \chi^2(2T_j/\theta_1, 2r_j+1) \\ \alpha' = 1-\chi^2(2T_j/\theta_0, 2r_j+1) \end{cases} \tag{14-28}$$

如果 $\alpha' \leqslant \alpha$ 且 $\beta' \leqslant \beta$，则认为空地导弹挂飞可靠性满足要求，接收。否则，需要结合性能验证方案进行可靠性综合验证。记挂飞试验方案为（T_0, r_0），则（T_0, r_0）需要满足

$$\begin{cases} \chi^2(2(T_j+T_0)/\theta_1, 2(r_j+r_0)+1) \leqslant \beta \\ 1-\chi^2(2(T_j+T_0)/\theta_0, 2(r_j+r_0)+1) \leqslant \alpha \end{cases} \tag{14-29}$$

（2）利用增长因子 η 将产品不同阶段的数据进行折合

选择Gamma分布作为先验分布，记先验分布参数为（c_j, d_j），环境折合后数据为（T_j, r_j），后验分布均值为 $\mathrm{E}(\lambda \mid c_j+r_j, d_j+T_j)$，第 $j+1$ 个阶段的先验分布参数（c_{j+1}, d_{j+1}），均值为 $\mathrm{E}(\lambda \mid c_{j+1}, d_{j+1})$，则增长因子 η_i 为

$$\eta_i = 1-\frac{\mathrm{E}(\lambda \mid c_{j+1}, d_{j+1})}{\mathrm{E}(\lambda \mid c_j+r_j, d_j+T_j)} \tag{14-30}$$

已知增长因子 η_i，第 $j+1$ 个阶段的先验分布参数（c_{j+1}, d_{j+1}）满足

$$\begin{cases} c_{j+1} = (c_j+r_j)(1-\eta_j)^2 \\ d_{j+1} = (d_j+T_j)(1-\eta_j) \end{cases} \tag{14-31}$$

记第 q 个阶段的先验分布函数为 Gamma 分布 $\Gamma(\lambda \mid c_q, d_q)$，试验数据为 (T_q, r_q)，则后验分布函数为 $\Gamma(\lambda \mid c_q + r_q, d_q + T_q)$，已知挂飞可靠性指标 θ_1 和 θ_0，则可得双方实际风险

$$\begin{cases} \beta' = \int_{1/\theta_1}^{\infty} \Gamma(\lambda \mid c_q + r_q, d_q + T_q) \mathrm{d}\lambda \\ \alpha' = 1 - \int_{1/\theta_0}^{\infty} \Gamma(\lambda \mid c_q + r_q, d_q + T_q) \mathrm{d}\lambda \end{cases} \tag{14-32}$$

如果 $\alpha' \leqslant \alpha$ 且 $\beta' \leqslant \beta$，则认为空地导弹武器挂飞可靠性满足要求，接收。否则，需要结合性能验证方案进行可靠性综合验证。记挂飞试验方案为 (T_0, r_0)，则 (T_0, r_0) 需要满足

$$\begin{cases} \int_{1/\theta_1}^{\infty} \Gamma(\lambda \mid c_q + r_q + r_0, d_q + T_q + T_0) \mathrm{d}\lambda \leqslant \beta \\ 1 - \int_{1/\theta_0}^{\infty} \Gamma(\lambda \mid c_q + r_q + r_0, d_q + T_q + T_0) \mathrm{d}\lambda \leqslant \alpha \end{cases} \tag{14-33}$$

14.4.3.3　自主飞行可靠性综合验证统计方案

用于自主飞行可靠性验证的试验数据为成败型，可记为 (n, s)，其中 n 为试验样本，s 为成功样本。假设空地导弹的自主飞行可靠性试验数据同时具备时间上的动态特性、环境上的差异特性，则确定自主飞行可靠性综合验证统计方案包含两个步骤。

(1) 利用环境因子 k 将产品同一阶段不同环境的数据进行折合

对于成败型数据，在阶段 j $(j = 1, 2, \cdots, q)$，记实战条件下的数据为 (n_{js}, s_{js})，其他环境条件下的数据为 (n'_{ji}, s'_{ji}) $(i = 1, 2, \cdots, m)$，相应的环境因子为 k_i，可得在阶段 j 等效成败型数据 (n_j, s_j) 为

$$\begin{cases} n_j = n_{js} + \sum_{i=1}^{m} k_i n'_{ji} \\ s_j = s_{js} + \sum_{i=1}^{m} k_i n'_{ji} - \sum_{i=1}^{m} (n'_{ji} - s'_{ji}) \end{cases} \tag{14-34}$$

如利用折合后的成败型数据 (n_j, s_j) 直接进行可靠性综合验证，已知自主飞行可靠性指标 R_1 和 R_0，则可得双方实际风险

$$\begin{cases}\beta' = I_{R_1}(s_i, n_i - s_i + 1) \\ \alpha' = 1 - I_{R_0}(s_i, n_i - s_i + 1)\end{cases} \tag{14-35}$$

如果 $\alpha' \leqslant \alpha$ 且 $\beta' \leqslant \beta$，则认为空地导弹自主飞行可靠性满足要求，接收。否则，需要结合性能验证方案进行可靠性综合验证。记飞行试验方案为 (n_0, s_0)，则 (n_0, s_0) 需要满足

$$\begin{cases}I_{R_1}(s_i + s_0, n_i - s_i + n_0 - s_0 + 1) \leqslant \beta \\ 1 - I_{R_0}(s_i + s_0, n_i - s_i + n_0 - s_0 + 1) \leqslant \alpha\end{cases} \tag{14-36}$$

（2）利用增长因子 η 将产品不同阶段的数据进行折合

选择 beta 分布作为先验分布，第 j 个阶段的先验分布参数记为 (a_j, b_j)，环境折合后数据为 (n_j, s_j)，则后验分布均值为 $\mathrm{E}(R \mid a_j + s_j, b_j + n_j - s_j)$，第 $j+1$ 个阶段的先验分布参数 (a_{j+1}, b_{j+1})，均值为 $\mathrm{E}(R \mid a_{j+1}, b_{j+1})$，则增长因子 η_i 为

$$\eta_i = 1 - \frac{1 - \mathrm{E}(R \mid a_{j+1}, b_{j+1})}{1 - \mathrm{E}(R \mid a_j + s_j, b_j + n_j - s_j)} \tag{14-37}$$

已知增长因子 η_i，第 $j+1$ 个阶段的先验分布参数 (a_{j+1}, b_{j+1}) 满足

$$\begin{cases}a_{j+1} = (-g_j^{\ 3} + g_j^{\ 2} - f_j g_j)/f_j \\ b_{j+1} = (g_j^{\ 3} - 2g_j^{\ 2} + g_j + f_j g_j - f_j)/f_j\end{cases} \tag{14-38}$$

其中

$$g_j = 1 - \frac{b_j + n_j - s_j}{a_j + b_j + n_j}(1 - \eta_j)$$

$$f_j = \frac{(a_j + s_j)(b_j + n_j - s_j)}{(a_j + b_j + n_j)^2(a_j + b_j + n_j + 1)}$$

记第 q 个阶段的先验分布函数为 $\beta(R \mid a_q, b_q)$，数据为 (n_q, s_q)，则后验分布函数为 $\beta(R \mid a_q + s_q, n_q - s_q + b_q)$，已知自主飞行可靠性指标 R_1 和 R_0，则可得双方实际风险

$$\begin{cases}\beta' = I_{R_1}(a_q + s_q, n_q - s_q + b_q) \\ \alpha' = 1 - I_{R_0}(a_q + s_q, n_q - s_q + b_q)\end{cases} \tag{14-39}$$

如果 $\alpha' \leqslant \alpha$ 且 $\beta' \leqslant \beta$，则认为机载武器自主飞行可靠性满足要求，接收。否则，需要结合性能验证方案进行可靠性综合验证。记

自主飞行试验方案为 (n_0, s_0)，则 (n_0, s_0) 需要满足

$$\begin{cases} I_{R_1}(a_q + s_q + s_0, n_q - s_q + n_0 - s_0 + b_q) \leqslant \beta \\ 1 - I_{R_0}(a_q + s_q + s_0, n_q - s_q + n_0 - s_0 + b_q) \leqslant \alpha \end{cases} \tag{14-40}$$

14.4.4　例子

某空地导弹可靠性具体指标要求如表 14-1 所示。

表 14-1　某空地导弹可靠性指标要求

序号	可靠性参数	规定值	最低可接受值	置信水平
1	挂飞可靠性	200 h	100 h	0.7
2	自主飞行可靠性	0.9	0.7	0.7

由表 14-1 可知，在进行可靠性验证时取双方风险为 ($\alpha = 0.3$，$\beta = 0.3$)。可用于该空地导弹作战使用可靠性验证的试验数据主要包括延寿整修前的飞行试验数据、挂飞试验数据、延寿整修后可靠性鉴定试验数据和环境鉴定试验数据等。在贮存延寿过程中，通过延寿整修产品可靠性通常略为增长，飞行试验和挂飞试验增长因子都取为 0.2，环境因子为 1。参与可靠性鉴定试验和环境鉴定试验的产品为延寿整修后状态，增长因子为 0，可靠性鉴定试验为模拟空地导弹实际使用的综合环境，故环境因子取为 1，环境鉴定振动试验比实际使用条件恶劣，环境因子取为 1.5。可用于空地导弹可靠性综合验证的试验数据如表 14-2 所示。

表 14-2　可靠性试验数据

序号	试验名称	数据类型	环境因子	增长因子	试验数据
1	延寿整修前飞行试验	成败型	1	0.2	(5，4)
2	延寿整修前挂飞试验	指数型	1	0.2	(100 h，1)
3	可靠性鉴定试验	指数型	1	0	(320 h，2)
4	环境鉴定振动试验	指数型	1.5	0	(10 h，0)

取挂飞可靠性先验分布为 $\Gamma(\lambda \mid 0, 0)$，由表 14-2 挂飞试验数据

可得折合后的指数型后验分布函数（84，0.36），综合考虑可靠性鉴定试验和环境鉴定振动试验数据，可得指数型后验分布函数为（419，2.36），代入式（14 - 32）计算可得双方风险（$\alpha' = 0.5165$，$\beta' = 0.1185$），由于双方风险不满足要求，需要通过飞行试验进行可靠性综合验证。根据贮存延寿试验信息计算所得的后验分布函数（419，2.36），由式（14 - 33）可得挂飞可靠性综合验证方案如表 14 - 3 所示。

表 14 - 3　挂飞可靠性综合验证方案

序号	综合验证方案		双方风险名义值		双方风险实际值	
	挂飞时间	失败数	生产方风险	使用方风险	生产方风险	使用方风险
1	20	1	0.3	0.3	0.282	0.245
2	100	2	0.3	0.3	0.203	0.297

由表 14 - 3 可知，上述挂飞可靠性综合验证方案的双方风险实际值皆能满足要求，考虑试验时间和经费，可采用方案 1 作为挂飞试验方案。

取飞行可靠性先验分布为 $\beta(R \mid 0, 0)$，由表 14 - 2 数据可得折合后的成败型后验分布函数（6.86，2.24），代入式（14 - 39）计算可得双方风险（$\alpha' = 0.137$，$\beta' = 0.314$），由于双方风险不满足要求，需要通过飞行试验进行可靠性综合验证。根据研制飞行试验获得的后验分布函数（6.86，2.24），由式（14 - 40）可得自主飞行可靠性综合验证方案，如表 14 - 4 所示。

表 14 - 4　自主飞行可靠性综合验证方案

序号	综合验证方案		双方风险名义值		双方风险实际值	
	样本量	失败数	生产方风险	使用方风险	生产方风险	使用方风险
1	3	0	0.3	0.3	0.147	0.238
2	4	1	0.3	0.3	0.295	0.083
3	5	1	0.3	0.3	0.243	0.102
4	8	2	0.3	0.3	0.285	0.052

由表 14 - 4 可知，上述可靠性综合验证方案的双方风险实际值皆能满足要求，可结合性能验证的需要，选取方案 2 或者方案 4 作为贮存延寿飞行试验方案。

综上所述可知，考虑性能验证需求，制定贮存延寿挂飞和飞行试验方案，通过挂飞和飞行试验，对性能和多可靠性指标进行综合验证。

参 考 文 献

[1] 宋太亮，黄金娥，王岩磊，等．装备保障使能技术［M］．北京：国防工业出版社，2013.

[2] 张宝珍．国外综合诊断、预测与健康管理技术的发展及应用［C］．国防科技工业试验与测试技术高层论坛文集，2007，9：36－42.

[3] 马静华，谢劲松，康锐，等．电子产品健康监控和故障预测的流程和案例［C］．中国航空学会可靠性工程委员会第10届学术年会论文集，2006.

[4] 彭宇，刘大同，彭喜元．故障预测与健康管理综述［J］．电子测量与仪器学报，2010，24（1）：1－8.

[5] 孙博，康锐，谢劲松．故障预测与健康管理系统研究和应用现状综述［J］．系统工程与电子技术，2007，29（10）．

[6] 石君友．测试性设计分析与验证［M］．北京：国防工业出版社，2010.

[7] 周东华，孙优贤．控制系统的故障检测与诊断技术［M］．北京：清华大学出版社，1994.

[8] 虞和济．故障诊断的基本原理［M］．北京：冶金工业出版社，1989.

[9] 董选明，裘丽华，王占林．机电控制系统故障诊断的回顾与展望［J］．机电信息，2004（8）：10－12.

[10] 王志鹏．基于微分几何理论的机电系统健康评估与诊断技术研究［D］．北京航空航天大学，2014.

[11] 吕川．维修性设计分析与验证［M］．北京：国防工业出版社，2010.

[12] 何国伟．评估电子产品平均寿命的一种变动统计方法［J］．电子学报，1981，9：70－74.

[13] 谢红卫，闫志强，蒋英杰，等．装备试验评估中的变动统计问题与方法［J］．宇航学报，2010，31（11）：2427－2437.

[14] Maurizio G，Gianpaolo P. Automative Reliability Inference Based on Past Data and Technical knowledge［J］．Reliability Engineering and System Safety，2002，76：129－137.

[15] 王华伟. 液体火箭发动机可靠性增长分析与决策研究 [J]. 宇航学报, 2004, 25 (6): 655 - 658.

[16] 宫二玲, 谢红卫, 李鹏波, 等. 指数寿命可靠性增长评估中增长因子的确定方法 [J]. 国防科技大学学报, 2008, 30 (6): 53 - 56.

[17] Kleyner A. Bayesian Techniques to Reduce the Sample Size in Automotive Electronics Attribute Testing [J]. Microelectronic Reliability, 1997, 37 (6): 879 - 883.

[18] 杨军, 申丽娟, 黄金, 等. 利用相似产品信息的电子产品可靠性 Bayes 综合评估 [J]. 航空学报, 2008, 29 (6): 1550 - 1553.

[19] 杨军, 黄金, 申丽娟, 等. 利用相似产品信息的成败型产品 Bayes 可靠性评估 [J]. 北京航空航天大学学报, 2009, 35 (7): 786 - 788.

[20] 王玮, 周海云, 尹国举. 使用混合 Beta 分布的 Bayes 方法 [J]. 系统工程理论与实践, 2005 (9): 142 - 144.

[21] Yang G. Life cycle reliabilityengineering [M]. New York: Wiley, 2007.

[22] Wasserman G S. Reliability Verificationtesting and Analysis in Engineering Design [M]. New York: Marcel Dekker, 2003.

[23] 赵宇, 黄敏, 于丹, 等. 利用试验数据的产品可靠性综合验证方案确定方法 [J]. 航空学报, 2005, 26 (5): 637 - 640.

[24] 李进, 赵宇, 黄敏. 基于决策级数据融合的可靠性综合验证方法 [J]. 北京航空航天大学学报, 2010, 36 (5): 576 - 579.

[25] 李进, 赵宇, 李文钊, 等. 基于权重系数的液体火箭发动机可靠性验证方案 [J]. 航空动力学报, 2011, 26 (4): 931 - 934.